黄渤海渔业资源评估
——理论、方法、应用

单秀娟　韩青鹏　金显仕　主编

中国农业出版社
北　京

图书在版编目（CIP）数据

黄渤海渔业资源评估：理论、方法、应用／单秀娟，韩青鹏，金显仕主编. -- 北京：中国农业出版社，2024.12. -- ISBN 978 - 7 - 109 - 32769 - 6

Ⅰ. S932

中国国家版本馆 CIP 数据核字第 20243VH451 号

黄渤海渔业资源评估

HUANGBOHAI YUYE ZIYUAN PINGGU

中国农业出版社出版

地址：北京市朝阳区麦子店街 18 号楼

邮编：100125

责任编辑：蔺雅婷　李善珂　王金环

责任校对：张雯婷

印刷：北京中科印刷有限公司

版次：2024 年 12 月第 1 版

印次：2024 年 12 月北京第 1 次印刷

发行：新华书店北京发行所

开本：787mm×1092mm　1/16

印张：9.5

字数：242 千字

定价：98.00 元

本书编写人员

主编： 单秀娟　韩青鹏　金显仕

编委：（按照姓氏笔画排序）

丁　琪　卞晓东　李忠义　吴　强

张雨轩　陈云龙　金　岳　滕广亮

戴芳群

海洋蕴藏着人类可持续发展的宝贵财富，是人类重要的蓝色粮仓，以海洋生物资源为捕捞对象的海洋捕捞业是海洋渔业的重要组成部分，是人类社会发展的重要保障，为不断增长的人口提供粮食和营养来源。根据联合国粮食及农业组织（Food and Agriculture Organization of the United Nations，FAO）最新出版的《2024 世界渔业和水产养殖状况概要：蓝色转型在行动》，2022 年水生动物产量达 1.854 亿 t，藻类产量达 3 780 万 t。2022 年捕捞渔业产量达 9 230 万 t，价值 1 590 亿美元，包括 9 100 万 t 水生动物产品和 130 万 t 藻类产品，其中在海洋中捕捞的水生动物产品达 7 970 万 t，在内陆水域中捕捞的水生动物产品为 1 130 万 t。近年来，世界水产品消费量大幅增加，在 2022 年水生动物总产量中，89％供人类食用，人均消费量也由 1961 年的 9.1 kg 上升至 20.7 kg。因此，渔业是人类营养和生计的重要来源，特别是小规模渔业更是全球约 5 亿人的生计所在。全球近海渔业提供了 90％的渔获量，成为各国应对粮食危机的战略性措施之一，对于保障各国食物安全和促进海洋经济发展发挥了极其重要的作用。就我国而言，自改革开放以来，近海渔业生产力得到极大释放和显著提高，有力促进了我国水产品的供给、渔民收入的增加和沿海地区海洋经济的发展。

近年来，在人类活动和环境变化的影响下，全球渔业资源出现普遍性衰退迹象，科学的渔业资源评估和基于此的渔业管理日益受到重视。了解渔业物种的开发水平和种群状况，对于有效的资源管理和生物多样性保护至关重要。渔业种群评估可以提供科学的、定量的种群状况评价，以指导渔业管理，现已有部分种群的衰退情况在基于渔业资源评估的科学管理下得到缓解。在我国，黄渤海是众多渔业生物的关键栖息地和优良渔场，是我国北方海域渔业的摇篮。近年来，渔业生物关键栖息地及其生态服务功能退化问题日益凸显，渔业资源补充能力和可持续性严重受损，具体表现为传统经济渔业资源普遍衰退、群落结构和食物网结构显著变化、饵料基础失衡、物种多样性降低、物种交替频繁、渔获物组成小型化和低质化、重要渔业资源已不能形成渔汛。为养护近海渔业资源，我国实施了一系列措施，包括渔船"双控"制度、限额捕捞制度、渔具准入制度、限制最小可捕标准及幼鱼比例、伏季休渔、增殖放流和海洋牧场建设等，取得了一定养护效果。但黄渤海渔业生态系统健康和可持续产出仍然面临严重的问题，渔业资源养护和管理任重而道远。

2013 年 3 月，国务院常务会议通过的《国务院关于促进海洋渔业持续健康发展的若干意见》(国发〔2013〕11号)明确要求着力加强海洋渔业资源和生态环境保护,不断提升海洋渔业可持续发展能力,包括健全渔业资源调查评估制度,科学确定可捕捞量,研究制定渔业资源利用规划;每五年开展一次全面调查,常年开展监测和评估。《农业部关于贯彻落实〈国务院关于促进海洋渔业持续健康发展的若干意见〉的实施意见》(农渔发〔2013〕23号)也强调加强渔业资源调查评估和养护,健全渔业资源调查评估制度。在人类活动和环境变化影响日益加剧的背景下,科学认识环境变化对黄渤海渔业资源变动的影响,构建适用于黄渤海重要鱼类的资源评估模型,评估重要鱼类资源动态,是实现黄渤海渔业资源可持续利用的必要前提,也是促进我国海洋渔业持续健康发展的要求。对黄渤海多数渔业而言,数据是有限的,这制约了常规和传统方法对渔业资源的评估,意味着多数渔业是在没有定量种群评估的情况下进行管理的。由于数据匮乏和定量种群评估工作的不足,基于可捕捞量的管理策略实施进程缓慢。

本书基于前期一系列黄渤海渔业资源相关项目,针对黄渤海有限性渔业资源评估开展研究、总结。书中成果离不开前期项目的基础,如国家重点基础研究发展计划(973计划)"近海环境变化对渔业种群补充过程的影响及其资源效应"、农业农村部"黄渤海近海和外海渔业资源调查"项目、公益性行业专项"黄渤海生物资源调查与养护技术研究",以及山东省重大创新工程项目"近海重要生物资源养护与生态修复关键技术"等。本书由项目组人员经过挖掘提炼、整合分析相关数据和文献资料,开展补充调查,结合渔业管理实际存在的关键问题,整理而成。全书分为七章,第一章为概述,第二章为黄渤海重要鱼类冬季时空分布格局及其对多重压力的响应,第三章为渤海鱼类种间关系及其对时空分布的影响,第四章为黄渤海鳀种群补充动态及其驱动因素,第五章为基于剩余产量模型的黄渤海小黄鱼、鳀资源状况分析,第六章为有限数据渔业资源评估集成模型构建及应用,第七章为总结与展望。期望本书的出版对于国家和地方有关决策、管理部门,以及从事渔业资源生态学、渔业资源评估与管理、资源养护与增殖等研究的科研院所和高等院校的人员有所裨益。

渔业资源的恢复是个缓慢而复杂的过程,渔业资源评估是一项非常具有挑战性的工作,是世界渔业管理部门关注的技术难题,由于编撰者学识和水平有限,书中不足之处在所难免,有关结论和认识也有待进一步研究,衷心期望广大读者批评指正。

感谢农业农村部"黄渤海近海和外海渔业资源调查"项目、国家重点研发计划"近海渔业资源评估与生态渔业技术项目(2024YFD2400400)"、国家自然科学基金项目(42176151)、山东省泰山学者专项基金项目、崂山实验室科技创新项目(LSKJ202203800)及黄渤海渔业资源与生态创新团队(2020TD01)等的支持,感谢本书所有研究与撰写者、有关文献与资料的提供者。

单秀娟

2024年11月

目 录

第一章　概述

第一节　渔业种群时空动态及其驱动因素的研究进展

一、渔业种群时空动态研究的意义

科学认识物种分布动态和关联的生态过程是生态学和保护生物学的核心问题。这一认识可以用于评估濒危物种的空间保护、追踪入侵物种的传播、解释环境变化对物种和群落的影响，是确保资源可持续利用的必要条件（Thorson et al.，2016a）。监测和科学认识鱼类种群的空间动态，对于构建种群评估模型所需的生物量指数具有重要意义，可以准确地推动渔业资源评估工作的进行，实现基于资源评估的科学管理（Thorson et al.，2015）。鱼类种群的关键栖息地（产卵场、索饵场等）支撑着它们的繁殖和持续补充，而且这些栖息地往往位于人类活动密集和开发程度高的海域。在全球环境变化（人类活动和气候变化的影响日益剧烈）的背景下，理解鱼类种群的分布变化及其产卵场、育幼场和索饵场的扩张或收缩模式是有效渔业管理的基础（Lotze et al.，2006；Browman and Skiftesvik，2014），可以帮助渔业科学家和管理者了解种群对环境变化的响应机制（Myers and Worm，2003；Lotze et al.，2006；Cheung et al.，2013；Astarloa et al.，2021）。此外，掌握渔业种群在局部空间尺度上的资源状况，可以帮助管理者进行精细化空间管理。综上，通过开展上述时空动态研究，有助于建立一种科学理论框架，以实现基于生态系统的适应性和恢复性的渔业管理（Botsford et al.，1997；Pikitch et al.，2004；Beddington et al.，2017；金显仕等，2015；Thorson，2019a），也有助于实现1982年联合国海洋法公约（UNCLOS，1982）所要求的关于管理捕捞鱼类的目标。

二、种群时空动态研究的主要方法

长期以来，世界各地的沿海国家一直在进行海洋渔业的科学调查，以查明鱼类种群丰度的变化，并评估管理政策的效果。考虑到物种分布和生物量存在季节变化，这些调查在每年的相同月份实施，以识别年际变化。最著名的例子是始于1963年的西北大西洋春季和秋季渔业种群调查（Grosslein，1969）。

多因素诱导的鱼类空间分布变化已被越来越多的文献所记录，例如 Pinsky 等（2013）的研究。虽然渔业资源的科学调查每年采用相同的采样设计，但不可控的情况可能破坏这种设计。例如，区域海军军事演习、恶劣天气、调查船故障、由科学问题驱动的采样目标改变和调查预算削减造成的限制，可能会导致某一年采样站位的空间分布不完整。因此，当不遵循常规设计时，采样空间分布的变化所引起的密度变化将与鱼类种群的实际密度变化相混淆，从而难以解释多年来的种群年际趋势（Thorson et al.，2016a、b）。最近的研究表明，可以使用时空模型（Thorson，2019a、b）来处理由数据空间不平衡造成的问题，该类模型包含一个空间相关函数，可以预测未采样地区的种群密度（Cressie et al.，2009）。时空模型可以估计多个地点、时间和物种的种群密度，这也是实现种群、栖息地和生态系统评估核心目标的通用方法（Thorson，2019a）。该类模型预测了一个响应变量及其随时间的演变，同时了解已知过程、未测量过程以及不完善的系统测量的潜在作用。它们可以通过对地理规律的解释，发挥状态空间模型的优点：地理位置近的点比地理位置远点在过程或误差分析时更为相似（Thorson，2019a）。

大多数关于鱼类空间动态的研究，直接根据调查数据计算分布的指标，包括种群分布重心（centers-of-gravity，COG）、分布面积（area occupied）和种群边界（population boundaries）等（Perry et al.，2005；Dulvy et al.，2008；Pinsky et al.，2013；Engelhard et al.，2014）。然而，这种计算受到调查数据的空间分布范围变化、调查船和渔具更替等因素的影响，可能会导致结论存在一定的偏差。时空模型的发展为解决这些不利影响提供了有效方法，利用时空模型可以获得准确的分布变化统计量（Grüss and Thorson，2019；Grüss et al.，2019b）。基于模拟数据的对比研究表明，相对于直接计算方法，时空模型显著降低了分布指标估计的偏差（Thorson et al.，2016c）。

在多季节渔业调查中，甚至调查设计也可能随时间的推移而改变。许多鱼种经历季节性洄游，在不同海域进行产卵、育幼、索饵和越冬，不同季节的生物量有很大差异（金显仕等，2005）。季节性调查的中断会导致产生季节性和空间不平衡的采样数据，这种情况使研究人员很难从中解释多年来的种群生物量趋势。这给渔场或重要栖息地的渔业管理带来很大困难。对于没有产量统计或统计不准确的渔业种群，了解其状况变化的方法之一，就是基于生物量指数或单位捕捞努力量渔获量（catch per unit effort，CPUE）等代理指标的评估模型。然而，这种评估模型往往要求输入指数的时间序列具有连续性。因此，需要能够处理季节性不平衡采样数据的季节性时空模型，来修复数据时间序列的不连续性。

Thorson 等（2020）开发了一个季节性时空模型（seasonal Poisson-link delta spatio-temporal model），该模型同时考虑了空间分布的年际（年份间）和季节性（季节间）变化，其在 delta 模型框架内，包括截距和空间变化的季节性和年度的主效应，以及自相关季节-年度效应，并纳入了每年季节之间的空间分布相关性（例如年内分布的驱动因素），给定季节的多年空间分布相关性（例如季节性洄游模式），以及年内和年间相邻季节的空间分布相关性（例如瞬时分布热点）。Thorson 等（2020）在两个案例研究中证明了该模型的性能。该模型在季节间共享信息，可解决跨年度和季节的空间不平衡采样的问题。作为数据的有效内插，该模型可以修复生物量或 CPUE 指数时间序列的不连续性，促进渔业资源评估和科学管理工作。

三、种群时空动态的驱动因素

众多证据表明，人为影响（如渔业）和气候压力源是许多海洋生态系统稳态转换和海洋鱼类分布变化的重要原因（Perry et al.，2005；Pinsky et al.，2013；Issifu et al.，2022）。例如，渔业捕捞可以：①在空间和时间尺度上驱动种群生物量的同步变化（Frank et al.，2016）；②截断种群结构，导致群体组成低龄化和小型化（李忠炉等，2012；Issifu et al.，2022）；③引起鱼类生活史特征和表型进化的变化（Sun et al.，2022）；④对生物相互作用产生深刻影响（Rijnsdorp et al.，2009）。这往往往会改变鱼类的首选栖息地或导致被开发鱼类种群占据的区域缩小或迁移（Engelhard et al.，2014；Bell et al.，2015）。Adams 等（2018）的研究证明，捕捞压力影响了西北大西洋底层鱼类的时空分布，是春季大多数种群重心的最重要的预测指标。Bell 等（2015）的研究表明，由于捕捞压力的减小，美国东部海域夏季比目鱼分布明显地向极地迁移。总之，越来越多的证据表明，在鱼类分布研究中不能忽视捕捞压力。

此外，人类活动造成的海水污染也会严重破坏关键栖息地的功能。在被污染的水域中，鱼卵的物种多样性和丰度会明显减少，导致产卵场的缩小和空间转移（崔毅等，2003）。围填海等活动造成栖息地破碎化和潮流动力的减弱，深刻影响着近岸产卵场和育幼场的功能，导致附近海区浮游动、植物和底栖生物多样性的降低及群落结构的改变，进而导致适宜产卵区域的减少和产卵群体分布的变化，最终减弱渔业资源早期补充和渔业发展可持续性（高文斌等，2009；金显仕，2020；金显仕等，2015）。

气候和气候驱动的海洋条件变化，对海洋鱼类分布模式有着更广泛和深刻的影响。海水温度的大幅波动是海洋深刻变化的主要形式之一（Brander et al.，2003），这可能使鱼类原有的栖息地不再适宜其生存（Cheung et al.，2013；Bell et al.，2015；苏杭等，2015）。海洋鱼类将尽可能寻找新的栖息地，以提高种群总体存活率和繁殖力（Anderson et al.，2013）。例如，Kleisner 等（2017）预测，在气候持续变暖的情况下，美国东北大陆架的许多海洋物种向北迁移，并可能影响美国东北大陆架沿线的主要渔港经营和渔民的收入。许多研究已经表明，温度变化是导致物种在关键生境之间洄游的关键因素（冯立民和杨月安，1955；刘效舜等，1990；金显仕等，2005），也是影响种群分布的重要环境决定因素。洄游的中断和可居住环境的限制，可能使未来难以从现有渔场中获得足够的渔获量（Overholtz et al.，2011；Cheung et al.，2013；Bell et al.，2015；苏杭等，2015）。水温也会影响鱼卵的生存、发育和孵化（Bian et al.，2014），从而引起种群补充的波动和鱼类分布的变化。

在某些情况下，物种分布变化与气候变化的性质有关，而不是与温度升高本身有关（Pinsky et al.，2013）。年代际尺度的气候变化可能导致海洋环境的物理动态变化，影响种群生产力（Bell et al.，2018）。为此，海洋学家开发了总结海洋条件的年度海洋学指数，也可称为气候指数（Grimmer，1963；Kidson，1975）。对比斯开湾的一项研究表明，在海豚的时空分布模式中，区域气候指数为当地环境变量（温度和叶绿素）提供了更好的解释（Astarloa et al.，2021）。尽管当地效应对硬骨鱼的营养动力学的影响，可能比对哺乳动物的影响更大，但这些气候指数也已被证明可以提供关于鱼类种群动态的信息。例如，中上层金枪鱼种群的生物量和分布变化与大尺度气候指数（如南方涛动指数）密切相关（Lan et al.，2013）。最近在东白令海的一项研究表明，将冷池指数（气候指数的一种）纳入时空模型，可以量化气候对鱼类时空分布变化的影响（Thorson，2019b）。

四、种群动态对多重压力的响应

海洋鱼类空间动态和关键栖息地受到多重压力源组合的影响。例如，海洋变暖和捕捞压力共同影响了北海鳕（*Gadus morhua*）长达一个世纪的分布变化（Engelhard et al.，2014）。Kirby 等（2009）的研究结果清楚地表明，气候变化和过度捕捞是北海生态系统重组的协同原因，它们的同步变化形成了广泛的营养级联，改变了很多鱼类的丰度和分布。Thorson（2019b）在对白令海东部的一项研究中，分析了当地海水温度和气候指数对 17 种鱼类和无脊椎动物物种密度模式方面的相对贡献。分析结果发现，当地海水温度和气候指数共同解释了 9%～14% 的密度时空变化。

多重压力源通常具有非相加或累积效应，对于关注海洋生物资源（living marine resources，LMR）的科研人员和管理者来说，充分了解多重压力影响非常重要（Ihde and Townsend，2017）。为确保可持续利用海洋渔业资源，研究人员和管理者需要在环境不断变化的背景下，了解管理措施对海洋生态系统和渔业种群的影响。在单一环境因素或单独捕捞背景下，做出的种群趋势估计，可能会在复杂的生态系统中提供误导性信息（Maunder et al.，2006；Kaplan et al.，2010）。例如，气候变化对西北大西洋被捕捞种群的影响显示出协同效应（Nye et al.，2013），因此在分析西北大西洋被捕捞种群趋势时，需要将温度变化和对顶级捕食者的捕捞一起考虑在内。

在我国，多重胁迫导致莱州湾产卵季节生态系统结构和功能发生变化（Jin et al.，2013）。Jin 等（2013）的研究结果表明，由于捕捞压力增加，在过去半个世纪中，自上而下的控制一直是改变物种组成的主要影响因素，而自下而上的影响在过去 30 年中，由于环境压力因素（如温度、营养物质和盐度等）的强烈变化而增加。这些发现意味着渔业科学家和管理人员需要确定和监测影响鱼类种群动态的多重压力因素，以有效管理被开发的鱼类种群。考虑多重压力因素（如持续的生境损失和改变、不断变化的气候、对多种鱼类的捕捞压力）对生态系统的相互作用，这是渔业管理的生态系统方法（ecosystem approach to fisheries management，EAFM）（Garcia et al.，2003）的核心，也是基于生态系统管理（ecosystem‐based management，EBM，Ihde and Townsend，2017）的基础。

第二节　基于资源评估的渔业科学管理

一、渔业资源评估的研究进展

了解渔业物种的开发水平和种群状况，对于有效的资源管理和保护生物多样性至关重要。渔业种群评估可以提供科学的、定量的种群状况评价，以指导渔业管理（Hilborn and Walters，1992）。已有许多衰退种群在基于渔业资源评估的科学管理下得到了恢复（Hilborn，2007；Worm et al.，2009）。

由于数据质量或数量有限（Froese et al.，2019），在全球范围内，只有约 50% 的已开发鱼类得到常规或传统的资源评估（Richard et al.，2012；RAM Legacy Stock Assessment Database，2018）。对于剩余的未得到常规评估模型分析的种群，本书称之为"未评估"鱼类种群。一些研究利用有限数据方法（data‐limited methods）来估计这些"未评估"种群的状况，发现数据匮乏地区的渔业状况比数据丰富地区的渔业状况更糟（Costello et al.，2012；Hilborn and Ovando，2014）。渔业状况取决于资源评估的质量和基于资源评估的科学管理。评估质量受到数据的可用性和质量的制约（Beddington et al.，2007；Hilborn，2007；Parker et al.，2018）。Ovando 等（2021）通过对全球渔业进行广泛的分析和总结，认为扩大对新信息的收集和对现有数据的有效利用可推动对渔业种群状况评估质量的实质性提升。因此，新信息的收集、数据质量的提升和现有数据的有效利用是推动基于渔业资源评估的科学管理的重要方面。

很多研究根据 FAO 公布的渔获量时间序列的趋势分析了这些"未评估"种群的状况（本书称之为 FAO 种群状况审查）。虽然 FAO 种群状况审查评估了更多的种群，提供了更全面的种群状况，但与常规/传统方法的种群评估相比，用于评估渔业的方法更加多样化且透明度较低（FAO，2014）。此外，这些方法对资源状况的量化程度不如传统的种群评估，只能为管理决策提供有限的指导。另外一个常用的数据中等/有限方法是剩余产量模型（Schaefer，1954；Pella and Tomlinson，1969；Fox，1970）及其拓展模型。除渔获量外，剩余产量模型还需要生物量指数或 CPUE 数据。剩余产量模型作为一个被广泛应用的典型评估模型，其结果的准确性也受到数据质量的影响，如输入 CPUE 数据的质量（Parker et al.，2018）。用于构建 CPUE 的捕捞努力量数据的准确性也是一个主要挑战，其会影响到对资源状况的科学认知。因信息过少而未被评估的种群更有可能是不可持续的，需要进一步研究和采取科学的管理措施，以改善数据有限渔业的状况。应对这些挑战的一种方法是通过改进监测计划或进行渔获量或捕捞努力量重建来提高渔获量数据的质量；另一个方法是收集其他类型数据（如长度数据）来进行有限数据种群评估，并对各种方法的结果进行综合考虑。

总可捕量（total allowable catch，TAC）是建立在科学评价基础上的一种重要的渔业管理形式。近年，包括我国在内的一些国家要求制定基于科学的捕捞限额（Rosenberg et al.，2017），这推动了相关评估方法的发展。事实上，全球管理机构之间存在广泛共识，即以最高可持续产量为目标来管理鱼类，是实现渔业可持续性的一个重要指导方针，如联合国鱼类种群协定。在数据有限的评估方法这一大类中有许多细分的方法，每一种方法都有不同的目标：估计相对于生物参考点的鱼类状况、估计捕捞压力和不确定性。每种方法都有特定的主要假设，这也决定了其应用背景和为管理提供科学建议的能力。针对同一种群，多种方法可能得出相差很大或截然相反的资源状况估计值和管理建议，这阻碍了这些方法在渔业资源评估和管理上的应用。集成建模技术的引入，使全球范围内的海洋渔业种群状况的评估工作得到了进一步的发展。Rosenberg 等（2017）将一套数据有限的方法应用于全球渔获量数据，并通过集成建模方法，提供了 785 种鱼类种群开发状况的定量估计值。这一工作可为资源管理提供更多鱼类种群的关键和更详细的信息。

二、多重压力下资源评估面临的挑战

虽然数据有限的渔业已经持续了好几代，但不断变化的海洋、市场和不断增长的人口正在威胁这些渔业的可持续性（Andrew et al.，2007；Cinner et al.，2013a；Ruckelshaus et al.，2013；Rudd，2017）。

海洋生态系统中的渔业资源通常具有洄游性和跨越管辖边界的特性。正如本书第一章第一节所述，由于气候变化，资源分布可能会发生变化。区域管理工具（area - based management tool，ABMT）的作用，例如基于区域的时间关闭、对区域的渔业/渔具选择性关闭、海洋保护区（marine protected area，MPA）及生态系统中的适应性/实时管理，已成为渔业管理的主要话题（Curnick et al.，2020；Hilborn et al.，2021）。气候导致的分布变化会降低 ABMT 的有效性，Hilborn 等（2021）对海洋渔业管理的回顾分析表明，适应性而非静态方法将是今后渔业管理首选方法。面对气候压力及其他压力源的挑战，管理人员需要能够有效应对海洋渔业动态快速变化的适应性管理工具，同时允许监管迅速做出反应。对多重压力下渔业种群的长期动态响应研究将极大地促进基于空间的捕捞作业管理与保护的整合。

多重压力因素也会对育幼场和索饵场中的海洋鱼类早期生命阶段产生深远的间接影响。研究发现，全球气候变化导致北海鳕栖息地水温的长期变化，改变了北海鳕幼鱼赖以生存的桡足类的物种组成、种群结构和丰度。食物供应不足造成幼鱼死亡率高，因此削弱了种群补充，导致过去几十年北海鳕种群急剧波动和整体下降（Beaugrand et al.，2003；Richardson et al.，2004）。在许多情况下，根据特定的生活史阶段，食肉鱼类种群对温度和其他压力源的直接敏感性远低于它们的浮游动物猎物。忽视猎物减少的间接影响可能会使被开发的鱼类得不到足够的保护。卞晓东等（2022）研究发现，"上行控制"（环境变化）和"下行控制"（捕捞等人为压力）因素影响了莱州湾中上层小型鱼类早期资源量动态。捕捞是影响莱州湾中上层小型鱼类丰度变化的主要人为压力，对鳀和斑鰶早期资源生态密度产生了显著影响。补充型和生长型捕捞过度分别通过损害产卵群体和鱼类稚、幼鱼导致莱州湾中上层小型鱼类世代变弱，进而影响了资源的可持续利用。这需要合理调整季节休渔和渔具管理措施，如使休渔期的起讫时间及时长涵盖大部分鱼种的产卵峰期（产卵峰期等物候变化受到环境变化的驱动），调整合适的渔具以避免过度捕捞集群性强的索饵幼鱼。

三、主要压力源识别及其重要性

许多渔业种群特定生活史阶段所在的非常重要的沿海和海洋生态系统，有各种各样的压力源，如海洋污染、气候变化、围填海工程、水产养殖和渔业捕捞等（金显仕等，2015）。在多重压力的背景下，种群动态往往变得更加复杂。如果建模的压力源不是主要的系统压力源，则单独建模压力源可能会产生误导性估计（Ihde and Townsend，2017）。因此，仅仅在单一环境因素或单独捕鱼的背景下直接获得标准化的丰度（生物量）指数，可能会给资源评估模型输入误导性信息，进而对渔业资源管理产生不利影响（Maunder et al.，2006；Kaplan et al.，2010）。因此，在丰度（生物量）指数标准化过程中，识别主要压力源或同时考虑多重压力源是非常重要的，也是目前多重压力下，基于渔业资源评估的科学管理的一项重要挑战。有学者认为，全系统生态系统模型〔如亚特兰蒂斯模型（Atlantis model）〕可以成为识别非累加和意外影响的重要工具，帮助资源管理者做出更合理的决策，为他们提供有关多重压力源的非累加效应的信息（Ihde and Townsend，2017）。然而，这类模型过于复杂，对数据要求过高，难以在全世界海洋渔业资源评估与管理中推广。在数据有限或适中的情况下开发的容纳多重压力源协变量的时空模型，似乎成为应对该项挑战的重要工具。向量自回归时空（vector autoregressive spatio-temporal，VAST）模型（Thorson，2019a、b）就是一个很好的例子。

四、物种相互作用的影响和混合渔业的管理

近几十年来，渔业对海洋生态系统的影响引起了广泛关注（Plank et al.，2017；沃佳，2022）。实现可持续渔业面临的最大挑战之一，是多物种之间相互作用所产生的意外或未知的影响（Huse et al.，2019）。混合渔业中捕捞技术和鱼种营养的相互作用，对生态系统的动态变化产生了很大影响（Dolder et al.，2018）。混合渔业在全球范围内占主导地位，但其科学管理发展相对缓慢。在美国，各种混合渔业管理方法可以追溯到20世纪70年代（Brown et al.，1979）。但在其他地区，对混合渔业的认知和管理方法的探索相对较晚。例如在欧洲，直到2002年才开始出现探索混合渔业的科学管理方法（Reports and Ciem，2019）。近些年来，对混合渔业管理的研究和实践越来得到重视。国际海洋考察理事会（International Council for the Exploration of the Sea，ICES）2003年在关于北海底层渔业的建议中明确指出，需要考虑到渔业的物种混合特点（Vinther et al.，2004）；在2012年，首次提出了混合渔业的管理建议（ICES，2012a），并将预防方法作为渔业管理的指导原则（ICES，

2012b）。关于目前混合渔业的主要管理手段，在沃佳（2022）的研究中已有清晰和全面的总结。在此，本书更关心的是目前的挑战和潜在的解决工具。

混合渔业在我国海洋渔业中也占主导地位。多物种混合渔业面临着食物网中的生物相互作用和渔业中不同渔具技术相互作用的重大挑战。因此，混合渔业管理需要关注生物捕食、竞争等相互作用的影响，减少捕捞技术的相互作用（沃佳，2022）。同时，对于完善单鱼种的研究，渔业管理应逐步转向"基于生态系统的渔业管理"（ecosystem-based fisheries management，EBFM）（Hollowed et al.，2011；沃佳，2022）。为了推动这一工作，人们对开发多物种生态系统模型的兴趣日益浓厚，用以反映多物种之间的生态关系（Jacobsen et al.，2017）。然而，由于数据的限制和技术的复杂性，该类模型的推广往往受到限制。正因如此，近几年我国对于混合渔业管理及其多物种生态系统建模开始进行了初步探索（沃佳，2022）。为降低模型的复杂程度和推动对鱼种相互作用和生态系统主导模式的了解，Thorson 等（2016a）开发了一种基于空间动态因子分析的联合动态物种分布模型（joint dynamic species spatio-temporal distribution model，JDSDM），简称多物种 VAST 时空模型。该模型数据需求适中，技术比常规生态系统模型简单，但能成功解释混合渔业中鱼种相互作用对生态系统动态的影响，并指导科学管理（Dolder et al.，2018；McClatchie et al.，2018）。因此，多物种 VAST 时空模型可视为推动 EBFM 工作的重要工具。在人类活动和气候变化日益剧烈的背景下，该工具有很大的潜力来推动生物相互作用和生态系统主导模式对多重压力的响应研究。

第三节　数据适中/有限渔业资源评估方法

为了解决资源评估面临的上述情况，在以往种群动力学工作的基础上，开发了一系列数据有限的种群评估方法（data limited population assessment methods，DLA）。这些方法按照所需的输入类型，大致可分为 6 种：①风险或脆弱性评估（risk or vulnerability assessment）；②基于指标（indicator-based）；③基于生活史（life history-based）；④仅基于渔获量（catch-only）；⑤基于长度（length-based）；⑥基于模型（model-based）（Dowling et al.，2016；Rudd，2017）。虽然这 6 种都是数据有限的种群评估方法，但它们在很多方面存在差异，比如模型输出在指导努力量或渔获量的适用性方面会有所不同。

风险或脆弱性评估、基于指标和基于生活史方法在 DLA 中属于数据需求非常有限的类型（或可称为数据匮乏的评估方法）。这类方法不是渔业资源科学管理的主要推动力（Rudd，2017），因而在本书不做重点讨论。

仅基于渔获量和基于长度的方法在 DLA 中处于数据需求的中间位置，通常假设数据有限的方法所提供的生物信息也是可用的，在本书中称为数据有限评估方法。仅基于渔获量的方法有多种，这些方法通常需要初始捕捞以来的时间序列，以及种群增长率和种群规模的信息，来估计最大的可持续产量参考点（MacCall，2009.，Berkson et al.，2011；Dick and MacCall，2011；Martell and Froese，2013；Rosenberg et al.，2017）。在应用这些仅基于渔获量方法进行种群评估时，会获得不同的结果。管理策略的合理设计必须考虑模型输出的不确定性（Schnute and Hilborn，1993）。因此，渔业管理者在估计多种不同种群状况和趋势时，要经常面临选择何种结果的难题。Burnham 和 Anderson（2002）以及 Anderson 等（2017）的研究证明，取几个模型预测的平均值或加权平均值，是一种有效的解决方案。在输入数据和误差假设相兼容的种群评估中，有许多成功的例子是通过模型平均，客观地将不同模型的结果结合起来（Brodziak and Piner，2010；Millar et al.，2015）。然而，一些研究（Schnute and Hilborn，1993；Anderson et al.，2017）表明，当模型或数据误差不同时，最适合的参数值不是在冲突值的中间，而是出现在一个明显的极端位置。超集成建模（superensemble modeling），通常简称为集成建模（ensemble modeling），已成功地应用于气候和天气预测，例如，它已被用于改进亚洲季风的风和降水预测（Krishnamurti et al.，1999），以及改善全球地表温度预测（Berliner and Kim，2008）。该方法通过组合多个模型，利用已知或可信属性的数据集，提供了一个技术框架，从一组模型中提取预测值作为单个统计模型的输入信息（Krishnamurti et al.，1999；Hamill et al.，2012）。这允许根据模型的准确性对各个模型进行加权，并利用各个模型之间的协方差来生成更准确且偏差更小的资源状况估计值。该技术可优化多个仅基于渔获量的模型预测值，已被用于改进种群状况估计（Anderson et al.，2017）。这种方法可以克服模型平均方法的缺点，并为减小多个仅基于渔获量方法的模型结果中出现的不确定性提供有效的解决方案，以确定最合理的模型参数组合，在推动渔业资源科学管理方面具有重要的意义。

基于长度的方法，是指那些基于平均长度或长度组成数据的方法，使用长度作为年龄的替代。这类方法基于生活史属性（生长、自然死亡和性成熟）或生活史不变量进行假设，以估计种群状态（Thorson and Cope，2014；Hordyk et al.，2015；Then et al.，2015a）。并非所有鱼类的捕捞产量都可以从渔业统计记录中获得。许多监测能力有限的渔业，从科学调查或渔获物抽样中收集长度测量值，通常比量化总渔获量更容易。因此，基于长度的方法在渔业资源科学管理措施制定中，具有相对明显的优势和较大的应用潜力。本书也将重点探讨如何将这些方法进行集成建模。

在 DLA 的方法范围中，基于模型的方法需要更多的假设和数据，本书称之为数据适中的评估方法。该类方法包括剩余产量模型（surplus production models，SPMs）和一些简单的统计年龄结构模型（statistical catch – at – age），这些模型允许对种群动态过程进行模拟和探索（Hilborn，2001；Cope，2013），但如果输入数据质量较低，它们的评估性能将会下降。SPMs 是被最广泛使用的模型，包括 Schaefer、Fox、Pella – Tomlinson 等模型类型，其提供了一种简化的方法（不需要考虑种群的年龄结构）来模拟种群动态（生物量）和估计最大可持续产量（maximum sustainable yield，MSY）。所需的输入数据是一个连续的产量时间序列和至少一个丰度指数（通常使用 CPUE）。模型的两个主要参数是种群内禀增长率 r 和环境容纳量 K。r 包含了种群的繁殖和补充、生长和死亡。SPMs 是重要的量化工具，适用于估计数据适中种群的资源状况（Worm et al.，2009；Branch et al.，2011），它可以提供比仅基于渔获量方法更客观的估计值（Branch et al.，2011）。因此，在大量数据适中的区域，SPMs 是渔业资源管理和生物保护不可或缺的种群评估工具（Dichmont et al.，2016；Punt and Szuwalski，2012）。JABBA 是一种灵活的和用户友好型的第三方工具，用于实施 SPMs，极大地推动了 SPMs 的使用，例如用于箭鱼的资源评估（Winker et al.，2018；Mourato et al.，2018）。SPMs 自开发以来，在提升模型估计的准确性方面取得了巨大的进步，例如在模型中应用了随机观测和过程误差（Punt，2003；Thorson and Minto，2015）、贝叶斯状态空间建模技术（Meyer and Millar，1999；Thorson et al.，2014）以及允许随着时间的推移可捕性显著变化时间块（Carvalho et al.，2014）。迄今为止，以上因素使 SPMs 仍然是数据有限/适中的渔业种群科学评估的主要手段，在许多渔业资源的科学管理中占据重要的地位。

第四节　黄渤海渔业资源评估与科学管理面临的挑战

黄海是一个位于西太平洋暖温带的重要渔场（金显仕等，2005）。黄渤海中绝大多数的鱼类在黄海中部和南部越冬（刘效舜等，1990）。渤海是我国暖温带的半封闭浅海，东接黄海，是集产卵、育幼、渔场于一体的重要生境（刘效舜等，1990），对黄渤海大多数鱼类种群的补充发挥着至关重要的作用（金显仕等，2005，2015；卞晓东等，2018）。近海渔业占我国海洋捕捞产量的90%以上，是我国优质蛋白的关键来源（金显仕等，2015）。然而，近40年来，随着全球气候变暖和人类活动（捕捞、涉海工程、陆地产业和城市发展）等多重压力的日益加剧，黄渤海生态系统健康和渔业资源的可持续产出受到了很大的影响。关键栖息地及其生态服务功能受损，使得黄渤海渔业资源的补充和可持续性受到严重威胁，具体表现为传统经济渔业资源普遍衰退、群落结构和食物网结构显著变化、饵料基础失衡、鱼类食性转变、物种多样性降低、物种交替明显、渔获物组成小型化和低质化，重要渔业资源已不能形成渔汛（刘效舜等，1990；Jin and Tang，1996；金显仕等，2005，2006；Jin et al.，2013；张波，2018；金显仕，2020）。为养护渔业资源，近年来，我国已出台和实施了一系列的措施，包括投入和产出控制（渔船"双控"制度、产量总量管理、限额捕捞）、技术限制，如渔具规格和渔获物限制（最小可捕标准及幼鱼比例）、对特定空间实施时间上的封闭（伏季休渔）、生态手段（增殖放流）等（史磊等，2019；苏程程等，2021b）。特别是对伏季休渔制度开展了多次调整，渔业执法力度日益加强，取得了一定的养护效果。但黄渤海生态系统功能健康和渔业资源的可持续产出仍然面临严重的问题。

多重压力可能是影响黄渤海生态系统健康和渔业可持续性的重要原因。例如，多重胁迫导致莱州湾产卵季节生态系统结构和功能发生变化（Jin et al.，2013）；环境变化的上行影响和捕捞压力的下行影响是莱州湾中上层小型鱼类早期资源量动态的重要外在驱动（卞晓东等，2022）。多重压力影响下的生物环境变化也被视为近海产卵场健康评价体系的重要组成部分（韩青鹏等，2022），了解多重压力的影响，也有助于推进产卵场健康监测与修复工作。鱼类种群的补充过程是海洋生物和物理作用耦合的过程，依赖复杂多样的环境驱动因子来调节和维系可持续渔业生产（金显仕等，2015）。但重要鱼类种群的补充动态对生态系统驱动因素的响应机制尚未得到阐明（Zhao et al.，2003）。因此，在多重压力加剧的背景下，亟须开展对鱼类种群在关键栖息地的时空分布动态、影响种群补充的关键生态系统因素的研究，这是认识种群数量变动规律、提升渔业可持续性的重要基础保障。

黄渤海鱼类空间动态一直是受关注的重点（刘效舜等，1990；金显仕等，2005，2006，2014）。在高强度渔业开发和气候变化愈加强烈的背景下，科学家和管理者对黄渤海鱼类种群在多重压力下的时空分布模式也愈加感兴趣（金显仕等，2015）。尽管近年来已有研究开始关注底层鱼类细纹狮子鱼的分布变化（Chen et al.，2022），但很少有针对海洋生态系统的中枢代表性种类的研究，例如营养中枢鱼类中的中上层鳀（*Engraulis japonicus*）、黄鲫（*Setipinna taty*）以及中下层小黄鱼（*Larimichthys polyactis*）。越来越多的生物群体，包括海洋鱼类，正在经历着显著的资源量变化（Parmesan，2006）。之前的研究（Shepherd and Litvak，2004；Thorson et al.，2016c）表明，海洋鱼类密度相关的空间分布变化可用理想自由分布理论（ideal-free distribution，IFD）或密度依赖的栖息地选择（the density-dependent habitat selection theory，DDHS）理论来解释。DDHS理论意味着丰度

（生物量）与分布面积之间存在正相关关系，随着生物量的减少，鱼类个体会向首选栖息地（偏好的生境）移动（Reuchlin‐Hugenholtz et al.，2015）。由此导致种群分布范围缩小，这样尽管种群生物量已经开始下降，但核心分布区仍然可能保持高的商业捕捞效率。在这种情况下，对 DDHS 所解释的种群需要谨慎管理，以避免无法及时做出合理的管理决策（Thorson et al.，2016c）。时空模型的发展加深了管理者对鱼类丰度和分布模式的理解，例如 Thorson 等（2016c）借助时空模型发现，东白令海多种底层鱼类种群的空间动态可由 DDHS 所解释，并将结论应用到了渔业管理中。然而，黄渤海大多数渔业种群丰度（生物量）与分布面积之间关系尚不清楚，这意味着资源评估模型中常被用到渔业 CPUE 的趋势合理性未得到验证，而进一步影响科学家和管理人员对渔业状况的把握，最终导致黄渤海渔业管理决策可能得不到及时的调整。

近年来，黄渤海种群动态对生物驱动的响应日益受到关注。金显仕（2020）研究了 1959 年以来渤海饵料生物变化对渔业资源动态的影响。在黄渤海开展的多项渔业食物网拓扑结构研究（金显仕，2020；苏程程等，2021a、b；苏程程等，2022）显示：①2016—2018 年山东半岛南部海域渔业群落中，鳀是关键的被捕食者，对群落具有最大的上行控制效应，并通过自我调节控制种间关系，进一步对整个群落结构产生影响；黄鮟鱇是关键的捕食者，具有最大的下行控制效应，通过摄食效应对食物网的能量流动和转换起关键性作用。②2021 年山东半岛北部海域鱼类群落关键种为细纹狮子鱼（具有最大的中介中心性）、黄鮟鱇（具有最大的下行控制效应）、鳀（具有最大的上行控制效应）、小黄鱼（对群落离散度的控制力最大，具有最大的紧密中心性和信息中心性）及矛尾虾虎鱼（鳀之外的另一个关键被捕食者）；其中小黄鱼的丰度变化会通过下行和上行效应使得整个群落食物网结构发生重大变化；黄鮟鱇和细纹狮子鱼在鱼类群落中捕食经济鱼种幼鱼逐渐增多，且与传统大型经济鱼类生态位重叠，对传统经济鱼种的资源恢复和保护具有一定的限制作用。③1985、2001、2009 和 2018 年黄海秋季鱼类群落关键种一直为鳀（关键被捕食者）、黄鮟鱇（关键捕食者）和小黄鱼（控制群落离散变量的物种），但鳀和小黄鱼资源均出现衰退，而黄鮟鱇资源相对上升。④1959 年以来渤海莱州湾春季鱼类关键种发生了多次交替变化。然而，这些关键种生物量的相对变化，通过生物相互作用对经济渔业资源的可持续性、鱼类群落的变动、生态系统健康的影响尚未得到阐明；此外，近年来伏季休渔专项捕捞兴起，这些捕捞专项物种造成的生物相互作用的影响，以及技术相互作用的影响，尚缺少评价的方法。这均将影响到黄渤海渔业资源的保护措施的效果。

制定有效的渔业管理措施必须了解渔业种群时空分布变化、种群补充动态、渔业种群状况和渔业生态系统变化，以及这些指标对多重压力的响应。然而，目前尚未系统地了解渔业种群和渔业生态系统长期变化对多重压力的响应，响应机制尚不完善。这严重制约了有效管理的发展，使得渔业资源评估也面临较大挑战。对于黄渤海的多数渔业而言，可以说数据是有限的，这严重制约了常规/传统方法应用于渔业资源的评估工作。这也意味着有较多渔业是在没有定量种群评估的情况下进行管理的（Su et al.，2020）。由于数据需求和定量种群评估工作的缺失，基于 MSY 和 TAC 的管理策略的实际实施进展缓慢（Su et al.，2020）。

多重压力也对种群状况的评估造成了负面影响。正如本书第一章第二节中所述，在单一环境因素或仅考虑捕捞背景下做出的种群趋势估计，可能会在复杂的生态系统中提供误导性信息（Maunder et al.，2006；Kaplan et al.，2010）。种群趋势是评估鱼类种群状况最常用的信息之一，但基于 CPUE 数据或基于调查的直接计算获得的相对丰度（生物量）指数，所反映的种群趋势存在着众所周知的问题，即这些估计均是在单一背景下做出的。在黄渤海同样也存在这类问题。为了解决此类问题，可以考虑使用多重压力源协变量的时空模型（Thorson et al.，2015a；Thorson，2019a、b）。在多重压力背景下，该模型是能够准确估计黄海大海洋生态系中鱼类种群相对丰度（生物量）指数的重要工具。时空模型导出的相对丰度（生物量）指数也可作为重建渔业 CPUE 数据的参照。这对在不易获得长期调查数据的黄渤海中进行基于资源评估的渔业管理来讲非常重要，时空模型是推动该项工作的重要途径。因此，迫切需要科研人员在黄渤海中开展种群动态对多重压力响应、准确反映生物量趋势的指数构建及数据有限资源定量评估的研究工作，以推动基于渔业资源评估的科学管理。

为实现上述迫切需求，合理选取黄渤海重要鱼类作为研究目标至关重要。鳀一直是我国产量最高的鱼类，是黄渤海生态系统的营养中枢鱼类（Zhao et al.，2003）和关键饵料鱼类（刘效舜等，1990；张波，2018）。其生物量的变化可以引起整个食物网中多种捕食者的生物量变化，导致生态系统的扰动，损害渔业的可持续性（Pauly et al.，2002）。小黄鱼是我国最具代表性和最重要的已开发底层鱼种（刘效舜等，1990；金显仕等，2005）。食物网拓扑结构分析显示，其具有重要的生态地位、最大的网络中心性和信息控制能力，是黄渤海渔业生态系统的关键种（苏程程等，2022）。黄鲫是一种非常重要的饵料鱼类（张波，2018；Zhang et al.，2007；张波等，2009）。其自 20 世纪 80 年代以来成为黄渤海鱼类群落优势种群之一（金显仕，2020；金显仕等，2005，2006，2020）。食物网拓扑结构分析显示其在鱼类群落中有很强的信息交换和控制能力，具有较强的上行控制效应（苏程程等，2021b）。进入 21 世纪以来，黄鲫等小型中上层鱼类成为渔业的重点目标，占据举足轻重的地位（金显仕等，2006）。银鲳（*Pampus argenteus*）是近海主要经济鱼类之一，目前为渔业开发的重点对象（金显仕，2020）。其与鱼类群落的关系尚不明确，在一些食物网拓扑结构研究中，通常将其排除在网络之外（例如，苏程程等，2021a、b，2022）。了解其多重压力下时空分布模式和资源状况有助于阐明其在黄渤海生态系统中的生态位置及其对资源变动的潜在影响。因此，上述种类在黄渤海中具有重要的代表性，可作为优先的研究目标。

黄渤海是众多渔业生物的关键栖息地和优良渔场，是人类优质蛋白的重要来源。在人类活动和环境变化压力下，黄渤海食物产出能力受到了严重挑战。为了实现黄渤海渔业的可持续发展以及制定配套的生态系统保护措施，研究黄渤海主要渔业资源种群动力学，建立适用于主要渔业种群的时空模型和资源评估模型，了解鱼类种群对捕捞压力、气候变化、海洋学条件、生物驱动等因素的响应机制，是实现基于生态系统适应性管理至关重要的基础科学问题。

为实现对以上科学问题的探索，本书以黄渤海重要鱼类鳀、小黄鱼、黄鲫和银鲳为例，研究了它们在时空分布和种群补充方面对捕捞压力和环境变化的响应机理，构建了适用于黄渤海重要鱼类的资源评估模型，评估了重要鱼类资源动态，可为我国近海渔业资源可持续利用与管理提供依据。

第二章　黄渤海重要鱼类冬季时空分布格局及其对多重压力的响应

掌握鱼类种群的分布变化和范围扩张/收缩的模式，对有效的资源管理非常重要。这种了解有助于制定适应性强和灵活的监测计划，为种群和栖息地评估提供可靠的数据（Karp et al.，2019）。另外，它还可以帮助科学家和资源管理人员预测鱼类种群和海洋生态系统生产力以及渔获量的潜在变化，并制定相应的管理措施（Cheung et al.，2009，2012）。

越来越多的证据表明，人为（如捕鱼）和环境（如海水温度的变化）压力因素导致了许多海洋鱼类种群的分布变化（Blanchard et al.，2005；Perry et al.，2005；Pinsky et al.，2013；Grüss et al.，2019a）。捕捞可以大大降低鱼类种群的丰度，改变其年龄和长度结构（李忠炉等，2012；Bell et al.，2015），并对物种的相互作用产生深刻影响（Rijnsdorp et al.，2009），往往导致鱼类种群空间分布区域的缩小或迁移（Bell et al.，2015）。一些研究发现，在某些情况下，由种群丰度下降引起的空间分布变化可以用基于理想自由分配（ideal‐free distribution，IFD）理论的比例-密度模型（proportional‐density model，PDM）或基于 DDHS 理论的 Basin 模型（basin model，BM）来解释（MacCall，1990；Petitgas，1998；Fisher and Frank，2004；Reuchlin‐Hugenholtz et al.，2015；Thorson et al.，2016c；Shepherd and Litvak，2004）。BM 假设，随着生物量的减少，鱼类个体会向首选栖息地（偏好的生境）移动，这导致首选栖息地的渔获率仍然很高（Harley et al.，2001；Wilberg et al.，2009）。

海洋环境的变化呈现多种形式，包括海洋学过程中的深刻变化，如海表面或海底温度的大幅波动（Brander et al.，2003）。许多研究表明，温度的变化对鱼类的分布变化有很大的影响，它可以刺激鱼类离开原先栖息地进行纬度迁移，或者会大大降低原先栖息地中种群的适应性和丰度（Cheung et al.，2013；Overholtz et al.，2011；李忠炉等，2012；苏杭等，2015；Bell et al.，2015）。然而，Radlinski 等（2013）在一项关于大西洋鲭（*Scomber scombrus*）的研究中发现，温度对鱼类空间分布的影响随鱼类个体大小而变化，在某些年份，温度以外的环境变量（如深度、跨大陆架方向）可能是影响分布变化的最重要因素。

黄海栖息着许多具有高经济价值的鱼类（刘效舜等，1990；金显仕等，2005）。正如本书第一章第四节所述，尽管人们对了解黄海鱼类种群的时空分布模式与环境压力源的关系很有兴趣，但很少有研究去探讨这一问题。许多在黄渤海洄游的商业鱼种在黄海越冬，其中包括鳀、小黄鱼、黄鲫和银鲳。鳀是黄渤海最丰富的鱼类（唐启升和叶懋中，1990；朱德山和 Iversen，1990；Zhao et al.，2003），也是北太平洋西部分布最普遍和最具商业价值（用于生产鱼粉）的中上层鱼种之一（杜玉雯，2016；Itoh et al.，2009）。小黄鱼是黄渤海最具代表性的物种之一（刘效舜等，1990；朱元鼎，1963；金显仕等，2005）。2001—2016 年，黄渤海的小黄鱼捕捞量一直在增加，2010 年达到了270 万 t 的最高捕获量。黄鲫和银鲳均是重要的经济鱼类（金显仕等，2005），自 21 世纪以来，它们便成为黄渤海渔业的重点目标，占据举足轻重的地位（金显仕等，2006；金显仕，2020）。因此，了解这 4 种鱼类的时空分布模式和这些模式随时间的变化，以及它们如何响应环境压力源的变化，将有助于制定对这些物种的资源管理措施。

在本研究中，分析了冬季在黄海中部和南部进行的调查的数据，该地区代表了黄渤海鳀、小黄鱼、银鲳和黄鲫种群的主要越冬场（刘效舜等，1990；金显仕等，2005）。黄海越冬场包括中韩渔业协定所管辖的水域（金显仕等，2005，2015）。中韩渔业协定规定，我国负责黄海西部的渔业管理，韩国负责东部的渔业管理。每年，各缔约方负责确定本国和对方渔船在其专属经济区内的允许捕捞品种、捕捞配额、作业时间、作业区域和其他作业条件，并需告知另一缔约方。因此，了解这 4 种鱼类在黄海越冬场的分布变化和范围扩张/收缩的模式，可为中韩渔业协定下的有效资源管理提供宝贵的信息。

第一节　材料与方法

为每个鱼种建立了 8 个备选的 delta - Gamma 时空模型，并对 2001—2021 年冬季（1 月）从黄海拖网调查获得的生物量渔获率进行了拟合。在模型中纳入了一系列可能影响黄海生态系统的区域气候指数，并通过预分析确定了一个最佳气候指数作为模型的气候变量。然后，比较了 3 个压力源（捕捞压力、海表温度和区域气候指数）的相对重要性，并根据 Akaike 信息准则（Akaike information criterion，AIC，Akaike，1974）和 8 个模型的时空变化所解释的方差选择了最佳模型。最后，使用选定的模型来估计一些分布指标（详见下文），以反映本书所关注的 4 种鱼类的分布转移和范围扩张/收缩的模式，及其与多重压力源的关系。同时，进一步分析了丰度-面积关系，以了解生物量下降时种群的生境选择模式（PDM 或 BM），为资源管理提供科学基础。此外，采用 Thorson（2019b）开发的空间变化系数（spatially varying coefficient，SVC）模型来表示鱼类时空模型中的年度指数（即气候指数和捕捞压力）的影响。这是首次为黄渤海鱼类建立使用 SVC 的时空模型。

一、数据来源

鳀、小黄鱼、黄鲫和银鲳的生物量渔获率数据（kg/km²）来自黄海越冬场固定站位的拖网调查（图 2 - 1），数据时间跨度为 2001—2011、2015—2017 和 2020—2021 年冬季（1 月）。调查的空间范围基本涵盖了 4 种鱼类的越冬场（刘效舜等，1990），因此是实现本研究目标的首选数据来源。整个研究期间使用相同的调查方案，包括使用相同的标准拖网（网长 83.2 m，网目 20 cm，囊网网目尺寸 24 mm，网口周长 167.2 m，高 7 m，宽 24 m），以 3 kn[①] 的速度拖曳 1 h。在 2020 年之前使用的调查船为"北斗号"（长 56.2 m，宽 12.5 m，吃水 5.1 m，船体重量 1 165 t，船动力 2 250 hp[②]），2020—2021 年为"蓝海 101 号"（长 84.5 m，宽 15.0 m，吃水 5.0 m，船体重量 2 783 t，船动力 2 720 hp）。

---

　①　kn 为非法定计量单位，1 kn＝1.852 km/h。——编者注
　②　hp 为非法定计量单位，1 hp≈735.5 W。——编者注

每站进行拖曳后，所有鱼类和无脊椎动物都被鉴别为物种或尽可能低的分类水平，然后记录每个物种/分类群的丰度、生物量和生物信息。

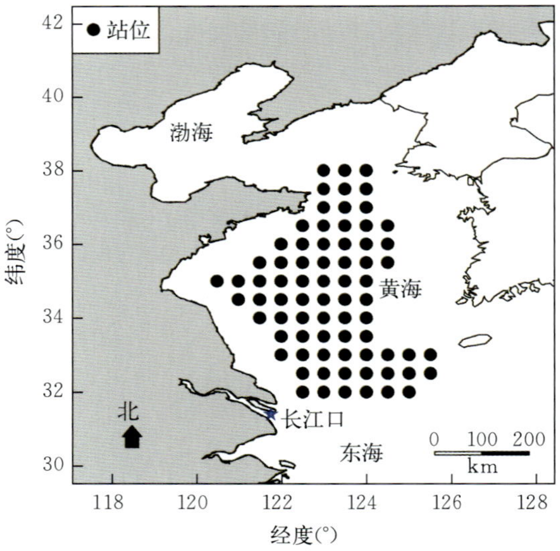

图 2-1　黄海研究区域和调查站位分布

本研究中，压力源数据包括捕捞压力（人为压力源）、海表温度（SST，当地海洋学条件）和气候指数。2001—2021 年 1 月的 SST 数据下载于美国国家航空航天局（NASA）数据库（http://oceandata. sci. gsfc. nasa. gov/cgi/getfile/）。之所以采用遥感数据，是因为在黄海进行的冬季底拖网调查没有覆盖到整个研究区域。在黄海，冬季海水温度下降，海水垂直混合，水柱内温度变得相对均匀。因此，用 SST 代替包括海底在内的任何一层水柱的温度是合理的（Radlinski et al.，2013），即使在本书的 4 个关注鱼种中，小黄鱼是底层鱼类，也有理由假设 SST 与其在冬季的空间分布和密度模式存在潜在关系。

本研究使用了以下冬季气候指数数据（表 2-1）：太平洋年代际振荡（Pacific Decadal Oscillation，PDO）（Mantua et al.，1997）、大西洋多年代际振荡（Atlantic Multidecadal Oscillation，AMO）（Enfield et al.，2002）、北太平洋指数（North Pacific Index，NPI）（Trenberth and Hurrell，1994）、北大西洋振荡（North Atlantic Oscillation，NAO）（Hurrell，1995；Hurrell et al.，2003；Hurrell and Deser，2010）、Niño 3. 4 指数（Trenberth，1997）、北方涛动指数（Northern Oscillation Index，NOI）（Schwing et al.，2002）、北极涛动指数（Arctic Oscillation Index，AOI）（Thompson and Wallace，1998；Thompson and Wallace，2001）、南方涛动指数（Southern Oscillation Index，SOI）（Trenberth，1984）和西太平洋指数（West Pacific Index，WPI）（Barnston and Livezey，1987）（下载自 https://psl. noaa. gov/data/climateindices/list/），并考虑 1 年时滞效应的时间序列（用 _ lag1 表示，如 PDO _ lag1）。这些指数总结了海洋生态系统的物理状态（Grimmer，1963；Kidson，1975），多项研究证实它们对海洋渔业种群有直接或间接影响（Mantua and Hare，2002；O'Leary et al.，2018）。在本研究中，这些气候指数主要是基于 Han 等（2022）的筛选，许多研究证明它们与北太平洋海洋生态系统的变化密切相关（Nakata and Hidaka，2003；Overland et al.，

2008；Tian et al.，2008；沈晓琳，2012；Tian et al.，2014；刘笑笑等，2017；Yuan et al.，2017；Liu et al.，2021）。本研究还包括两个远离研究区的指数，即 AMO 和 NAO，这些指数最近被认为是影响黄渤海生态系统的主要气候因素之一（周波涛和崔绚，2014；国家海洋信息中心，2022）。其中，有研究表明，AMO 可以调节西北太平洋黑潮锋面和表层水温的年代际变动，并进一步影响西北太平洋上层热含量和渔获量（Wu et al.，2020；刘阳等，2021）。

表 2 - 1　本研究使用的气候指数简要信息

指数	描述	来源
PDO	PDO 总结了北太平洋温暖水域位置的变化，是太平洋年代际尺度变化的主要模式	Mantua et al.，1997
NPI	NPI 描述了阿留申低压强度的变化，并用于测量大气环流的年际到年代际变化	Trenberth and Hurrell，1994
WP	WP 是北太平洋地区各月低频变化的主要模态，与北太平洋地区气温和降水有关	Barnston and Livezey，1987；Wallace and Gutzler，1981
NAO	NAO 是指北极和亚热带大西洋之间大气质量的再分配，是北半球天气和气候变化的主要模式，也是所有季节中最重要的遥相关模式之一。NAO 还通过热量含量、环流、混合层深度、盐度、高纬度深水形成和海冰覆盖的变化影响海洋，改变海洋生态系统的结构和功能以及渔业产量	Barnston and Livezey，1987；Hurrell，1995；Hurrell et al.，2003；Hurrell and Deser，2010
NOI	NOI 是一种衡量中纬度气候波动的指标，其依据是澳大利亚达尔文附近海平面压力异常和北太平洋高压的差异	Schwing et al.，2002
SOI	SOI 反映了热带太平洋的大尺度海平面压力格局。NOI 和 SOI 显示出与海洋生态系统和鱼类种群波动的关系，反映赤道和热带外遥相关的变化，并代表广泛的本地和远程气候信号	Trenberth，1984
Niño 3.4 指数	Niño 3.4 指数是定义 El Niño 和 La Nina 事件最常用的指数之一，被认为与西太平洋大降雨区域的转移密切相关	Trenberth，1997
AMO	AMO 是北大西洋温度的一个指标，可以调节全球变暖速率的多年变化，对全球和区域气候，甚至 ENSO、副热带高压和东亚季风都有重要影响	Enfield et al.，2002
AOI	AOI 是发生在北半球中高纬度地区的一种大尺度气候变异模式，对北半球中高纬度地区的天气和气候产生了强烈影响	Thompson and Wallace，1998，2001

由于没有准确的捕捞压力记录，辽宁省、河北省、山东省、江苏省和天津市的商业渔船总发动机功率通常被视为是黄渤海捕捞压力的代理指标（FP）（Chen et al.，2022）。然而，FP 没有考虑每艘渔船平均功率的提高、渔船性能（包括续航能力和作业时长）和捕鱼技术的进步，所以可能无法在分布模型中代表捕捞压力。因此，本研究开发了一个新的捕捞压力指数（FI）：

$$FI_y = FP_y \times \frac{FP_y}{Num_y} \qquad (2-1)$$

式中，FP_y 为渔船在 y 年的总功率；Num_y 是 y 年的渔船总数。该指标考虑了每船平均功率的提高，其往往伴随着渔船性能和捕捞技术的进步（唐启升和叶懋中，1990）。利用本研究构建的时空模

型比较 *FI* 和 *FP* 的性能。预分析结果表明，对于鳀、小黄鱼和黄鲫，*FI* 更能代表捕捞压力，因此，本研究使用 *FI* 作为它们的捕捞压力指标。

二、时空分布模型构建

本研究采用向量自回归 VAST 建模技术（Thorson，2019a），针对每个鱼种开发了 8 个备选 delta- Gamma 广义线性混合时空模型，用于估计冬季种群密度的时空变化。这些模型包括 SST 的二次效应、捕捞压力和气候指数的空间变化效应的组合，或者不包括这些效应。这些模型在精细尺度上考虑了时空结构（随时间变化的未测量变化）和空间结构（长期模式的未测量变化）（Thorson et al.，2015a；Thorson，2019a）。这些模型还考虑了 R/V"北斗号"和 R/V"蓝海 101 号"引入的相对捕捞效率差异（Thorson et al.，2015a）。通过在 VAST 中增加空间变化系数（SVC）模型选项来实现包含空间变化效应协变量的模型（Thorson，2019b）。8 个模型的信息（表 2-2）如下。M1：不包含压力源协变量；M2：包含 SST 协变量；M3：包含单个气候指数（如 PDO）协变量，基于预分析结果选择 AIC 最低模型中的气候指数（表 2-3）；M4：包含捕捞压力协变量，基于预分析结果选择 AIC 最低模型中的捕捞压力指标（表 2-4）；M5：包含 SST 和从 M3 预分析结果中选取气候指数协变量；M6：包含 SST 和从 M4 预分析结果中选取捕捞压力协变量；M7：包含从 M4 预分析结果中选取捕捞压力和从 M3 预分析结果中选取气候指数协变量；M8：包含 SST、从 M4 预分析结果中选取捕捞压力和从 M3 预分析中选取气候指数协变量。最优模型是选择 AIC 值最低的模型（Akaike，1974），但是当与最小 AIC 相差不到 2 个单位时，这两个模型被认为在统计上等效（Arnold，2010）。

表 2-2　8 种备选 delta-Gamma 时空模型（M1-M8）的协变量效应信息

模型	协变量效应
M1	无协变量
M2	SST 的二次效应
M3	气候指数的空间变化效应
M4	捕捞压力的空间变化效应
M5	SST 的二次效应和气候指数的空间变化效应
M6	SST 的二次效应和捕捞压力的空间变化效应
M7	气候指数和捕捞压力的空间变化效应
M8	SST 的二次效应及气候指数和捕捞压力的空间变化效应

表 2-3　不同气候指数协变量的 M3 模型性能比较

指数	鳀		小黄鱼		黄鲫		银鲳	
	AIC	AIC_lag1	AIC	AIC_lag1	AIC	AIC_lag1	AIC	AIC_lag1
PDO	2 193.14	2 179.58	1 590.00	**1 579.01**	807.67	805.74	1 789.49	1 788.51
NPI	2 194.62	2 186.24	1 590.01	1 581.01	815.36	810.18	1 774.23	1 782.75
WP	2 193.12	2 194.12	1 589.09	1 590.00	813.88	798.65	—	1 779.09
NAO	2 193.46	2 194.89	1 587.58	1 586.14	813.22	**798.24**	1 772.24	1 791.10

指数	鳀		小黄鱼		黄鲫		银鲳	
	AIC	AIC _ lag1	AIC	AIC _ lag1	AIC	AIC _ lag1	AIC	AIC _ lag1
NOI	2 194.97	2 182.58	1 590.13	1 580.59	815.36	806.84	—	
SOI	2 194.95	2 185.43	1 590.21	1 587.67	815.29	805.63	1 779.15	
Niño 3.4 指数	2 195.14	2 186.08	1 590.06	1 585.42	815.35	810.81	1 774.29	1 790.02
AMO	**2 162.44**	2 190.85	1 585.58	1 582.26	804.76	813.16	1 787.81	1 783.58
AOI	2 194.96	2 191.06	1 587.37	1 579.03	815.29	807.90	**1 763.54**	—

表 2 - 4　不同捕捞压力指标的 M4 模型性能比较

模型	协变量	鳀 ΔAIC	小黄鱼 ΔAIC	黄鲫 ΔAIC	银鲳 ΔAIC
M4	捕捞压力指数（FI）	0	0	0	17.459
M4	渔船总功率（FP）	1.009 0	28.244 0	3.121 4	0

注：其他信息见表 2 - 2。

本研究的时空模型通过两个模型组分相乘来估计各种群密度 d（d＝二项式组分 p×伽马组分 r）（Lo et al.，1992；Grüss et al.，2019b）。二项式组分用以拟合相遇/未相遇（encounter/non - encounter，0/1）数据；伽马组分用以拟合正渔获率（positive biomass catch rate，非零渔获率）数据。在这里，通过描述包含最多协变量效应的 M8 来说明模型结构。M1～M7 的实现只需要排除 M8 中的部分结构。

带有 logit 链接函数和线性预测因子模型的二项式组分（binomial - GLMM）用以估计每个鱼种在位置 $s(i)$ 上的相遇概率 p_i。引入两个高斯马尔可夫随机场来表示 p_i 的空间和时空变化：

$$p_i = logit^{-1}(\beta_{t(i)}^{(p)} + r_{V(i),t(i)}^{(p)} + \omega_{s(i)}^{(p)} + \varepsilon_{s(i),t(i)}^{(p)} + \gamma_{t(i),1}^{(p)} T_{s(i),t(i)}^{(p)} + \gamma_{t(i),2}^{(p)} T_{s(i),t(i)}^{2(p)} + \xi_{s(i),t(i),1}^{(p)} + \xi_{s(i),t(i),2}^{(p)})$$

$$(2 - 2)$$

式中，$\beta_{t(i)}^{(p)}$ 是采样 i 所属年份 t（i）的相遇概率的截距；$\omega_{s(i)}^{(p)}$ 是未测量的空间变化；$\varepsilon_{s(i),t(i)}^{(p)}$ 是未测量的时空变化；$r_{V(i),t(i)}^{(p)}$ 是调查船 $V(i)$ 的相对捕捞效率；$\gamma_{t(i),1}^{(p)} T_{s(i),t(i)}^{(p)}$ 和 $\gamma_{t(i),2}^{(p)} T_{s(i),t(i)}^{2(p)}$ 分别是温度的线性和二次效应（Thorson，2015；Grüss et al.2020a）；$\xi_{s(i),t(i),1}^{(p)}$ 和 $\xi_{s(i),t(i),2}^{(p)}$ 分别是捕捞压力和气候指数的空间变化效应。在用于时空模型之前，T 和 T^2 协变量均被标准化为均值为 0、方差为 1 的数据（Thorson，2015；Grüss et al.，2020a）。

$\beta_{t(i)}^{(p)}$、$\gamma_{t(i),1}^{(p)} T_{s(i),t(i)}^{(p)}$ 和 $\gamma_{t(i),2}^{(p)} T_{s(i),t(i)}^{2(p)}$ 为固定效应。$\varepsilon_{s(i),t(i)}^{(p)}$、$\omega_{s(i)}^{(p)}$、$r_{V(i),t(i)}^{(p)}$、$\xi_{s(i),t(i),1}^{(p)}$ 和 $\xi_{s(i),t(i),2}^{(p)}$ 均为随机效应，被假定服从多元正态分布。对于时空项，假设时间变化遵循时间上的随机游走过程（random - walk process）：

$$\omega^{(p)} \sim MVN(0, \sigma_{p\omega}^2 \mathbf{R}(\kappa))$$
$$\varepsilon_t^{(p)} \sim MVN(\varepsilon_{t-1}^{(p)}, \sigma_{p\varepsilon}^2 \mathbf{R}(\kappa))$$
$$\xi_{t,1}^{(p)} \sim MVN(0, \sigma_{p\xi,1}^2 \theta_{s,1} P_{t,1})$$
$$\xi_{t,2}^{(p)} \sim MVN(0, \sigma_{p\xi,2}^2 \theta_{s,2} P_{t,2}),$$

$$(2 - 3)$$

式中，$\mathbf{R}(\kappa)$ 是位置之间的相关性，作为去相关距离（decorrelation distance）κ 的函数；$\sigma_{\rho\omega}^2$ 为相遇概率空间变化的估计点方差；σ_{fk}^2 为相遇概率时空变化的估计逐点方差（pointwise variance）；P_t 为气候指数，如 PDO；$\theta_k P_t$ 为气候效应；σ_{fk}^2 是估计的气候效应的逐点方差。$\mathbf{R}$ 项是根据 Matérn 函数计算的，该函数考虑了几何各向异性（位置之间的自相关性可能随着距离和方向而变化，Thorson et al.，2015a）。参照 Thorson 等（2016b）的方法，选择使用随机游走时间过程而不是自回归过程来估计时空项，以确保没有采样的站点和/或时间不表现出均值回归，否则会将未采样时间段的种群分布重心估计缩小到采样时间段的平均分布重心。

同样，各个鱼种的正渔获率 r_i（positive biomass catch rate，给定相遇的期望密度）由带有对数链接函数和线性预测因子的伽马组分（Gamma-GLMM）来拟合。两个高斯马尔可夫随机场分别代表正渔获率的空间变化和时空变化：

$$r_i = \exp(\beta_{t(i)}^{(r)} + r_{V(i),t(i)}^{(r)} + \omega_{s(i)}^{(r)} + \varepsilon_{s(i),t(i)}^{(r)} + \gamma_{t(i),1}^{(r)} T_{s(i),t(i)}^{(r)} + \gamma_{t(i),2}^{(r)} T_{s(i),t(i)}^{2(r)} + \xi_{s(i),t(i),1}^{(r)} + \xi_{s(i),t(i),2}^{(r)}) \quad (2-4)$$

式中大部分参数与式（2-2）的参数意义相同，它们适用于正渔获率。

为了计算效率，本研究指定了 100 个"节点"（$n_j = 100$，https://mathworld.wolfram.com/Knot.html）来近似表示固定空间域 Ω 上的所有空间和时空变化项，这样每个空间或时空变化项的值都在每个节点上被获知（Shelton et al.，2014）。采用 K 均值算法，将 100 个节点固定分布在 $15' \times 15'$（弧分）的外推网格上，以绘制各个鱼种生物量密度（图 2-2）。给定位置的值由该位置周边的 3 个节点值内插获得（详见 Grüss et al.，2020a）。100 个"节点"提供了精度和计算速度之间的良好平衡；预分析发现，当节数增加时，参数估计和密度预测的性质是相似的。

在 R 语言环境（R Core Team，2022）中使用"VAST"包（Thorson，2019a；Grüss et al.，2020b，2020c）来实现本研究开发的时空模型。在模型参数估计方面，通过确定边际对数似然最大化的参数值来完成固定效应的估计。首先，使用 R 包"TMB"（Kristensen et al.，2016）实现的拉普拉斯近似，通过对所有随机效应进行积分，来计算边际对数似然。通过使用自动微分，TMB 可以高效地计算二阶导数矩阵（拉普拉斯近似采用这种方法）以及拉普拉斯近似的梯度（在最大化固定效应时采用这种方法）。在给定固定效应的最大似然估计的情况下，通过边际对数似然的最大化，TMB 可以预测所有的随机效应。此外，为了计算效率，使用随机偏微分方程方法逼近随机效应的概率（Lindgren et al.，2011）。当预测随机效应非线性变换的派生量时，使用 Thorson 和 Kristensen（2016）开发的偏差校正估计器来校正"再转换偏差"。最后，利用 TMB 中实现的广义 delta 法计算所有固定效应和随机效应的标准误差，以及派生量的标准误差（Kass and Steffey，1989）。通过检查：①所有固定效应的边际对数似然的梯度小于 0.000 1，②负对数似然的二阶导数的 Hessian 矩阵是正定的，来确认模型已收敛。检查显示，所有的模型都满足收敛标准。

根据 binomial-GLMM 和 Gamma-GLMM 预测值相乘得到的结果，将鳀、小黄鱼、黄鲫和银鲳的生物量密度分别绘制在本研究构建的预测网格上（图 2-2）。然后，估计了各鱼种每年的生物量指数（相对生物量）$\hat{B}_t$：

$$\hat{B}_t = \sum_{j=1}^{n_j} A_j \hat{p}_{j,t} \hat{r}_{j,t} = \sum_{j=1}^{nj} A_j \mathrm{logit}^{-1} (\tilde{\beta}_t^{(p)} + \hat{r}_{V,t}^{(p)} + \hat{\omega}_j^{(p)} + \hat{\xi}_{j,t}^{(p)} + \hat{\gamma}_{t,1}^{(p)} T_{j,t}^{(p)} + \hat{\gamma}_{t,2}^{(p)} T_{j,t}^{2(p)} + \hat{\xi}_{j,t,1}^{(p)} + \hat{\xi}_{j,t,2}^{(p)})$$
$$\exp(\tilde{\beta}_t^{(r)} + \hat{r}_{V,t}^{(r)} + \hat{\omega}_j^{(r)} + \hat{\varepsilon}_{j,t}^{(r)} + \hat{\gamma}_{t,1}^{(r)} T_{j,t}^{(r)} + \hat{\gamma}_{t,2}^{(r)} T_{j,t}^{2(r)} + \hat{\xi}_{j,t,1}^{(r)} + \hat{\xi}_{j,t,2}^{(r)}) \quad (2-5)$$

式中，A_j 是节点 j 的表面积（单位：km^2）；$\tilde{\beta}_t^{(p)}$，$\hat{\gamma}_{t,1}^{(p)}$，$\hat{\gamma}_{t,2}^{(p)}$，$\tilde{\beta}_t^{(r)}$，$\hat{\gamma}_{t,1}^{(r)}$，和 $\hat{\gamma}_{t,2}^{(r)}$ 是通过最大似然

方法估计的固定效应；$\hat{r}_{V,t}^{(p)}$，$\hat{\varepsilon}_{j,t}^{(p)}$，$\hat{\omega}_j^{(p)}$，$\hat{\xi}_{j,t}^{(p)}$，$\hat{r}_{V,t}^{(r)}$，$\hat{\varepsilon}_{j,t}^{(r)}$，$\hat{\omega}_j^{(r)}$，$\hat{\xi}_{j,t,1}^{(r)}$ 和 $\hat{\xi}_{j,t,2}^{(r)}$ 是随机效应（Thorson et al.，2015a）。

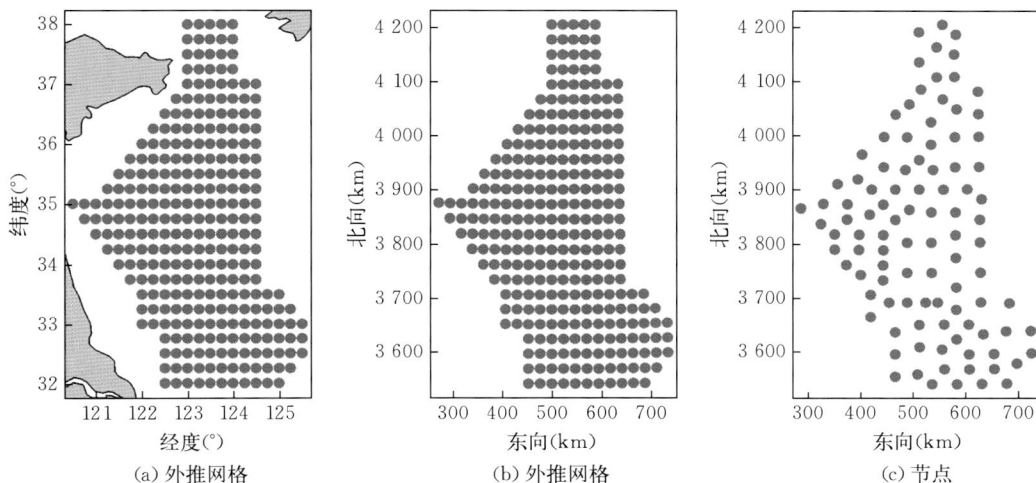

(a) 外推网格   (b) 外推网格   (c) 节点

图 2-2   282 个外推网格单元（15′×15′）重心（a、b）和节点分布（c）

本研究利用 delta-Gamma 时空模型估计以下分布指标，来了解 2001—2021 年期间各种群的分布模式及其对多重压力的响应。利用时空模型估算了 2001—2021 年各种群东向（经度方向）和北向（纬度方向）分布重心的变化趋势。该趋势是了解分布转移模式的指标之一（Thorson et al.，2016b、c；Thorson and Barnett，2021）。种群在 t 年的东向重心（eastward COG）可计算为：

$$X_t = \sum_{j=1}^{n_j} x_j \frac{A_j \hat{p}_{j,t} \hat{r}_{j,t}}{\hat{B}_t} \tag{2-6}$$

式中，x_j 为节点 j 的东向值（单位：km）。种群的北向重心（northward COG）计算公式与此类似，只是将 x_j 替换为节点 j 的北向值 y_j。

有效分布面积用以刻画种群分布范围的扩张/收缩。其测量了在 t 年种群中每个个体的平均占据面积 H_t，被计算为相对生物量 $\hat{B}_t$ [公式（2-5）] 与平均生物量密度 D_t 的比率（Thorson et al.，2016c）。其中，D_t 计算公式如下：

$$D_t = \sum_{j=1}^{n_j} \hat{p}_{j,t} \hat{r}_{j,t} \frac{A_j \hat{p}_{j,t} \hat{r}_{j,t}}{\hat{B}_t} \tag{2-7}$$

本研究还估计了种群丰度（以生物量计量）和有效分布面积之间的平均关系 δ：

$$\log (H_t) = \gamma + \delta \times \log (\hat{B}_t), \tag{2-8}$$

式中，γ 是截距。如果 $\delta=0$，则说明生物量和有效分布面积的变动之间没有关系，即与 PDM（基于 IFD 理论）相一致。如果 $\delta>0$，则生物量和有效分布面积的变动之间呈正方向变动关系，即与 BM（基于 DDHS 理论）相一致，变动关系比例分别为 1% 和 δ%。

本研究还计算了代表种群边界的度量，即生物量密度沿东向或北向轴的累积分布，使用第 5 和 95 百分位数作为沿该轴的边界（计算详见 Thorson et al.，2016b）。

利用为每个鱼种开发的 8 个备选时空模型，纳入 SST、气候指数、捕捞压力的效应组合来分析它们在每个鱼种相遇概率（由模型的二项式组分预测）和正渔获率模式（由模型的伽马组分预测）中的相对重要性。本研究采用了 Thorson（2015）使用的方法来实现该项分析：比较 8 个备选时空模型的相遇概率和正渔获率时空变化的估计方差，以确定在一个模型中纳入 SST 和/或气候指数和/或捕捞压力的效应是否会导致方差的降低（Thorson，2015）。此处的时空变化是指空间变化项 $\omega^{(p)}$ 或 $\omega^{(r)}$ 与时空变化项 $\varepsilon_t^{(p)}$ 或 $\varepsilon_t^{(r)}$ 之和，它代表了相遇概率或正渔获率中未测量的（潜在的）变化，在时空模型中包含协变量的期望目标是尽可能减少这种残余的时空变化（Thorson et al.，2015a）。

三、海表温度、气候指数和捕捞压力时间序列分析

为了更好地解释时空模型的预测结果，本研究还使用基于序列 t 检验的稳态转换检测方法（Rodionov，2004，2006；Rodionov and Overland，2005）对 SST、气候指数和捕捞压力指标时间序列进行了分析，并用该方法检测可能的稳态转换信号。鉴于一些环境指标可能具有时间自相关性，因此在使用该方法之前，对所有的时间序列都进行了"预白噪声化"（Rodionov，2004，2006）处理。该方法由 Microsoft Visual Basic 编写，可在 Microsoft Excel 中应用。

第二节　结　　果

一、种群时空分布主要影响因子

1. 鳀的相遇概率和正渔获率中多重压力的相对重要性

对鳀 M3 的预分析结果显示，包含 AMO 协变量的 M3 比包含其他气候指数的 M3 具有更低的 AIC（表 2 - 3），即 AMO 为选定的最佳气候指数预测因子。AIC 评分（表 2 - 5）显示，M5（包含 SST 和 AMO 协变量）具有最小的 AIC 值，因此，M5 被视为最佳模型，SST 和 AMO 均是黄海冬季鳀时空分布的重要驱动因素。

表 2 - 5　鳀 8 个备选时空模型的 AIC 值和估计的时空变化方差

模型 （包含的协变量）	AIC	ΔAIC	二项式组分方差	二项式组分方差变化（%）	伽马组分方差	伽马组分方差变化（%）
M1（无协变量）	2 190.969	51.27	0.037 600	—	0.543 6	—
M2（SST）	2 168.995	29.29	0.000 300	−99.20	0.455 4	−16.23
M3（AMO）	2 162.443	22.74	0.000 400	−98.94	0.526 2	−3.20
M4（FI）	2 193.847	54.15	0.038 700	3.08	0.514 3	−5.39
M5（SST+AMO）	2 139.701	0.00	$8.694\,4\times10^{-4}$	−97.69	0.443 6	−18.38
M6（SST+FI）	2 171.508	31.81	0.000 130	−99.65	0.433 7	−20.21
M7（AMO+FI）	2 165.795	26.09	0.000 128	−99.66	0.422 9	−22.20
M8（SST+AMO+FI）	2 142.934	3.23	0.002 100	−94.34	0.375 7	−30.88

注：其他信息见表 2 - 2。

在解释相遇概率时，SST 和 AMO 同等重要（表 2-5）。在时空模型中分别纳入这两个效应后，相遇概率的时空变化方差均大幅下降。在解释正渔获率时，在模型中单个加入这 3 个协变量（SST、AMO 和 FI）均导致方差中等/轻度下降，按幅度依次为 SST、FI 和 AMO。综上，SST 为鳀冬季时空分布最重要的驱动因素，其次为 AMO。此外，FI 对鳀正渔获率模式有一定的影响。

2. 小黄鱼的相遇概率和正渔获率中多重压力的相对重要性

对小黄鱼 M3 的预分析显示，包含 PDO_lag1 协变量的 M3 模型相较于包含其他气候指数的模型具有更低的 AIC（表 2-3），即 PDO_lag1 为最佳的气候指数预测因子。包含 PDO_lag1 和 FI 协变量的 M7 模型则是 AIC 值最小的模型（表 2-6），因此被视为最佳模型。PDO_lag1 和 FI 是黄海冬季小黄鱼时空分布的重要驱动因素。

表 2-6　小黄鱼 8 个备选时空模型的 AIC 和估计的时空变化方差

模型 （包含的协变量）	AIC	ΔAIC	二项式组分方差	二项式组分方差变化（%）	伽马组分方差	伽马组分方差变化（%）
M1（无协变量）	1 586.001	27.82	7.50×10^{-3}	—	8.09×10^{-2}	—
M2（SST）	1 591.177	32.99	5.36×10^{-3}	−28.60	9.13×10^{-2}	+12.89
M3（PDO_lag1）	1 579.007	20.82	6.27×10^{-3}	−16.47	1.94×10^{-2}	−76.07
M3（AOI_lag1）	1 579.025	20.84	6.33×10^{-3}	−15.58	7.50×10^{-2}	−7.28
M4（FI）	1 561.723	3.54	3.79×10^{-4}	−94.95	1.00×10^{-4}	−99.88
M5（SST+PDO_lag1）	1 585.164	26.98	3.60×10^{-3}	−51.97	1.74×10^{-2}	−78.48
M5（SST+AOI_lag1）	1 583.229	25.05	3.26×10^{-3}	−56.55	8.16×10^{-2}	0.89
M6（SST+FI）	1 565.395	7.21	2.14×10^{-4}	−97.15	1.20×10^{-3}	−98.52
M7（PDO_lag1+FI）	1 558.183	0.00	1.79×10^{-4}	−76.15	4.36×10^{-5}	−99.95
M7（AOI_lag1+FI）	1 561.760	3.58	2.83×10^{-4}	−62.27	1.28×10^{-4}	−99.84
M8（SST+PDO_lag1+FI）	1 561.959	3.78	2.85×10^{-3}	−61.95	1.27×10^{-3}	−98.43
M8（SST+AOI_lag1+FI）	1 564.817	6.63	1.73×10^{-3}	−76.91	2.14×10^{-3}	−97.36

注：其他信息见表 2-2。

在解释相遇概率时，FI 比 PDO_lag1 更为重要（表 2-6）。在时空模型中加入 FI 效应后，相遇概率的时空变化方差大幅下降。在解释正渔获率模式时，在模型中单个加入 PDO_lag1 和 FI 均会导致方差大幅下降，按幅度依次为 FI 和 PDO_lag1。综上，小黄鱼冬季时空分布最重要的驱动因素为 FI，其次为 PDO_lag1。此外，SST 对小黄鱼相遇概率模式有一定的影响。

预分析（表 2-3）表明，包含 AOI_lag1 的 M3 仅次于包含 PDO_lag1 的 M3，因此本研究也列出了包含 AOI_lag1 效应的 M7。结果显示，其 AIC 性能表现不如包含 PDO_lag1 效应的 M7。但对时空变化方差的比较显示，AOI_lag1 也是小黄鱼时空分布的重要驱动因素，与 PDO_lag1 影响略有不同，AOI_lag1 主要影响了小黄鱼的相遇概率模式。

3. 黄鲫的相遇概率和正渔获率中多重压力的相对重要性

对黄鲫 M3 的预分析显示，包含 NAO_lag1 协变量的 M3 比包含其他气候指数的 M3 具有更低的 AIC（表 2-3），即 NAO_lag1 为最佳气候指数预测因子。AIC 评分（表 2-7）显示，包含 SST 和 NAO_lag1 协变量的 M5 是最佳模型。包含 SST、NAO_lag1 和 FI 协变量的 M8 仅仅与之相差不到 2 个单位，这表明这两个模型在统计学上具有相同效力。另外，包含所有协变量的 M8 对未测量因素导致时空变化方差的减小幅度最大。因此，M8 被视为最佳模型，SST、NAO_lag1 和 FI 均是黄海冬季黄鲫时空分布的重要驱动因素。

表 2-7　黄鲫 8 个备选时空模型的 AIC 和估计的时空变化方差

模型 （包含的协变量）	AIC	ΔAIC	二项式组分方差	二项式组分方差变化（%）	伽马组分方差	伽马组分方差变化（%）
M1（无协变量）	811.364 2	21.76	0.159	—	0.141	—
M2（SST）	803.877 6	14.27	0.105	−50.5	0.134	−5.56
M3（NAO_lag1）	798.238 9	8.64	0.155	−2.09	0.136	−3.45
M4（FI）	812.181 7	22.58	0.164	3.24	0.135	−4.29
M5（SST+NAO_lag1）	789.602 8	0.00	0.089	−77.56	0.137	−2.84
M6（SST+FI）	804.265 2	14.66	0.107	−47.87	0.131	−7.43
M7（NAO_lag1+FI）	801.070 8	11.47	0.156	−1.49	0.136	−3.48
M8（SST+NAO_lag1+FI）	791.316 4	1.71	0.086	−83.62	0.133	−6.28
M8（SST+WP_lag1+FI）	794.012 7	4.42	0.104	−51.49	0.085	−65.85

注：其他信息见表 2-2。

在解释相遇概率时，SST 比 NAO_lag1 和 FI 更为重要（表 2-7）。在模型中纳入 SST 后，相遇概率的时空变化方差大幅下降，而纳入 NAO_lag1 或 FI 的时空变化方差，则会轻度降低或增加。在解释正渔获率模式时，在模型中单个加入这 3 个协变量均会导致方差轻度下降，按幅度依次为 SST、FI 和 NAO_lag1。综上，SST 为黄海冬季黄鲫时空分布最重要的驱动因素，其次为 NAO_lag1 和 FI。

预分析（表 2-3）表明，包含 WP_lag1 的 M3 性能仅次于包含 NAO_lag1 的 M3。但是，包含 WP_lag1 效应的 M8，AIC 性能表现不如包含 NAO_lag1 效应的 M8。与 NAO_lag1 影响不同，WP_lag1 主要影响了黄鲫的正渔获率模式。

4. 银鲳的相遇概率和正渔获率中多重压力的相对重要性

对银鲳 M3 的预分析显示，包含 AOI 协变量的 M3 比包含其他气候指数的 M3 具有更低的 AIC（表 2-3），即 AOI 为选定的最佳气候指数预测因子。AIC 评分（表 2-8）显示，包含 SST、AOI 和 FP 协变量的 M8 是最佳模型，SST、AOI 和 FP 均是银鲳冬季分布模式的重要驱动因素。

在解释相遇概率时，SST 比 AOI 和 FP 更为重要（表 2-8）。在时空模型中纳入 SST 效应后，相遇概率的时空变化方差大幅下降；而纳入 AOI 或 FP 的时空变化方差则是中等降低或轻微增加。在解释正渔获率模式时，AOI 比 SST 和 FP 更为重要，在模型中加入 AOI 导致了方差大幅下降，而纳入 SST 或 FP 的时空变化方差中等增加或降低。综上，SST 是影响银鲳冬季时空分布相遇概率模式最重要的驱动因素，AOI 是影响银鲳正渔获率模式最重要的驱动因素，而 FP 对银鲳相遇概率和正渔获率模式均有中等的影响。

表 2 - 8　银鲳的 8 个备选时空模型的 AIC 和估计的时空变化方差

模型 （包含的协变量）	AIC	ΔAIC	二项式组分方差	二项式组分方差变化（%）	伽马组分方差	伽马组分方差变化（%）
M1（无协变量）	1 787.487	42.38	0.160 522 2	—	0.073 569 1	—
M2（SST）	1 775.050	29.94	4.83×10^{-31}	−100.00	0.103 251 1	40.35
M3（AOI）	1 763.537	18.43	0.162 502 1	1.23	0.023 693 5	−67.79
M4（FP）	1 772.782	27.68	0.098 881 5	−38.40	0.053 604 7	−27.14
M5（SST+AOI）	1 755.810	10.70	5.36×10^{-32}	−100.00	0.027 584 9	−62.50
M6（SST+FP）	1 762.264	17.16	0.099 700 0	−37.89	0.058 418 6	−20.59
M7（AOI+FP）	1 752.521	7.41	0.100 133 8	−37.62	0.027 529 4	−62.58
M8（SST+AOI+FP）	1 745.106	0.00	7.28×10^{-32}	−100.00	0.026 554 9	−63.90

注：其他信息见表 2 - 2。

二、种群时空分布的变化

基于各鱼种最优模型的结果，分别绘制了鳀（图 2 - 3，图 2 - 4）、小黄鱼（图 2 - 5）、黄鲫（图 2 - 6）和银鲳（图 2 - 7）的时空分布图。结果显示，鳀分布密度热点图比生物量密度图具有更清晰的分布变化信息。因此，本研究仅使用密度热点图来刻画其余 3 个鱼种的时空分布，同时还绘制了种群分布重心、有效分布面积、丰度与面积的关系和种群边界的年际变化，以分析多重压力下的种群时空动态。

1. 鳀的时空分布变化和范围扩张/收缩模式

AIC 选择的模型（即包含 SST 和 AMO 协变量的 M5）预测显示（图 2 - 3、图 2 - 4），2001—2021 年，鳀生物量密度热点区域（即生物量密度最高的区域）位于黄海中部海域及其周围海域（32.75°~37.5°N，122.25°~124.75°E），具有分布范围广、年间南北移动大的显著特点。其中，2001 年和 2021 年密度热点最为显著。2006—2020 年高密度区域呈现明显收缩，尤其是 2015—2016 年间收缩幅度最为剧烈。明显收缩期间，2009—2010 年、2011 年、2017 年和 2020 年热点区域较为明显。

M5 估算的鳀分布重心（eastward and northward COGs）显示（图 2 - 8），在 2001—2010 年，东向 COG 相对近研究区域西侧分布，种群西部边界也呈现相同趋势（图 2 - 9）。然而，在整个研究期间，东向 COG（图 2 - 8）的总体变化在统计学上无显著性（$p = 0.625$，双侧 Wald 检验用于对所有变化的显著性检验），而北向 COG 则显著向南移动（$p = 0.046 < 0.05$），这与研究区域北部海域密度下降速度相对其他区域更快有关（图 2 - 4）。有效分布面积（图 2 - 8）表明，鳀的分布范围在 2006—2017 年期间显著缩小（2015 年有所回升），这与热点区域明显收缩时期相对应（图 2 - 4），种群边界也呈现向种群内部收拢趋势（图 2 - 9）。

鳀种群丰度（生物量指数）与有效分布面积的关系δ（图2-10），在整个研究期间无统计学意义（均值＝0.006 9，p＝0.95），这表明鳀分布变化符合PDM（基于IFD理论，其假设一种0关系）。

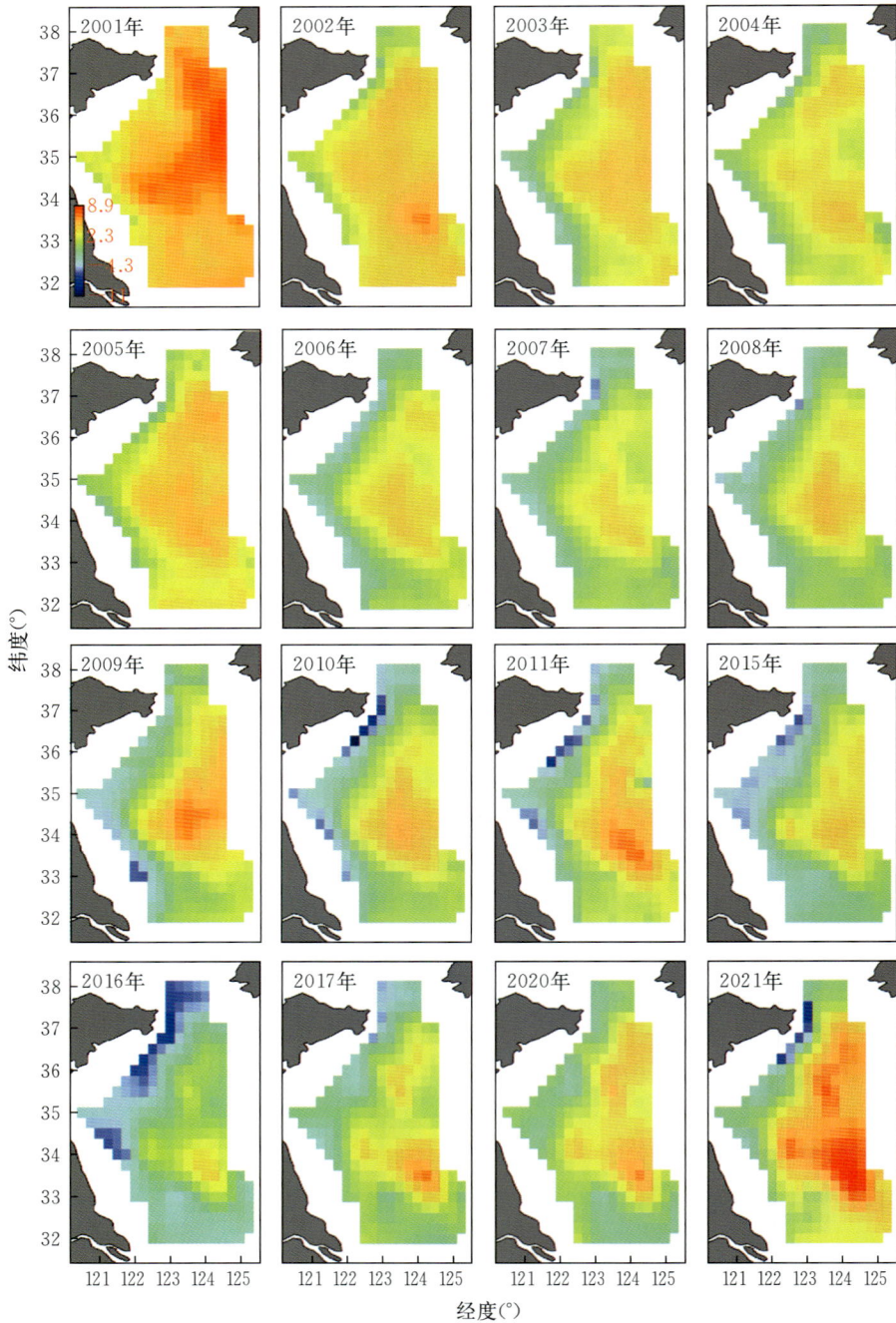

图2-3　2001—2021年冬季黄海鳀种群对数密度［单位：ln（kg/km²）］的空间模式

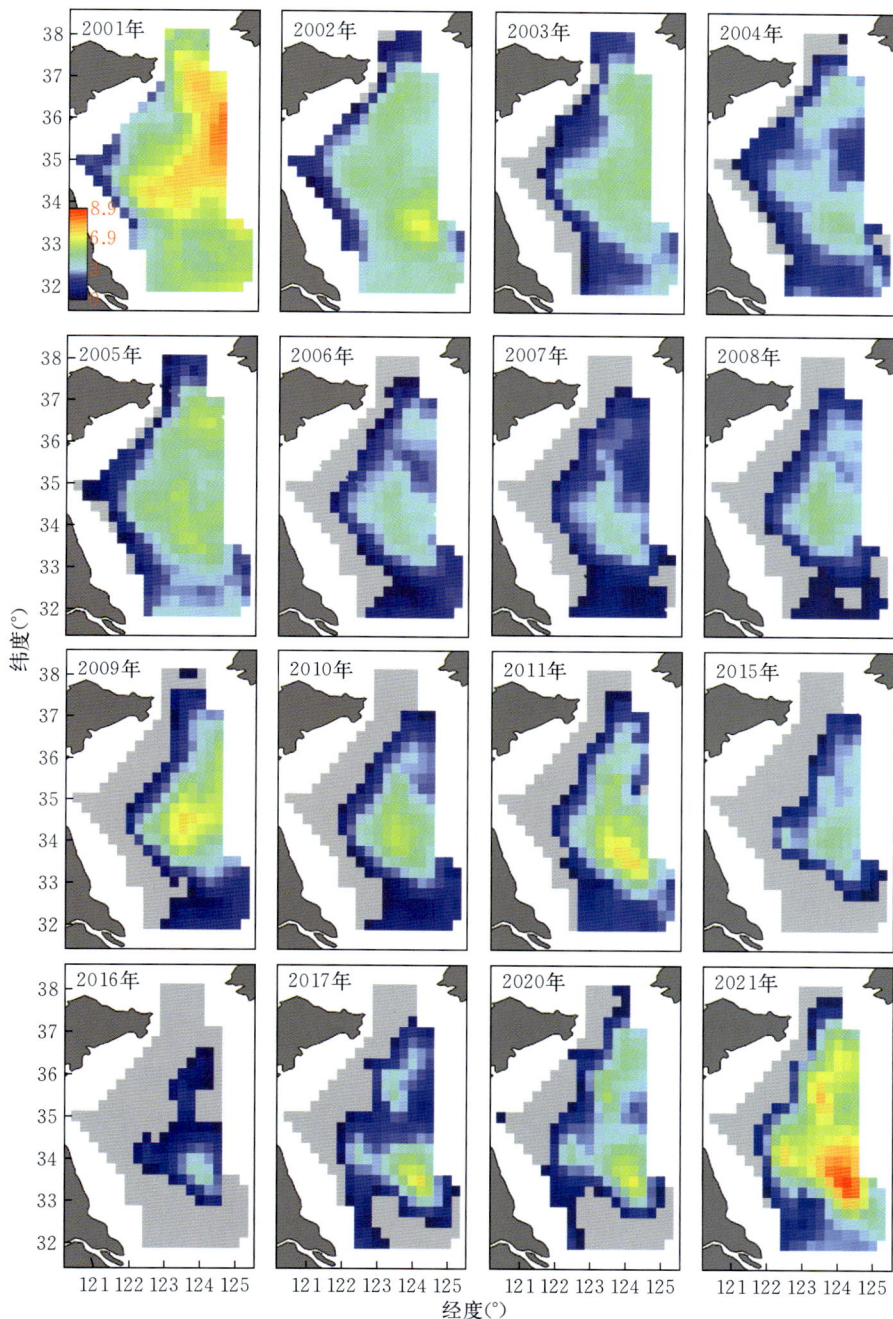

图 2-4 2001—2021 年冬季黄海鳀对数密度热点［单位：ln（kg/km²）］的空间模式

［与图 2-3 相似，但不同之处在于 2001—2021 年期间各年份的鳀对数密度空间模式仅显示在整个研究期间的对数密度大于最大预期对数密度的 1% 的区域。颜色图例在第一板块中提供，单位为 ln（kg/km²）。对于 2001—2021 年期间各年份中，对数密度小于最大预期对数密度的 1% 的区域以浅灰色突出显示］

2. 小黄鱼的时空分布变化和范围扩张/收缩模式

AIC 选择的模型（即包含 PDO_lag1 和 FI 协变量的 M7）预测显示（图 2-5），2001—2021 年期间，小黄鱼生物量密度最高的区域是黄海中部海域（$33.75°\sim36.0°N$，$123.25°\sim124.75°E$）；其他预测热点包括研究区域北部（$36.0°\sim37.625°N$，$123.25°\sim124.25°E$）和东南部（$32.0°\sim33.75°N$，$124.00°\sim125.25°E$）海域。整个研究期间小黄鱼越冬场的空间分布发生了显著的变化。2003—2016 年，整个研究区域的小黄鱼生物量密度总体呈现明显的下降趋势，而且还伴随着高密度区域的收缩；2016 年之后生物量密度有所恢复。这种收缩在越冬场北部和东南部海域比在黄海中部海域更为明显。2009 年之后，东南部海域的密度下降幅度大于 2001—2009 年。2016—2021 年，黄海中部海域仍然是小黄鱼唯一的密度热点，并保持缓慢扩大的趋势。

M7 估计的小黄鱼分布重心显示（图 2-8），2001—2010 年小黄鱼 COGs 向北和向西移动，2010—2017 年 COGs 向南和向西移动，移动幅度较小。2001—2021 年黄海小黄鱼 COG 向西显著移动（$p=0.027<0.05$，双侧 Wald 检验用于对所有变化的显著性检验），与之对应的是种群的西部边界呈现西移趋势（图 2-9）。在中韩渔业协定的背景下，这一发现对渔业管理具有重要意义，因为它表明，小黄鱼生物量向我国一侧的转移是显著可衡量的。相比之下，2001—2021 年北向 COG 的变化不显著（$p=0.5$）。有效分布面积表明，在 2001—2005 年期间，小黄鱼的分布范围在显著扩大，而 2005—2021 年期间，分布面积的变化并不显著（$p>0.05$）。

小黄鱼生物量指数与有效分布面积的关系 δ（图 2-10），在整个研究期间有显著的统计学意义（均值 $=-0.15$，$p=0.0004<0.05$）。但这难以用 BM（基于 DDHS 理论）或 PDM（基于 IFD 理论）来解释，其显示该期间生物量较高时，种群也较为集中。

3. 黄鲫的时空分布变化和范围扩张/收缩模式

选定的模型（M8，含有 SST、NAO_lag1 和 FI 协变量）预测显示（图 2-6），黄鲫生物量密度热点覆盖了 3 个区域：①黄海南部海域（$32°\sim33.25°N$，$122.25°\sim125°E$）；②黄海中部海域（$34.25°\sim35.75°N$，$122.5°\sim123.5°E$）；③研究区域北部海域（$36.5°\sim37.75°N$，$122.875°\sim124.125°E$）。在 2002—2004 年和 2011 年，黄海南部热点密度最高，而在大部分年份黄海中部密度最高；自 2016 年开始，北部热点密度也有明显升高（图 2-6）。M8 预测显示，2001—2009 年黄鲫的生物量显著下降，2010—2021 年则呈现巨幅波动。伽马分量的年截距值［即式（2-4）中的 $\beta_t^{(r)}$ 项］反映了类似的变化。与之相对应的是，2010 年之后热点更加明显，似乎周围个体向核心区聚集（图 2-6）。

黄鲫的东向 COG（图 2-8）在 2001—2021 年期间无显著变化（$p=0.929$，使用双侧 Wald 检验对所有变化进行显著性检验）。但种群东、西部边界均显示出向中间转移趋势（图 2-9）。北向 COG（图 2-8）总体无显著变化（$p=0.765$），但其在 2011—2021 年期间显著北移（$p=0.014<0.05$）。该种群的有效占据面积（图 2-8）总体上显著缩小（$p=0.012<0.05$），且这种缩小在 2010 年之后更加明显，与该期间的显著北向 COG 迁移相对应（图 2-8），这种变化也清晰地体现在核心分布区的变化（图 2-6）和种群北部边界的北移（图 2-9）上。综合表明，2010 年之后这种分布变化是种群范围北移和核心区聚集共同引起的，具体而言是由黄海南部栖息地中的黄鲫个体向北迁移和密度

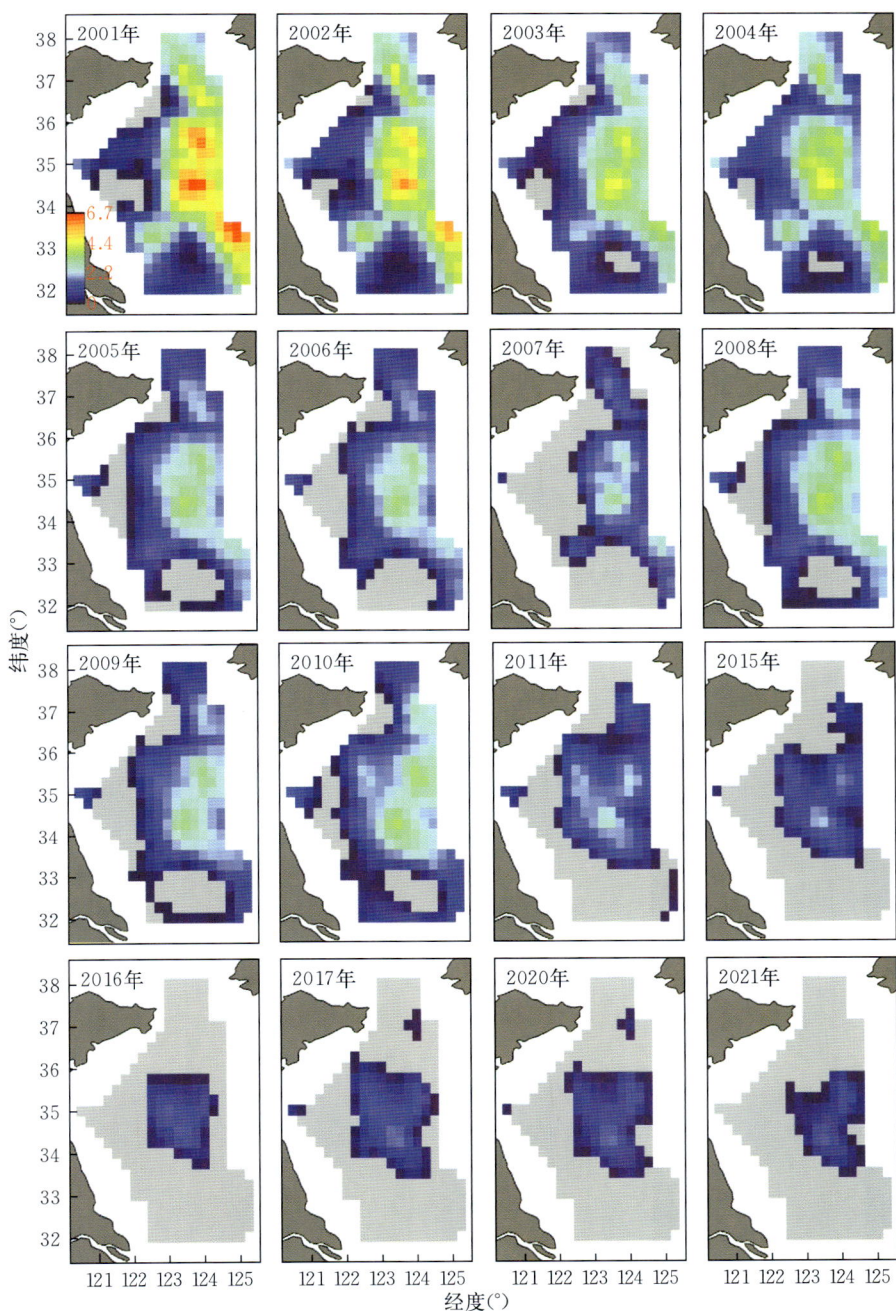

图 2 - 5　2001—2021 年冬季黄海小黄鱼对数密度热点［单位：ln（kg/km²）］的空间模式

（其他信息见图 2 - 4 的注）

下降，以及黄海中部、北部核心区密度增加且周围密度相对下降所引起的。

　　研究期间黄鲫种群丰度（生物量指数）与有效分布面积的关系 δ（图 2 - 10）无统计学意义（$p=0.45$），分布变化符合 PDM（基于 IFD 理论，其假设一种 0 关系）。在 2010 年之前的研究中，δ 具有统计学意义（均值＝0.22，$p=0.0047<0.05$），分布变化符合 BM（基于 DDHS 理论），即该

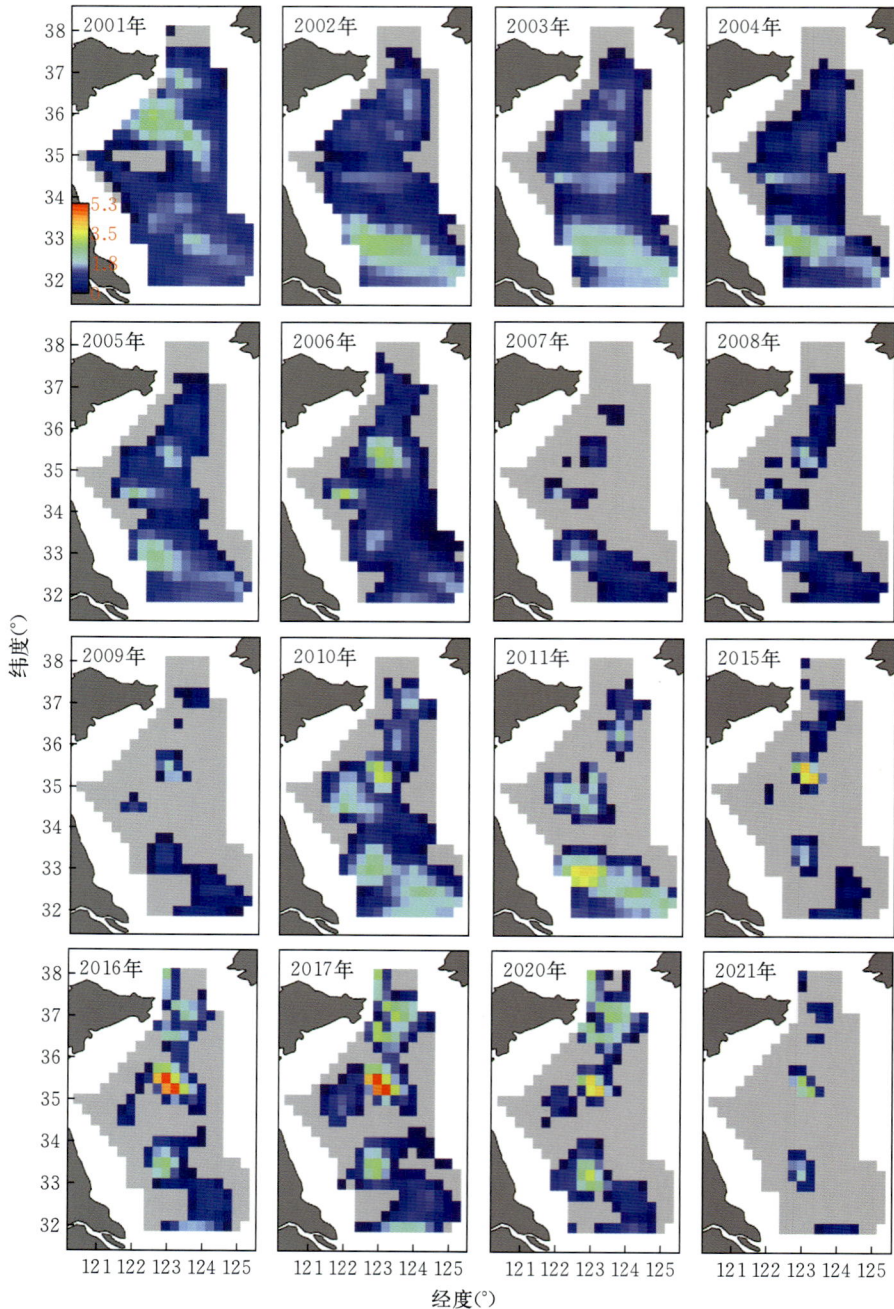

图 2-6 2001—2021 年冬季黄海的黄鲫对数密度热点 [单位：ln (kg/km²)] 的空间模式

（其他信息见图 2-4 的注）

期间生物量每降低 1％，有效分布面积就会降低 0.22％。这表明 2010 年之后发生了剧烈变化，改变了原有的关系，BM 不再能将种群丰度和面积联系起来，但可看出热点区域的密度上升及其周围区域的密度相对下降（图 2-6）。这可能是环境或/和其他因素触发的结果。

4. 银鲳的时空分布变化和范围扩张/收缩模式

AIC 选择的模型（即包含 SST、AOI 和 FP 协变量的 M8 模型）预测显示（图 2-7），2001—

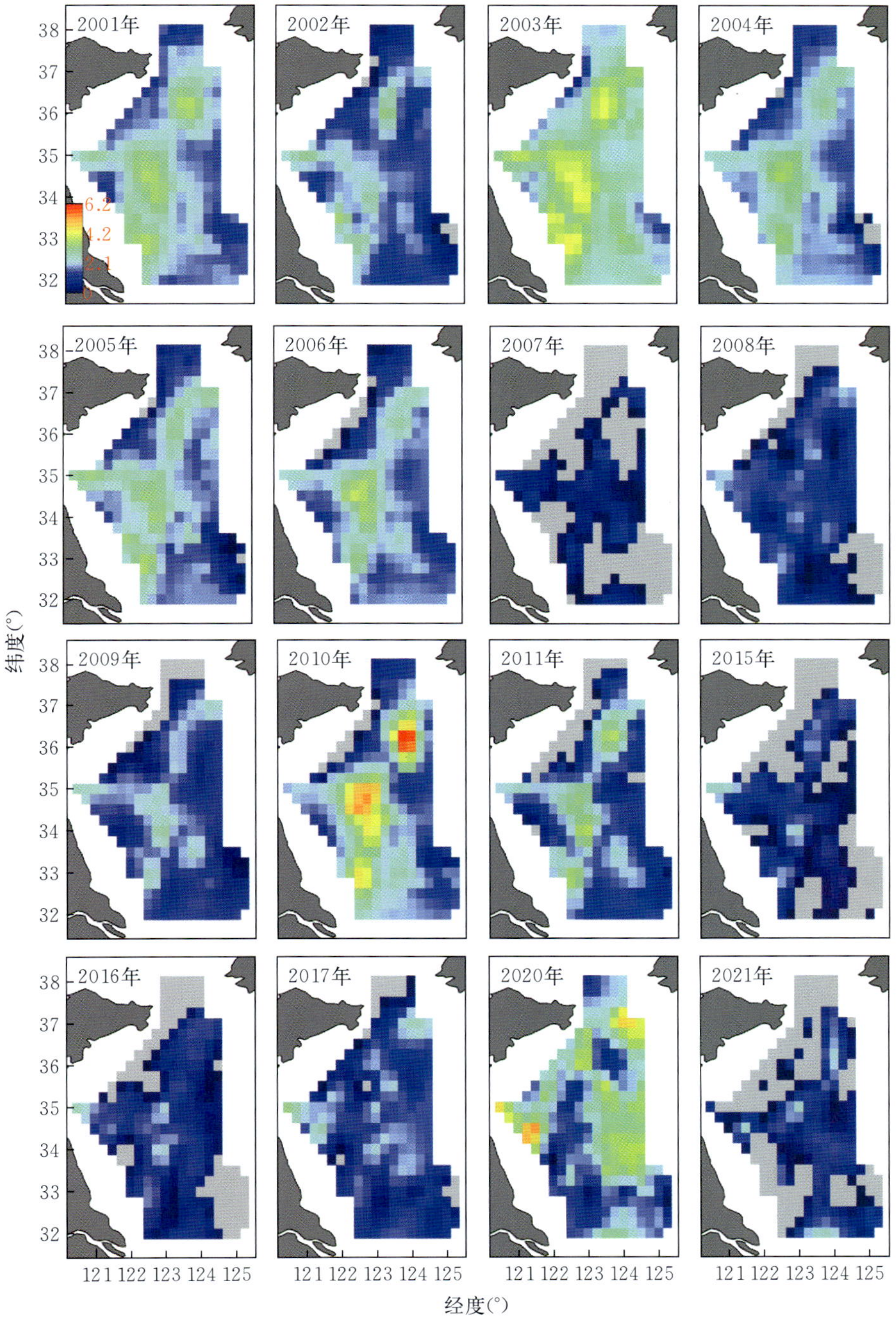

图 2-7 2001—2021 年冬季黄海银鲳对数密度热点 [单位: ln (kg/km^2)] 的空间模式

(其他信息见图 2-4 的注)

2021 年期间,银鲳生物量密度最高的区域是黄海西部海域,即近我国一侧的海域(32.5°～35.25°N,120.5°～123.25°E),其他预测热点包括研究区域北部海域(35.5°～36.75°N,123.25°～124.25°E)。整个研究期间,银鲳越冬场的空间分布的变化较为显著。2001 年、2003—2006 年、2010—2011 年和 2020 年,生物量指数相对较高(超过了研究期间生物量指数均值),热点区域也较为明显。2007—2008 年、2015—2016 年和 2021 年,密度热点呈现明显收缩。

M8 估算的银鲳分布重心(东、北向 COGs)显示(图 2-8),研究期间分布重心总体无显著性变化(东、北向 COGs 的 p 分别为 0.188 和 0.535,双侧 Wald 检验用于对所有变化的显著性进行检验)。时空模型估计的有效分布面积也表明,在 2001—2021 年期间,总体上无显著变化($p = 0.377$)。值得注意的是,2010 年分布热点最为明显,生物量最高,对应着最小的有效分布面积。

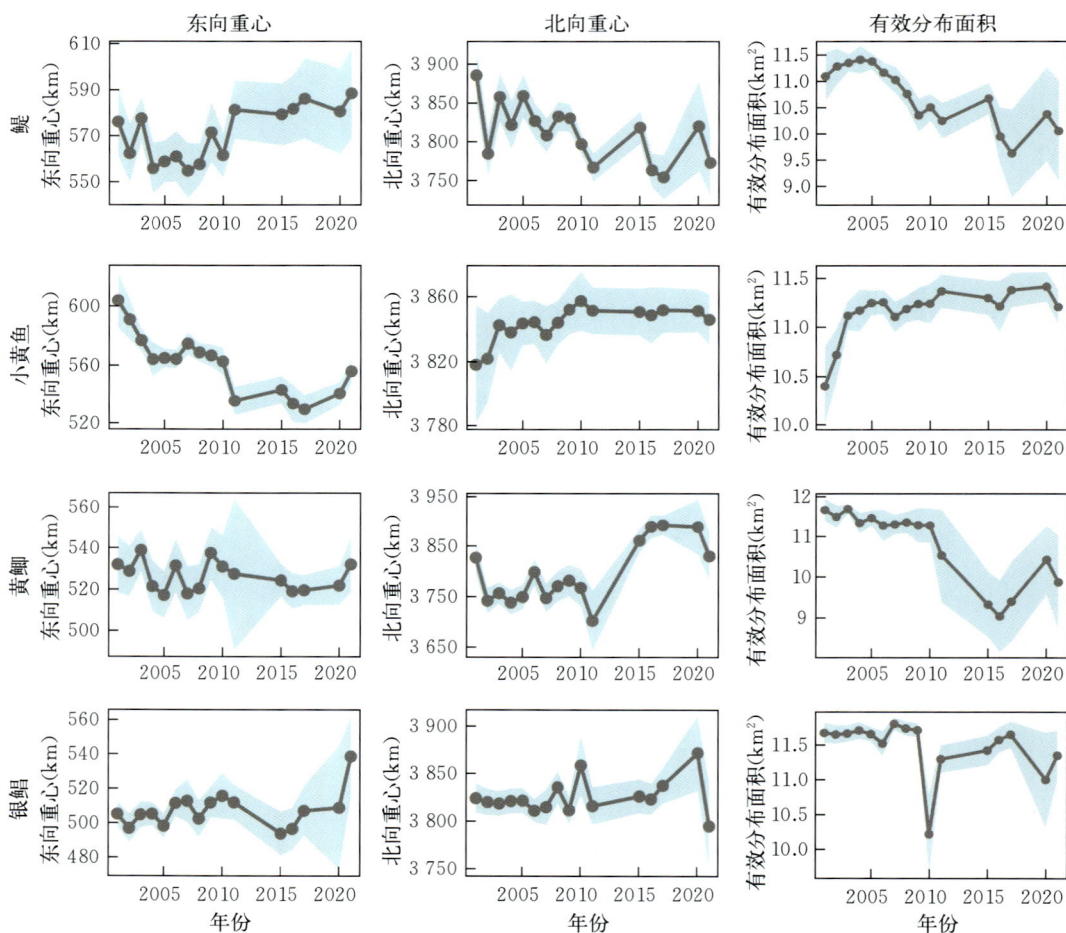

图 2-8 2001—2021 年黄海鳀、小黄鱼、黄鲫和银鲳的东向和北向重心以及有效分布面积
(阴影区域代表 95% 的置信区间)

银鲳种群丰度(生物量指数)与有效分布面积的关系 δ(图 2-10),在整个研究期间有显著的统计学意义(均值 $= -0.24$,$p = 0.024 < 0.05$),但这难以用 BM(基于 DDHS 理论)或 PDM(基于

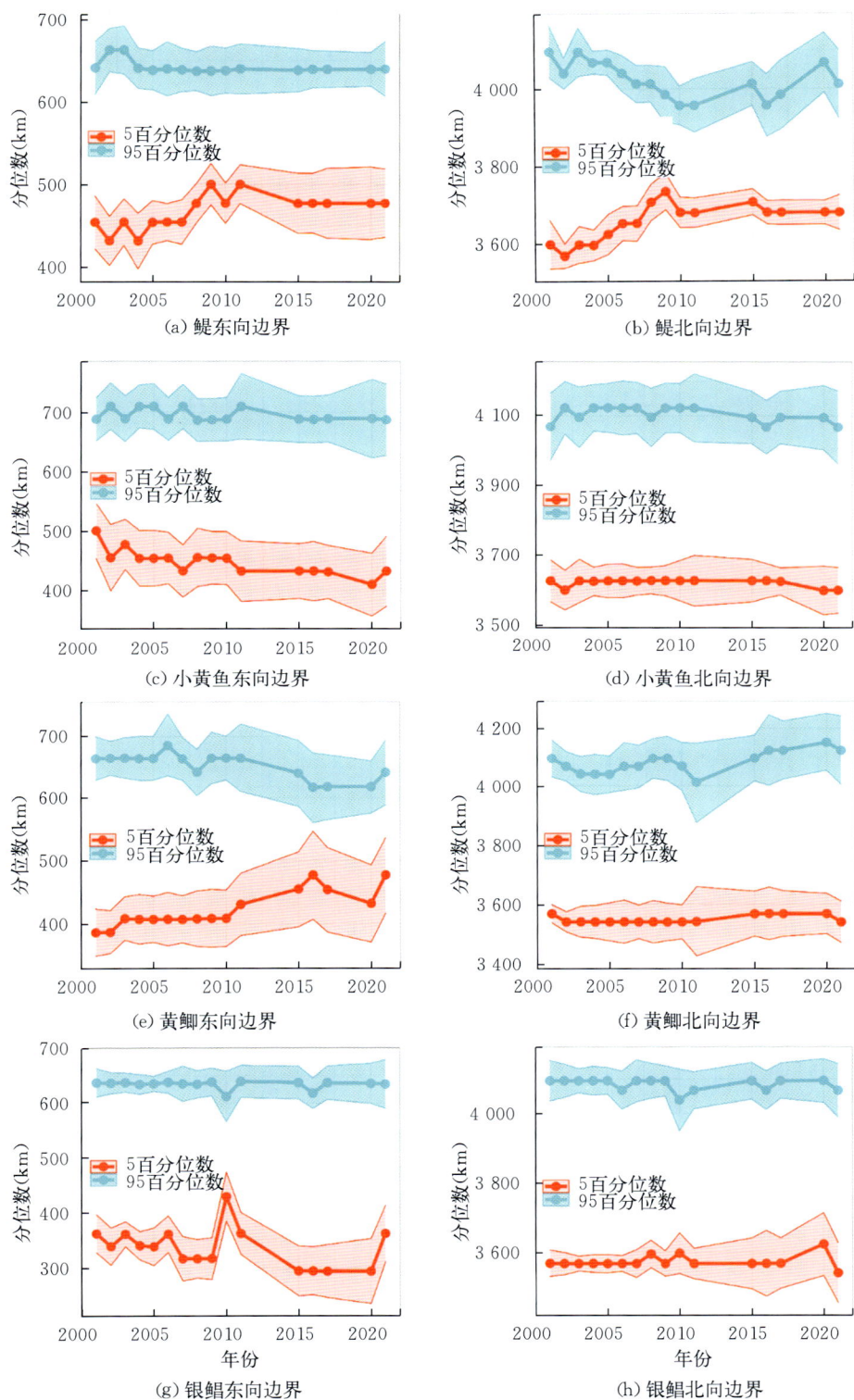

图 2-9　2001—2021 年黄海鳀、小黄鱼、黄鲫和银鲳种群东向和北向累积分布的 5 和 95 百分位数（单位：km）

IFD 理论）来解释。该关系显示，该期间生物量较高时，种群也较为集中，这种变化与小黄鱼类似，生物量的变动在核心分布区域更为剧烈。这种生物量升高时核心区密度上升幅度更大的特点，在渔业管理中也需谨慎对待，以防止对种群恢复的判断过于乐观。

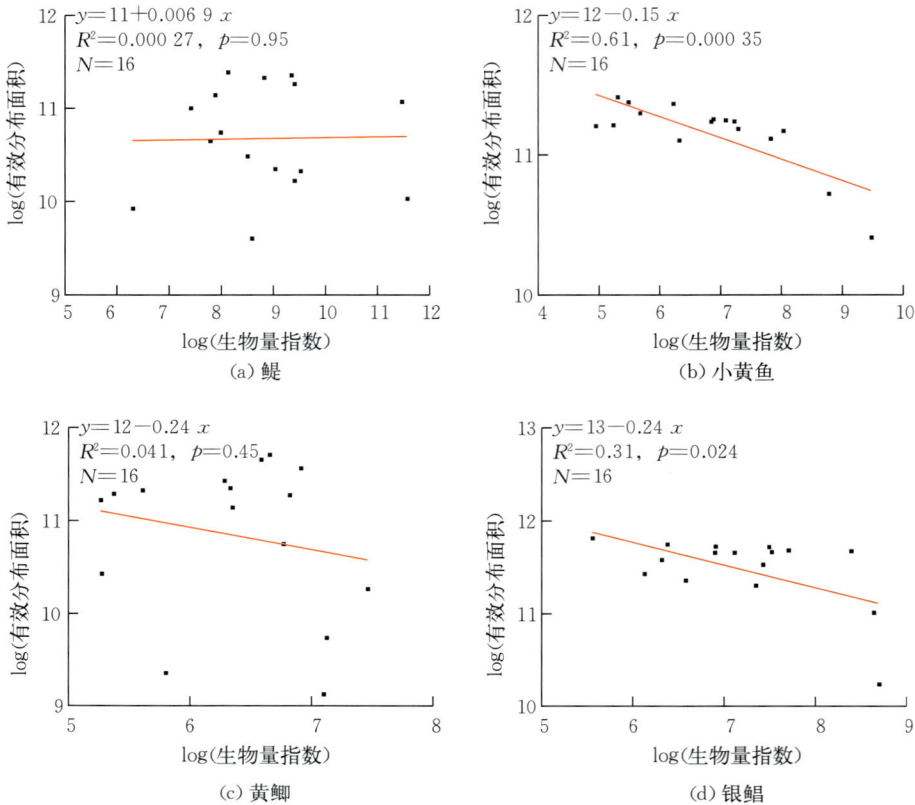

图 2-10　2001—2021 年黄海鳀、小黄鱼、黄鲫和银鲳种群丰度（即生物量指数）与有效分布面积的关系

三、种群时空分布与主要影响因子的关系

　　SST 距平的累积总和（图 2-11）在 2010 年之前无明显变化，之后开始急剧下降，2015 开始则快速增长。SST 时间序列的历史趋势分析表明，2019—2020 年期间，SST 可能发生了稳态转换，2020 年的高值对应着各个种群北向 COG 的偏北分布（尤其是鳀和银鲳更明显）。NAO 时间序列的趋势分析表明，2013/2014 年 NAO 发生了稳态转换，2014—2020 年均处于正距平状态，这与该时期黄鲫北向 COG 偏北分布相一致。NAO 的累积距平总和在 2010 年之前变化相对平稳，2009—2011 年期间大幅下降，之后急速上升，这与黄鲫的北向 COG、有效分布面积和种群北部边界的转变相一致。AOI 时间序列的趋势分析表明，2020/2021 年 AOI 可能发生了稳态转换，这与银鲳的 COGs、有效分布面积和种群边界在 2020—2021 年的转变相一致。此外，AOI 距平的累积总和分别在 2009—2010 年和 2019—2020 年发生了剧烈转变，这与北向 COG、有效分布面积和种群南部边界的较大变化相一致。PDO 时间序列的趋势分析表明，在研究期间 PDO 发生了 2 次稳态转换。AMO 时间序列的趋势分析表明，在 2015/2016 年 AMO 发生了稳态转换，距平的累积总和在 2020 年达到最低值，与鳀的

分布变化相一致。AMO 距平的累积总和在 2008—2010 年剧烈下降，由正转负，这与鳀的北向 COG 和种群边界的变化趋势转变相一致。WP 时间序列的趋势分析表明，2015/2016 年 WP 发生了稳态转换，似乎趋势与 AMO 类似，但在模型 AIC 性能比较中与 NAO 类似，尤其是对鳀、小黄鱼和黄鲫的模型性能。2008—2011 年，SST 和各气候指数距平累积总和由正变为负，显著下降，反映了 2009—2011 年期间各个种群北向 COG 由北移向南移的转变。此外，本研究绘制了两种捕捞压力指标的历史趋势（图 2-12）。近些年 FI 捕捉到捕捞死亡的增长趋势，而 FP 显示相反的趋势。对于大部分鱼种而言，相比包含 FP，包含 FI 的模型性能更佳。

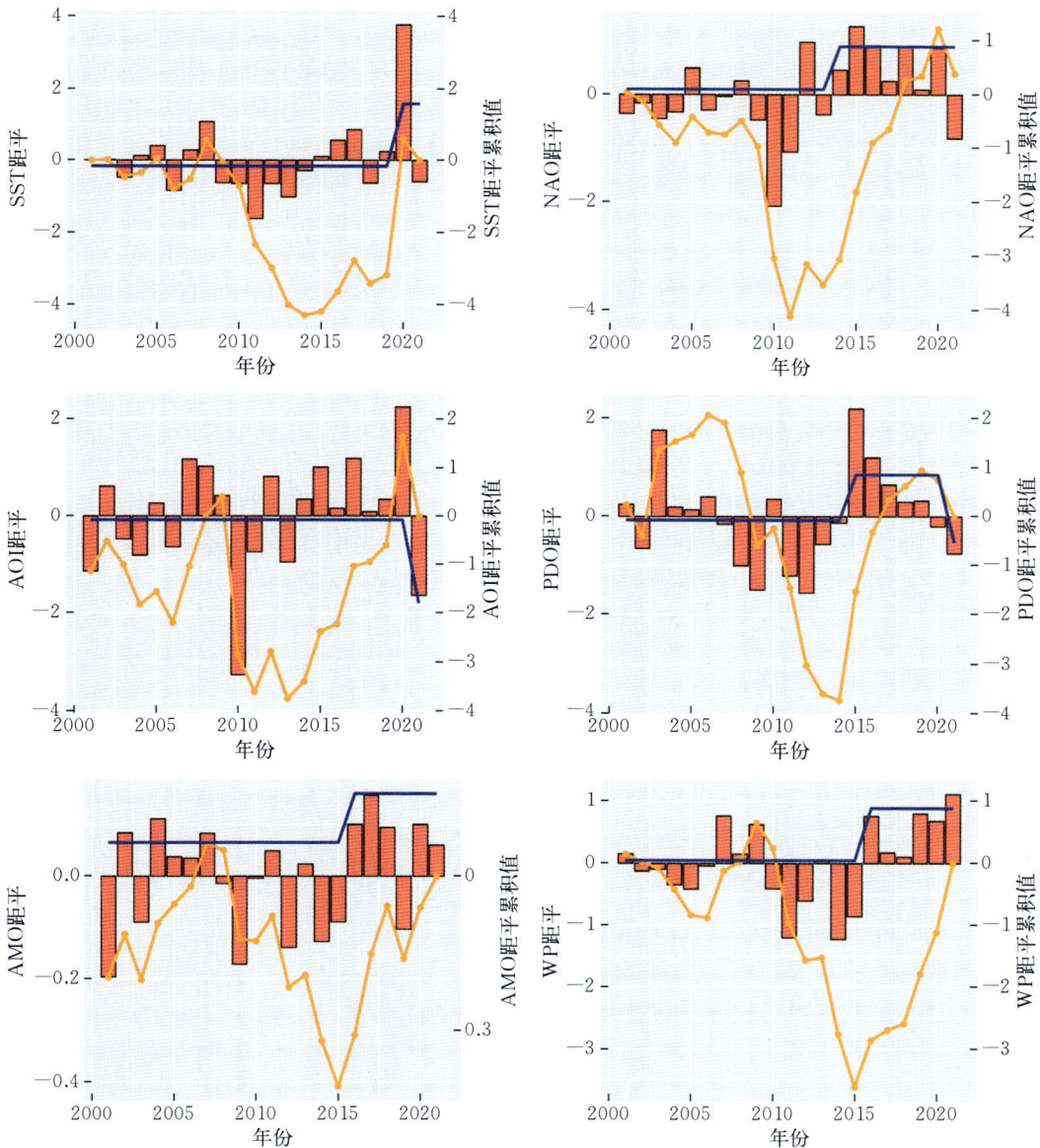

图 2-11　2001—2021 年黄海冬季海表温度（SST，℃）和冬季气候指数的距平（红色条柱）及累积值（橙线）的变化
（SST/气候指数的稳态转变在此以蓝线显示）

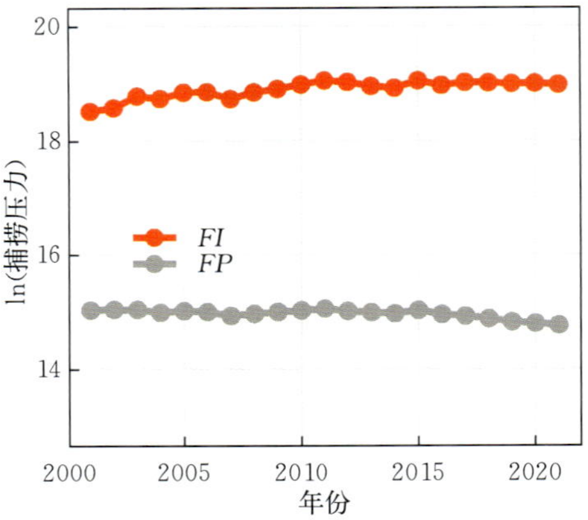

图 2 - 12　2001—2021 年黄海捕捞压力的变化

（*FI*＝捕捞压力指数；*FP*＝渔船功率）

第三节　讨　论

　　为了掌握黄渤海重要鱼类时空分布模式及其对多种压力源的响应，本研究针对 2001—2021 年冬季黄海越冬场的鳀、小黄鱼、黄鲫和银鲳种群开发了 8 个备选 delta - Gamma 时空模型。该模型是黄海最早的时空模型之一［与 Guan 等（2019）的模型并列］，也是在黄海海域第 1 个使用 SVC 模型来表示年度指数（捕捞压力和气候指数）空间变化效应的时空模型。该模型的主要特征是表示空间自相关（空间结构），以说明给定地点的状态变量（如相遇概率、密度）与附近地点的状态变量相似程度高于与远处地点的状态变量相似程度。这种空间自相关通过空间变化项和时空变化项进行建模（Grüss et al.，2017；Thorson，2019a），分别代表了种群（如小黄鱼）的基本生态位和种群对未测量的环境压力的响应（Thorson，2019a）。在时空模型中，表示空间和时空变化可产生更精确的统计推断，从而为物种和生境评估以及资源管理提供更可靠的科学建议（Thorson et al.，2015；Grüss，et al.，2019b）。

　　时空模型还可以通过添加协变量，来分析这些协变量是否可以增加时空模型的解释率（Thorson，2015；Grüss et al.，2020a），从而获知关于压力源的信息，以及它们在影响鱼类种群生态响应方面作用的相对大小（即分析协变量的相对重要性）。本研究正是通过时空模型的这些特性，鉴别了影响黄海越冬场鳀、小黄鱼、黄鲫和银鲳种群变动的多重压力源，并分析资源动态对这些多重压力的响应。具体而言，将当地温度、气候指数和捕捞压力的影响纳入各个鱼种的 delta - Gamma 时空模型中，以期尽可能多地解释相遇概率和正渔获率的空间和时空变化。

　　这 4 种鱼类的模型结果与东白令海的一项研究结果一致（Thorson，2019b），该研究显示，使用 SVC 模型［包括温度或/和年度指数（冷池）协变量］可以产生 AIC 值更小的时空模型，能够更好地描述被建模的种群。对于鳀来说，包含温度和气候年度指数 AMO 协变量的时空模型（M5）是最佳模型；对于小黄鱼则是包含 PDO ＿ lag1 和捕捞压力年度指数的时空模型（M7）；对于黄鲫则是包含温度和气候年度指数 NAO ＿ lag1 协变量的时空模型（M5）和包含全部协变量的 M8（虽然 M5 和

M8 被认为是等效的，但 M8 有更大的时空变化解释度）；对于银鲳则是包含温度、气候年度指数 AOI 和捕捞压力年度指数的时空模型（M8）。综上，不同的多重压力源组成会对各个种群的动态产生不同的影响。

鳀的时空模型（M5）表明，2001—2021 年期间，鳀的核心越冬场主要分布在黄海中部及其周围海域（32.75°～37.5°N，122.25°～124.75°E），这一区域受黄海暖流的影响，越冬的最适温度范围为 11～13 ℃（金显仕等，2005）。该模型表明，鳀的越冬场分布范围广，且年际南北移动幅度大，这为鳀的生态作用（供数十种鱼类摄食）提供了基础支撑（唐启升等，1990；Zhao et al.，2003）。在最适水温条件下，鳀热点区的形成与海流及温度水平梯度有密切关系（金显仕等，2005）。小黄鱼的时空模型（M7）表明，在 2001—2021 年期间，小黄鱼在越冬场存在 3 个生物量密度热点（即生物量密度最高的区域），它们分别是密度最高的黄海中部海域、研究区域北部和东南部海域。这些小黄鱼分布预测与之前的一项研究（刘效舜等，1990）结论一致。在本研究之前，管理者对于黄鲫越冬场的认识，也来自这项早期研究（刘效舜等，1990），即黄鲫越冬场位于济州岛以西及其西南水深 30～80 m 水域（即黄海南部区域，32°00′～34°00′N，124°00′～126°00′E）。然而，本研究预测结果（基于选定的 M8）显示，近 20 年来黄鲫的越冬场格局已发生巨大的变化，黄海南部越冬场已经向西转移。此外，还存在另外两处核心越冬场，即黄海中部和研究区域北部海域。在地理上可以分别对应三大洄游群体：①在黄海南部近岸水域产卵的群体（江苏省南部近海到长江口一带）；②在黄海中部近岸产卵的群体（山东南部近海）；③在渤海和黄海北部近岸产卵的群体（刘效舜等，1990）。银鲳的时空模型（M8）表明，2001—2021 年银鲳的主要越冬场是黄海西部海域，即近我国一侧的海域（32.5°～35.25°N，120.5°～123.25°E），对应着海州湾外海和江苏远岸海域，而其他的热点区则位于黄海中北部海域。银鲳的热点区域及周围分布区，即历史上确定的银鲳越冬场范围（刘效舜等，1990），位于黄海暖流影响区域的西部（沿岸流和暖流交汇区）。综上可知，这 4 种渔业资源越冬群体的热点区域均位于黄海暖流影响区域（大体范围为 32.5°～38°N，122.25°～125.25°E），但它们的分布位置和范围略有不同。黄海冬季的环境条件会把分布在整个黄渤海的这 4 种渔业种群更加聚集在越冬场，进而，这些种群面临的压力可能比其他季节更大、更普遍。因此，越冬期间的保护对翌年的种群补充至关重要。本研究对越冬场清晰、准确的描述（包括热点位置），为精细的空间管理措施奠定了坚实的基础。

对丰度与面积的关系和对热点区域的可视化分析，有助于更好地掌握这 4 种渔业资源分布变化特征。本研究发现鳀、小黄鱼和银鲳分布变化均不符合 BM（Reuchlin‐Hugenholtz et al.，2015）理论，即这 3 种鱼类在种群生物量下降期间，不会发生分布范围的收缩而导致捕捞效率的提高。这为在本书后续研究部分应用剩余产量模型奠定了基础，因为这需要用到丰度指数来刻画种群生物量趋势。对于黄鲫，2001—2009 年期间的分布变化与 BM 一致，随着生物量下降，有效分布面积减少，黄鲫个体往核心分布区聚集。尽管 2010 年之后分布变化不能再由该理论所解释，但是对热点区域的可视化分析可知，热点区域更加明显，聚集的生物量更高。综上，整个研究期间，尽管黄鲫生物量存在下降（2010 年之前）和巨大波动（2010 年之后），但商业渔船仍具有高强的捕捞能力，维持核心区域高的捕捞效率。因此，来自商业渔船的信息具有滞后性，可能会导致管理者延误对种群状况的正确认识，不利于实施适应性渔业管理。IFD 理论（PDM 的基础）一般认为，鱼类会根据可用栖息地的适宜性按比例分布（Shepherd and Litvak，2004）。虽然整个研究期间丰度与面积之间可认为没有关系（图 2-10），但 2010 年之后热点区域的可视化（图 2-6）表明，该时期或整个研究期间，分布变化不符合 IFD 理论。这可能是由种群北移、3 个核心区密度增长和相对变化，以及其他未知因素（未测量的驱动）所造成。能够造成这种变化的未知因素（未测量的驱动）有很多，如相互作用（Cressman et al.，2004）、年龄结构（Swain and Wade，1993）、生产力在空间和时间上的变化幅度（Thorson et al.，2016c）、适宜生境不再连续（破碎化）（MacCall，1990）以及温度分布变化（Thorson et al.，2016c）。

鱼类的生长和生存经常受到温度影响，因此最佳栖息地会随着温度分布的变化而变化（Blanchard et al.，2005；Laurel et al.，2007）。对 SST 时间序列分析发现，2010—2021 年期间，黄鲫丰度-面积关系的转变，与温度的大幅变化相对应，SSTA 距平累积值经历了快速下降和快速上升（图 2-11）。时空模型也证实了，SST 是解释黄鲫种群相遇概率和正渔获率模式的最重要因素（表 2-7），即温度是冬季黄鲫重要的栖息地适宜性指标。

海温的变化也影响到了黄渤海许多鱼类的动态（Lin et al.，2011；Chen et al.，2021；Liu et al.，2021）。时空模型结果显示，SST 是黄海冬季鳀的时空分布动态最重要的驱动因素，同时也是银鲳分布模式的重要驱动因素之一，主要影响银鲳时空分布的相遇概率模式。虽然基于 AIC 的模型选择表明，在小黄鱼时空模型中加入 SST 是不合理的，但本研究发现，SST 可以解释小黄鱼相遇概率的部分时空变化（表 2-6）。这一结果与以往的研究结果一致，即海温变化可能会影响小黄鱼在黄渤海的空间分布格局（刘效舜等，1990；Chen et al.，2017；Lin et al.，2011）。具体而言，在冬季，来自渤海和黄海沿岸的众多鱼类洄游至黄海中部和南部的越冬场，这里高盐和低盐水交汇，黄海暖流经过此处（Lin et al.，2011；唐启升和苏纪兰，2000；Chen et al.，2017），带来了适宜越冬的温度（如小黄鱼的越冬场最低、最高临界温度分别为 8 ℃ 和 15 ℃，黄鲫最适越冬场的温度为 10~13 ℃，刘效舜等，1990）及其他海洋条件（Liu et al.，1990；Chen et al.，2021；Liu et al.，2021）。这是这 4 种鱼类和其他海洋鱼类在这片海域聚集的重要原因。例如，在温度相对稳定时期（2001—2009 年），黄鲫种群分布相对稳定（此时期 COG 无显著变化）。在温度变动较大时期，黄鲫种群分布也会随之发生显著变化，如 2011 年温度降低（研究区域平均 SST=8.42 ℃），2010—2011 年北向 COG 显著南移；2014 年之后温度显著上升（研究区域平均温度为 11.35 ℃），伴随着种群显著北移（北向 COG 和北部种群边界北移）。而种群南部边界的位置一直保持平稳，这可能是东海群体升温北移的原因（李忠炉等，2012）。此外，黄海的洋流也可能对鳀、小黄鱼、黄鲫和银鲳这 4 种鱼类的空间分布格局有明显的影响。以往研究发现，在 20 世纪 80 年代以前，小黄鱼的黄海越冬场以 124°E 为中心，其位置和范围可能受到海洋环境条件变化的影响（刘效舜等，1990）。然而，海表温度和洋流可能存在很强的相关性（唐启升和苏纪兰，2000）。黄海为半封闭陆架边缘海，平均水深 44 m，海底地形平坦，其主要洋流是沿岸流和黄海暖流。沿岸海流全年由北向南流动。黄海暖流是一种主要发生在冬季的高温高盐的海流，从济州岛西南部进入黄海，沿黄海海槽向北流动（唐启升和苏纪兰，2000）。由于黄海暖流与冬季黄海 SST 和海底温度有很强的相关性（唐启升和苏纪兰，2000），因此在本研究的时空模型中没有将洋流作为协变量。

区域气候指数已经被证明对海洋渔业种群有直接或间接的影响（Mantua and Hare，2002；O'leary et al.，2018），其时间跨越数月，并包括更广泛的影响因素，通常是天气-海洋条件的综合度量，包括诸如温度、降水、海流等环境信息（Hurrell and Deser，2010；Thorson，2019b；Astarloa et al.，2021）。本研究结果便是一个很好的例子，其中 NAO _ lag1 气候指数是黄鲫分布的重要预测指标，相对重要性位列第二。M5（SST＋NAO _ lag1）相较于 M2（SST）和 M3（NAO _ lag1）能够解释更多的时空变化中的相遇概率。这表明，NAO 包含了一些除温度之外的影响鱼类分布的驱动信息。NAO 时间序列在 2013/2014 年显示出稳态转换，这似乎可以与东、西种群边界的收缩和北部种群边界扩张，以及北向重心的转换等分布模式变化有关。尽管 NAO 不是太平洋区域的指数，但它是北半球天气和气候变化的主要模式之一，并且是所有季节中最重要的遥相关模式之一。一些研究表明，NAO 气候指数通过上升流（Pérez et al.，2010）、河流径流（Dupuis et al.，2006）和 Ekman 运输（Guisande et al.，2004）的变化影响了一些中上层小型鱼类（如鳀、沙丁鱼）的补充（Guisande et al.，2004；Borja et al.，2008；Planque and Buffaz，2008）。NAO 和 WP _ lag1 代表了滞后性和地理距离遥远的生境条件对黄鲫越冬场选择的综合影响。AOI 对我国冬季的气温和降水影响显著（国家海洋信息中心，2022），对冬季银鲳（越冬温度 10～15 ℃ 和 15～18 ℃，盐度 33～34）正渔获率模式有重要影响，而 SST 对银鲳相遇概率有重要影响，可能 AOI 主要通过降水和河流径流影响了银鲳分布区的盐度和沿岸流与暖流交汇区的位置（交汇区的变性水团是银鲳的越冬区，控制越冬场变动）（刘效舜等，1990）。此外，AMO 是另一个影响黄渤海鱼类种群动态的域外气候指数，包含 AMO 和 SST 效应的模型 M5 具有更低的 AIC。在解释相遇概率的模式时，本研究发现 SST 和 AMO 同等重要。已有研究表明，AMO 可以调节西北太平洋黑潮锋面和表层水温的年代际变动，并进一步影响西北太平洋上层热含量和渔获量（Wu et al.，2020）。黄海暖流是黑潮的主要支流之一，因此亦受到 AMO 的影响。我国近海的研究也表明，鳀补充群体的适宜环境位于锋带区，集散程度受水系锋带（盐度梯度）显著影响，集群会随锋区而移动（万瑞景等，2008，2014；卞晓东等，2018；金显仕，2020）。黄海冬季鳀热点区的分布与黄东海整个冬季环流系统密切相关，从 11 月到翌年 3 月，鳀热点区均分布在环流轴上（金显仕等，2005）。小黄鱼越冬场水温范围为 8～15 ℃、盐度为 33～34，冬季摄食强度最低（金显仕等，2005）。对于小黄鱼而言，包含 PDO _ lag1 效应的模型比包含 SST 效应的模型具有更低的 AIC，说明其还包含了 SST 之外的海洋环境信息及其他信息。本研究发现，PDO _ lag1 可以解释大部分比例的小黄鱼渔获率的时空变化（表 2 - 6）。此外，PDO 时间序列的历史趋势分析表明，PDO 距平累积和对小黄鱼北向 COG 存在滞后影响。M3 的预分析表明，加入 1 年滞后效应的 PDO（即 PDO _ lag1）协变量模型比没有加入滞后效应的 PDO 模型具有更低的 AIC。这一结论表明，PDO 对越冬群体的生长及翌年产卵活动等因素可能会产生影响，从而影响到翌年冬季小黄鱼的时空分布。因此，今后需要更深入地开展这方面的研究。这一结果与刘笑笑等（2017）的发现一致，即环境或气候因素对小黄鱼产量的影响存在 1 年的滞后效应。这一结果显示，太平洋的大规模海洋事件会对黄海鱼类分布和生物量变化产生潜在影响。这种信息对于渔业科学家来说很重要，因为它为他们提供了关于大规模海洋指数变化影响鱼类分布的模式，以及预测鱼类分布和生物量变化的可能性的潜在机制，进而有助于制定适应性渔业管理措施（Karp et al.，2019）。

捕捞压力也影响到了小黄鱼、黄鲫和银鲳的时空分布。本研究发现，捕捞压力指标 FI 解释了大比例的小黄鱼时空变化模式（相遇概率和正渔获率模式）和中等比例的黄鲫正渔获率模式。捕捞压力指标 FP（渔船总功率）解释了银鲳中等比例的时空变化模式。尽管捕捞压力协变量没有降低鳀模型的 AIC 值，但其解释了一小部分种群分布变化的正渔获率模式。捕捞压力是海洋鱼类种群分布模式的驱动因素之一（Jørgensen et al.，2008；Bell et al.，2015），在黄渤海，捕捞压力及其不均分布也被认为是影响鱼类分布变化的原因（徐宾铎等，2003；王跃中等，2012；林群等，2016）。因此，合理的捕捞压力指标是正确分析鱼类分布模式对捕捞压力响应的基础。尽管李忠炉（2011）的研究已佐证捕捞压力的影响，但渔船总功率（FP）在小黄鱼的时空模型预分析（M4）中仍表现不佳。这表明，忽略了单个渔船捕捞效率增长的 FP 远远不是表示捕捞压力的最佳方法（Han et al.，2021），因此，在本研究中，重新构建了一种捕捞压力指数 FI，该指数考虑了大功率渔船（往往拥有更先进的技术设备、更强的续航能力、更长的捕捞时间）比例增加导致的捕捞效率快速提高。虽然影响捕捞压力的因素还有很多，但本研究只能根据有限的信息缩小 FI 与实际捕捞压力的差距（Han et al.，2022）。与 FP 相比，FI 更能反映捕捞死亡的增长趋势（图 2-12），因此，在 M4 的预分析中，对大部分种类（银鲳除外），FI 的性能更好（基于 AIC 比较，表 2-4）。对于黄鲫，本研究发现，尽管在 AIC 比较中 M5 和 M8 有同等效力，但捕捞压力协变量减小了未测量变量的时空变化，增强了 FI 对分布模式的解释力，因此本研究最终选定了包含捕捞压力效应的模型 M8。尽管 FI 在大部分种类的时空模型中取得了不错的表现，但其可能忽略了很多重要信息，所以在解释银鲳分布模式时不如 FP。因此，建议在未来的研究中，进一步获取更有意义的捕捞压力指标，以重新评估在时空模型中解释种群遭遇概率和正渔获率模式时捕捞压力的相对重要性。

本研究有助于加深认识黄海越冬场重要鱼类的（鳀、小黄鱼、黄鲫和银鲳）空间分布模式，以及这些分布模式对多重压力源的响应。由于鳀、小黄鱼和黄鲫都是该生态系统重要的中枢鱼类，因此本研究也有助加深对黄渤海生态系统的认识，促进基于生态系统的渔业管理，并为黄海其他物种的研究提供时空模型框架。重要的是，该时空模型框架将允许渔业管理者在中韩渔业协定的背景下，评估具有社会经济意义的物种分布转移和范围扩大/收缩对我国渔船渔获量的潜在影响。此外，该时空模型框架还将提供有关鱼类重要栖息地（如产卵场和育幼场）及其随时间的空间演变的宝贵信息，从而支持黄海空间保护计划和其他资源管理措施的制定。深入了解目前的空间分布模式，可以满足气候变化和人为压力影响加剧下的黄海迫切的渔业管理和保护需求。本研究表明，黄海冬季重要渔业种群的分布模式受到当地温度、气候压力和捕捞压力的共同驱动。同时，一些未测量的驱动也对时空变化造成影响，例如捕食者的变化（Serpetti et al.，2017）。2010 年之前，气候和海洋学变化相对稳定，黄鲫种群生物量的下降主要是由捕捞压力和未测量的驱动影响引起的。已有研究表明，在气候变化较小的情景下，捕捞压力和捕食者（食物网级联）的协同效应是种群动态的主要驱动因素（Serpetti et al.，2017）。而在本研究中，2010 年之后黄鲫种群分布模式和生物量变化剧烈，这主要是由气候和海洋学条件的剧烈变化所导致，同时还有一些未测量的驱动协调效应。以前研究已证明，捕捞压力大对鱼类受气候变化的影响可能会意外地放大，反之亦然（Harley and Rogers-Bennett，2004）。例如，捕捞压力会增加加利福尼亚洋流生态系统中幼鱼对气候变化的敏感性（Hsieh et al.，2008）。Radlinski 等（2013）在针对大西洋中部海岸大西洋鲭种群的研究中发现，温度对鱼类空间分布的影响因鱼类个体大小而异。而捕捞则是改变种群年龄和体长结构的重要驱动因素。这便引起了捕捞和气候的协同效应。因此，注重对海洋学条件、气候变化和渔业压力之间的协同作用，以及对它们如何影响种群动态（分布模式）机制的理解，是成功管理黄渤海渔业的关键基础。

第三章　渤海鱼类种间关系及其对时空分布的影响

环境变化和生态系统中的物种间相互作用影响了鱼类的时空分布，这使得渔业管理和种群养护工作变得更加复杂。众所周知，环境变化（气候及其他环境因素）是影响物种和群落动态的重要因素。气候变化已导致许多鱼类向极地或更深的水域迁移（Pinsky et al.，2013）。物种分布变动对环境变化的响应具有高度物种特异性（Thorson et al.，2016a），有些物种可能具有相似的环境需求和响应，这为特定物种"组合"/"集合体"（species assemblages or species complex）的潜在有针对性的管理提供了条件（Dolder et al.，2018）。此外，鉴于气候变化可能导致物种分布发生意想不到的变化，最终影响渔业的可持续发展，因此，估计群落丰度的主要趋势，以及趋势在空间区域之间的相似性，变得越来越重要（Thorson et al，2016）。

生物相互作用也是导致物种分布和种群生产力随时间变化的重要因素之一（Soberón，2007；Han et al.，2023）。若忽略生物因素的影响，在一些情况下会阻碍鱼类种群的恢复，使得一些重建工作未能发挥预期效果，如太平洋鲱鱼的管理措施（Schweigert et al.，2010；Godefroid et al.，2019）。越来越多的研究表明，物种相互作用与环境变化可能会产生协同效应，进而对鱼类种群动态产生影响（McFarlane et al.，1997；Mesa et al.，2016；Bastardie et al.，2021）。例如，温度上升造成捕食者迁移并由此增加鱼类种群的捕食压力，从而导致种群生物量下降（McFarlane et al.，1997）。此外，人类活动也可能引起新的生物相互作用，如河流水坝拆除引起传播变化和食物网的改变，进而导致河流下游物种的转移和生态系统生产力变化（Han et al.，2023）。

综上，物种间的相互作用和相似的环境需求所引起的物种关联（Kissling et al.，2012）是渔业管理和保护的重要考虑因素。这迫切需要采用科学工具来分析渔业生态系统中生物相互作用的影响和时空动态的主要变化，以推动基于生态系统的渔业管理。最近的一项研究表明，VAST软件包可以为渔业生态系统评估提供有用的信息，如生态系统动态的主导模式和种群动态的生物驱动效应（Thorson，2019）。空间动态因子分析技术（Thorson et al，2016）的引入，使得VAST作为一个通用的时空模型构建平台，可用来估计生态系统中多个位置多个物种的种群密度，并且可以分析出这种密度如何随时间变化。然后，可以从跨空间和时间的多个物种的种群密度及动态估计中，分析出生态系统评估指标（物种相互作用影响及其与外部压力的协同作用、生态系统主要变化）（Thorson，2019）。

正如本书第一章第四节所述，渤海对黄海大海洋生态系统（Yellow Sea large marine ecosystem，YSLME）中大多数鱼类种群的补充起着至关重要的作用（金显仕等，2005，2015；卞晓东等，2018）。渤海渔业的可持续性和世界上许多主要渔业的可持续性相似，都受到了"混合渔业"问题和生物相互作用的阻碍/影响（McClatchie et al.，2018）。混合渔业是指在同一次捕鱼作业中捕获多种鱼类。这对其中不佳的鱼类种群的维护带来极大的挑战，如欧洲渔业（Dolder et al.，2018）。因此，在渔业管理中必须考虑到这些影响（如基于生态系统渔业管理，Garcia et al.，2003），才能有效实现渔业的可持续性。与成鱼阶段相比，鱼类早期生命阶段通常在空间和时间上受到限制（McClatchie et al.，2018）。成鱼阶段具有更广泛的生理耐受性和较强的运动能力，而产卵和幼鱼阶段需要非常特定的物理环境条件（Ciannelli et al.，2015）。因此，为了有效管理渔业，需要了解种群动态对气候及生物驱动的响应，这不仅要考虑成鱼，还要考虑幼鱼。在渤海，夏季是大多数鱼类的索饵和育幼阶段，成鱼和幼鱼均有分布。综上，本研究选择以夏季渤海渔业生态系统为例，探索基于生态系统渔业管理的基础（鱼类种间关系对时空动态的影响），并为有效的渔业管理提供建议。

在本章中，首先介绍了本书研究的 4 种鱼类：小黄鱼、鳀、黄鲫、银鲳。对食物网拓扑结构分析显示，小黄鱼在该渔业生态系统中拥有重要的生态地位，具有最大的网络中心性和信息控制能力，是该渔业生态系统的关键种（苏程程等，2022）。鳀在 YSLME 中起着关键的中枢作用，既是数十种鱼类的饵料食物，同时也是重要的浮游生物的捕食者（Zhu and Iversen，1990；Tang，1993；唐启升和叶懋中，1990；Zhao et al.，2003），其生物量的变化会导致整个食物网中多种捕食者的生物量波动，从而引起生态系统的扰动，损害渔业的可持续性，因此保护鳀的生态功能对于渔业的可持续发展至关重要（Pauly et al.，2002）。黄鲫属于近海集群性小型饵料鱼类，可被 7 种以上经济鱼类所捕食（唐启升和叶懋中，1990），其生态功能与鳀类似，起到摄食低营养级生物并供给高营养级生物的生态作用（Zhang et al.，2007；张波等，2009；张波，2018）。这类饵料鱼的时空动态对商业渔业、生态系统的可持续性和敏感物种的保护均会产生强烈影响（Pikitch et al.，2014）。在 20 世纪末，随着传统经济鱼类种群的衰退，银鲳成为该海域鱼类群落的优势种群之一（金显仕，2020），但其与鱼类群落的关系尚不明确。因此，在不断变化的海洋中，了解以上 4 种代表性鱼类对生态系统变化的响应，将有助于制定可持续渔业管理战略。

本研究基于 VAST 技术，针对夏季渤海渔业生态系统，开发了一个联合动态物种时空分布模型（Thorson et al.，2016a；Thorson，2019a），通过空间动态因子分析，来了解鳀、小黄鱼、黄鲫、银鲳种群时空动态中的生物驱动效应，为基于生态系统的科学管理提供依据，并应对管理混合渔业的挑战。在这项研究中，可深入了解整个黄渤海鱼类生物量下降的机制和种群重建的潜在途径。

第一节　材料与方法

一、数据来源

图 3-1 显示了渤海的位置、调查站位分布及物理条件。渤海可划分为渤海中部水域和莱州湾、渤海湾、辽东湾等"三湾"水域。渤海水深较浅，平均水深仅为 18.7 m（图 3-1c）。注入渤海的河流众多，其中黄河的年径流量几乎占了 1/2（刘效舜等，1990；马伟伟等，2016）。研究区域海底沉积主要分为：粉砂质黏土软泥（silty claymud）、细粉砂（fine silt）、黏土质软泥（clayer ooze）、细砂（fine sand）、中砂（medium sand）、粗粉砂（coarse silt）6 种类型（韩青鹏等，2019；刘效舜等，1990）。

除本书关注的 4 种鱼类，本研究还包括了另外 6 个重要渔业经济鱼类，其生态角色在表 3－1 中进行了汇总。这 10 个鱼种是渤海渔业生态系统的主要种类（唐启升和叶懋中，1990；张波，2018；金显仕，2020；苏程程等，2022），涵盖了各个营养级和栖息习性，其食物关系在渤海渔业生态系统主要食物网（唐启升和叶懋中，1990；张波，2018）中进行了描述（图 3－2）。

2010—2019 年夏季期间渤海 10 个鱼种的渔获率数据（kg/km²）来自渤海底拖网渔业资源调查。2010—2018 年调查期间使用的调查船为租用的 205 kW 双拖渔船，2019 年为"中渔科 102 号"科学调查船。调查船更换造成的可捕性差异将在模型中进行处理。调查使用专用调查拖网，网口高度为 6 m，网口宽度为 22.6 m，网口周长为 1 740 目，网目为 63 mm，囊网网目为 20 mm，拖速为 3 kn，每站拖网时长为 1 h。在每站采样后，所有样品都被鉴定至物种或尽可能低的分类单元，并记录每个物种/分类单元的丰度、生物量和生物学信息。

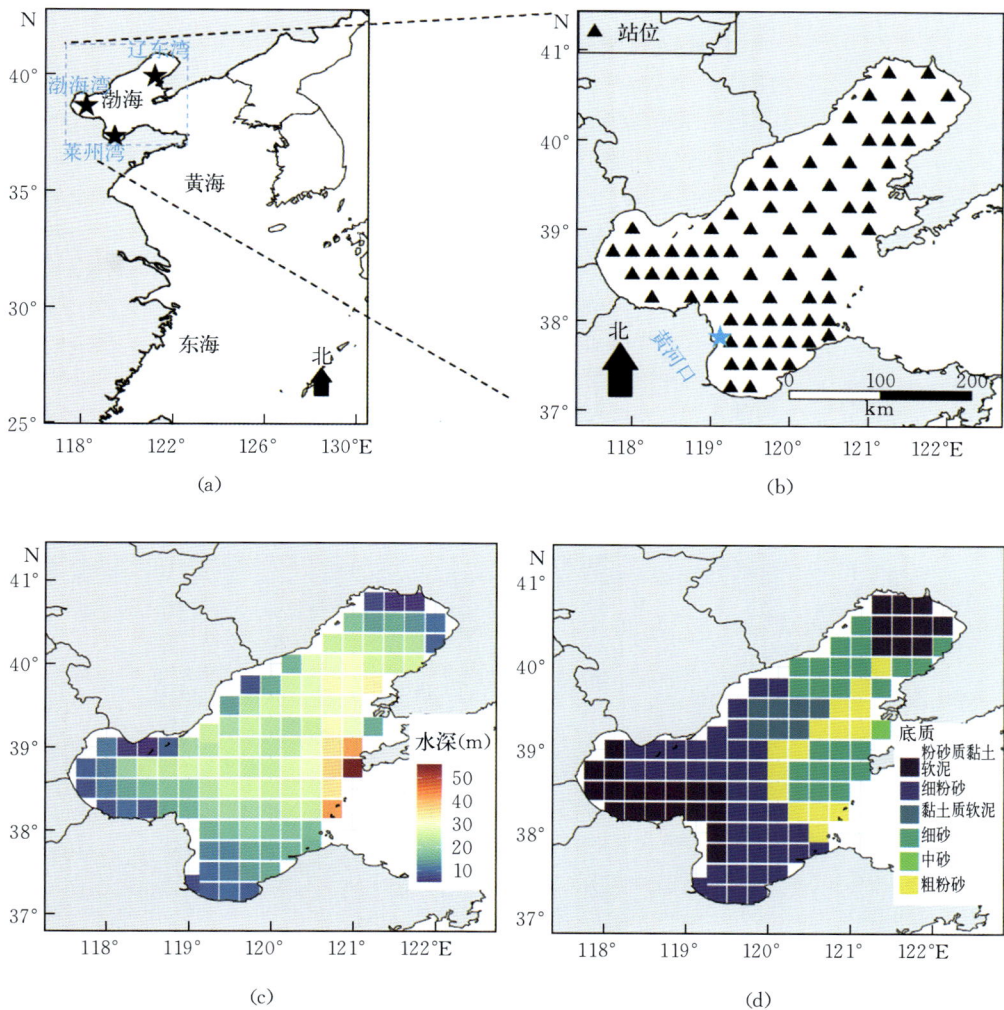

图 3－1　渤海研究区域的位置（a）、调查站位（b）、水深（c）和底质（d）

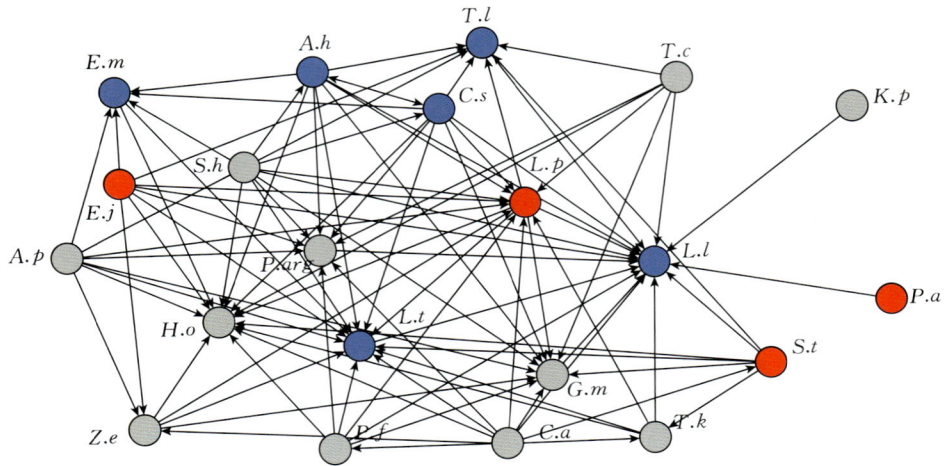

图 3-2　渤海渔业生态系统主要食物关系

[E. j＝鳀 E. japonicus，S. t＝黄鲫 S. taty，T. k＝赤鼻棱鳀 Thryssa kammalensis，K. p＝斑鰶 Konosirus punctatus，G. m＝大头鳕 Gadus macrocephalus，H. o＝大泷六线鱼 Hexagrammos otakii，L. t＝细纹狮子鱼 Liparis tanakae，P. a＝银鲳 P. argenteus，L. p＝小黄鱼 L. polyactis，P. arg＝白姑鱼 Pennahia argentata，C. s＝矛尾虾虎鱼 Chaeturichthys stigmatias，A. h＝六丝矛尾虾虎鱼 Amblychaeturichthys hexanema，E. m ＝小带鱼 Eupleurogrammus muticus，T. l＝带鱼 Trichiurus lepturus，Z. e＝长绵鳚 Zoarces elongatus，P. f＝方氏云鳚 Pholis fangi，A. p＝玉筋鱼 Ammodytes personatus，L. l＝黄鮟鱇 Lophius litulon，S. h＝矛尾复虾虎鱼 Synechogobius hasta. T. c＝鹰爪虾 Trachypenaeus curvirostris，C. a＝脊腹褐虾 Crangon affinis。红色圆圈为本研究的关注种；蓝色圆圈为本研究涉及的其他种类；灰色圆圈为本研究未涉及的其他种类。食物关系参考自唐启升和叶懋中（1990）和张波（2018）]

表 3-1　本研究中涉及的鱼类物种简要信息汇总

代码	物种名	适温性	栖息类型	生态角色
1	六丝矛尾虾虎鱼 A. hexanema	WT	CD	饵料鱼类、关键种（2011，2015）
2	矛尾虾虎鱼 C. stigmatias	WT	CD	饵料鱼类、关键种（2021）
3	鳀 E. japonicus	WT	CPN	饵料鱼类、关键种（2001，2003，2009，2016—2018，2021）
4	小带鱼 E. muticus	WW	CBD	较高级捕食者
5	小黄鱼 L. polyactis	WT	CBD	关键种（2001，2009，2018，2021）、中心性最大（2021）、离散度的最大影响变量（2001，2009，2018，2021）
6	细纹狮子鱼 L. tanakae	CT	CD	较高级捕食者、关键种（2003，2011，2015，2021）
7	黄鮟鱇 L. litulon	WT	OMP	顶级捕食者、关键种（2001，2003，2009，2016—2018，2021）
8	银鲳 P. argenteus	WW	CBD	信息较少；浮游生物食性功能群的主要鱼类之一，食性独特

代码	物种名	适温性	栖息类型	生态角色
9	黄鲫 *S. taty*	WW	CPN	饵料鱼类
10	带鱼 *T. lepturus*	WT	CBD	较高级捕食者

注：WT=暖温性种，WW=暖水性种，CT=冷温性种，CD=大陆架浅水底层鱼类，CBD=大陆架浅水中底层鱼类，CPN=大陆架浅水中上层鱼类，OMP=大洋深水底层鱼类。六丝矛尾虾虎鱼的另一个拉丁名（同物异名）为 *Chaeturichthys hexanema*。信息参考自金显仕（2020）和苏程程等（2021a、b；2022）。

二、多物种 VAST 模型构建和种间关系分析

本研究为夏季渤海渔业生态系统开发了一个时空模型，即融合空间动态因子分析（spatial dynamic factor analysis，SDFA）的联合动态物种分布模型（joint dynamic species spatio-temporal distribution model，JDSDM，Thorson et al.，2016a）。利用该模型同时拟合了 2010—2019 年夏季期间渤海 10 个鱼种的渔获率数据。由于该模型基于 VAST 软件平台构建，因此本研究称之为多物种 VAST 时空模型。

由于部分调查渔获率数据存在零膨胀问题，即包含很多零值，所以本研究选择了构建时空 delta-Gamma JDSDM（Thorson，2019a）。该模型由二项式-JDSDM 线性预测器和伽马-JDSDM 线性预测器组成。该 JDSDM 组分分别拟合相遇/非相遇（encounter/non-encounter，0/1）数据和正渔获率数据（positive biomass catch rate，鱼种被捕获站位的渔获率数据），并将这两部分的预测值相乘得到各鱼种的生物量密度估计值 $d(s, c, t)$（Lo et al.，1992；Grüss et al.，2019b）。

第一个线性预测器 p_i，以 logit 为链接函数，代表了预测的相遇概率：

$$p_i = \text{log}it^{-1}\left[\underbrace{\beta_1^*(c_i, t_i)}_{\text{Intercept}} + \underbrace{\sum_{f=1}^{n_{\omega 1}} L_{\omega 1}(c_i, f)\omega_1^*(s_i, f)}_{\text{Spatial variation}} + \underbrace{\sum_{f=1}^{n_{\varepsilon 1}} L_{\varepsilon 1}(c_i, f)\varepsilon_1^*(s_i, f, t_i)}_{\text{Spatio-temporal variation}} + \underbrace{\sum_{f=1}^{n_{\eta 1}} L_1(c_i, f)\eta_1(v_i, f)}_{\text{Vessel effects}} \right]$$ (3-1)

式中，c_i 是采样 i 的鱼种类别；t_i 是采样年份；$\beta_1^*(c_i, t_i)$ 是每年的截距；$\omega_1^*(s_i, f)$ 代表发生在采样站位 s_i 处因子 f 的相遇概率的空间变化效应；因子数量 $n_{\omega 1}$ 变化范围为 0 到鱼种数 n_c；$L_{\omega 1}(c_i, f)$ 表示产生鱼种之间空间协变的载荷矩阵；$\varepsilon_1^*(s_i, f, t_i)$ 代表相遇概率的时空变化效应（$n_{\varepsilon 1}$ 是时空变化效应的因子数量）；$L_{\varepsilon 1}(c_i, f)$ 表示产生时空协变的载荷矩阵；$\eta_1(v_i, f)$ 代表调查船变量 v_i 之间的可捕性的随机变化效应（$n_{\eta 1}$ 是可捕性的随机变化效应的因子数量）；$L_1(c_i, f)$ 表示产生可捕性协变的载荷矩阵；$L_{\omega 1}(c_i, f)$、$L_{\varepsilon 1}(c_i, f)$ 和 $L_1(c_i, f)$ 代表每个因子对鱼种 c 相遇概率的影响。空间效应、时空效应和调查船效应被指定为随机变化；截距被指定为固定效应（Thorson，2019a）。

第二个线性预测器 r_i，以 log 为链接函数，代表了预测的正渔获率（下文中简称"渔获率"）：

$$r_i = a_i \times \text{log}^{-1}\left[\underbrace{\beta_2^*(c_i, t_i)}_{\text{Intercept}} + \underbrace{\sum_{f=1}^{n_{\omega 2}} L_{\omega 2}(c_i, f)\omega_2^*(s_i, f)}_{\text{Spatial variation}} + \right.$$

$$\left. \sum_{f=1}^{n_{e2}} L_{\epsilon2}(c_i,\ f)\epsilon_2^*(s_i,\ f,\ t_i) + \sum_{f=1}^{n_\eta} L_2(c_i,\ f)\eta_2(v_i,\ f) \right\} \qquad (3-2)$$

<u>Spatio-temporal variation</u>   <u>Vessel effects</u>

式中，a_i 为采样 i 努力量补偿（即采样 i 的扫海面积），其余符号定义与第一个线性预测器中定义相似（公式 3-1），但适用于预测的渔获率。

每个位置、鱼种和年份的生物量密度 $d(s,\ c,\ t)$ 可被计算为：

$$d(s,\ c,\ t) = \mathrm{log}it^{-1}\left(\beta_1^*(c_i,\ t_i) + \sum_{f=1}^{n_{\omega1}} L_{\omega1}(c_i,\ f)\omega_1^*(s_i,\ f) + \sum_{f=1}^{n_{\epsilon1}} L_{\epsilon1}(c_i,\ f)\epsilon_1^*(s_i,\ f,\ t_i)\right) \times$$

$$\exp\left(\beta_2^*(c_i,\ t_i) + \sum_{f=1}^{n_{\omega}} L_{\omega2}(c_i,\ f)\omega_2^*(s_i,\ f) + \sum_{f=1}^{n_{\epsilon2}} L_{\epsilon2}(c_i,\ f)\epsilon_2^*(s_i,\ f,\ t_i)\right)$$

$$(3-3)$$

为了计算效率，本研究指定了 100 个"节点"（https://mathworld.wolfram.com/Knot.html），在固定的空间域 Ω 上，以这种方式近似所有时空变化项，从而在每个节点上都可获知每个空间或时空变化项的值（Shelton et al.，2014）。使用 k - means 算法确定了 100 个"节点"在 $15' \times 15'$（弧分）外推网格上的位置，以最小化可用数据位置与最近"节点"位置之间的总距离。然后，多物种 VAST 时空模型使用随机偏微分方程（SPDE）逼近空间和时空变化的概率密度函数（Lindgren et al.，2011）。通过双线性插值给定位置周围三个"节点"的值得到该位置的变化值（详见 Grüss et al.，2020a）。100 个"节点"在精度和计算速度之间提供了一个很好的折中：当增加节点的数量时，模型输出是相似的。

多物种 VAST 时空模型通过在 R 环境中（R Core Team，2022）使用"VAST"包（https://github.com/James - Thorson - NOAA/VAST；Thorson，2019a；Grüss et al.，2020b）实现。模型参数估计详见 Thorson 等（2015）和 Thorson（2019a）。SDFA 将 10 个鱼种的调查渔获率数据建模为 M 个潜在空间变量（即"因子"）的线性组合，其中 $M \leqslant 10$。这些潜在变量可以被认为是生态过程中未测量或未知的环境驱动因素（Thorson et al.，2016a）。通过预分析，因子数被确定为 3。因子数大于 3 时，模型运行时间过长或不能拟合。成功拟合的模型中，因子数为 3 的模型具有最小的 Akaike 信息准则（AIC）值。对于每个模型组分，本研究计算了每个因子解释的方差比例，即将与每个因子相关的特征值除以所有因子特征值之和。预分析结果显示，每个模型组分中前两个因子均解释了总方差的绝大部分。

应用主成分分析旋转载荷矩阵和空间/时空因子（详见 Thorson et al.，2016a），以确定渤海渔业生态系统中时空动态的主导模式。这种旋转方式确保第 1 个因子（称之为主导因子）解释空间或时空方差的最大比例（群落水平变化的最大比例），第 2 个因子解释剩余方差中最大比例，依此类推。本研究估计了物种间时空密度的相关性，并结合渤海生态系统的知识，分析鱼种间竞争或捕食的相互作用，以及对环境变化的反应。

为了分析目标种及渤海渔业生态系统的时空动态，本研究还计算了每个鱼种的生物量指数和一些分布指标。每个鱼种的相对生物量/生物量指数 $I(c,\ t)$ 可通过以下公式计算：

$$I(c,t) = \sum_{s=1}^{n_s} (a(s) \times d(s,c,t)) \qquad (3-4)$$

式中，$a(s)$ 是位置 s 所处网格的面积。

分布重心（Center - of - gravity，COG）是重要的分布指标之一（Thorson et al.，2016b），可计算为：

$$Z(c,t) = \sum_{s=1}^{n_s} \left(\frac{z(s) \times a(s) \times d(s,c,t)}{I(c,t)} \right) \qquad (3-5)$$

式中，$z(s)$ 是位置 s 的东向值或北向值（横轴墨卡托投影坐标），可用于追踪每个鱼种在 t 年的东向或北向重心 $Z(c,t)_{eastward}$ or $Z(c,t)_{northward}$。

有效分布面积（effective area occupied）$H(c,t)$ 衡量了每个鱼种个体在 t 年所占据的平均面积，被计算为生物量指数 $I(c,t)$［公式（3-4）］与平均生物量密度 $D(c,t)$ 的比率（Thorson et al.，2016c）。其中，$H(c,t)$ 和 $D(c,t)$ 的计算方式如下：

$$D(c,t) = \sum_{s=1}^{n_s} \left(\frac{a(s) \times d(s,c,t)}{I(c,t)} \times d(s,c,t) \right) \qquad (3-6)$$

$$H(c,t) = \frac{I(c,t)}{D(c,t)} \qquad (3-7)$$

本研究还计算了代表每个鱼类种群边界的指标，详见本书第二章第一节。此外，本研究还分析了海洋学条件和夏季气候指数的历史变化（分析方法见本书第二章），来辅助推断鱼类时空分布的物理和生物驱动因素。根据本书第二章的说明，本研究选用的海洋学条件包括 SST 和底温（BT），夏季气候指数包括 WP、AMO、AOI、NAO、NPI 和 PDO。其中，BT 数据下载自国家科技资源共享服务平台——国家海洋科学数据中心（http://mds.nmdis.org.cn/），其余数据下载网址见本书第二章第一节。

第二节　结　　果

一、鱼类相遇概率的时空相关性和时空变化

1. 鱼类相遇概率的空间相关性和空间变化

空间相关性可以提供鱼类栖息地重叠程度的信息。渤海渔业生态系统 10 种鱼类相遇概率（第 1 个模型组分）的空间相关性（图 3-3）显示，鳀与小带鱼、小黄鱼、银鲳、黄鲫之间存在显著的负相关关系，与细纹狮子鱼、黄鮟鱇之间存在显著的正相关关系。小黄鱼与六丝矛尾虾虎鱼、矛尾虾虎鱼、鳀之间存在显著的负相关关系，与带鱼之间存在显著的正相关关系。银鲳与鳀、细纹狮子鱼、黄鮟鱇之间存在显著的负相关关系，与小带鱼、黄鲫之间存在显著的正相关关系。黄鲫与银鲳之间的相关性最高，并且它们与其他物种通常呈相似关系。六丝矛尾虾虎鱼和矛尾虾虎鱼之间的相关性最高，它们均属于虾虎鱼科（Gobiidae）、矛尾虾虎鱼属（*Chaeturichthys*），并且通常与其他鱼类呈负相关或近零相关关系。小带鱼与细纹狮子鱼、黄鮟鱇之间存在显著的负相关关系，与银鲳之间存在显著的正相关关系，与小黄鱼、黄鲫之间存在中等的正相关关系。

空间相关性提供了对鱼类适温性和栖息类型稳健性的分析（表 3-1）。多物种 VAST 时空模型显示，存在 4 个主要的相遇概率空间相关性分组：①鳀、细纹狮子鱼和黄鮟鱇同属一组，栖息类型分属大陆架浅水中上层鱼类、大陆架浅水底层鱼类和大洋深水底层鱼类；②小黄鱼和带鱼同属一组，均属于暖温性大陆架浅水中底层鱼类；③银鲳、小带鱼和黄鲫同属一组，均属于暖水性鱼类，栖息

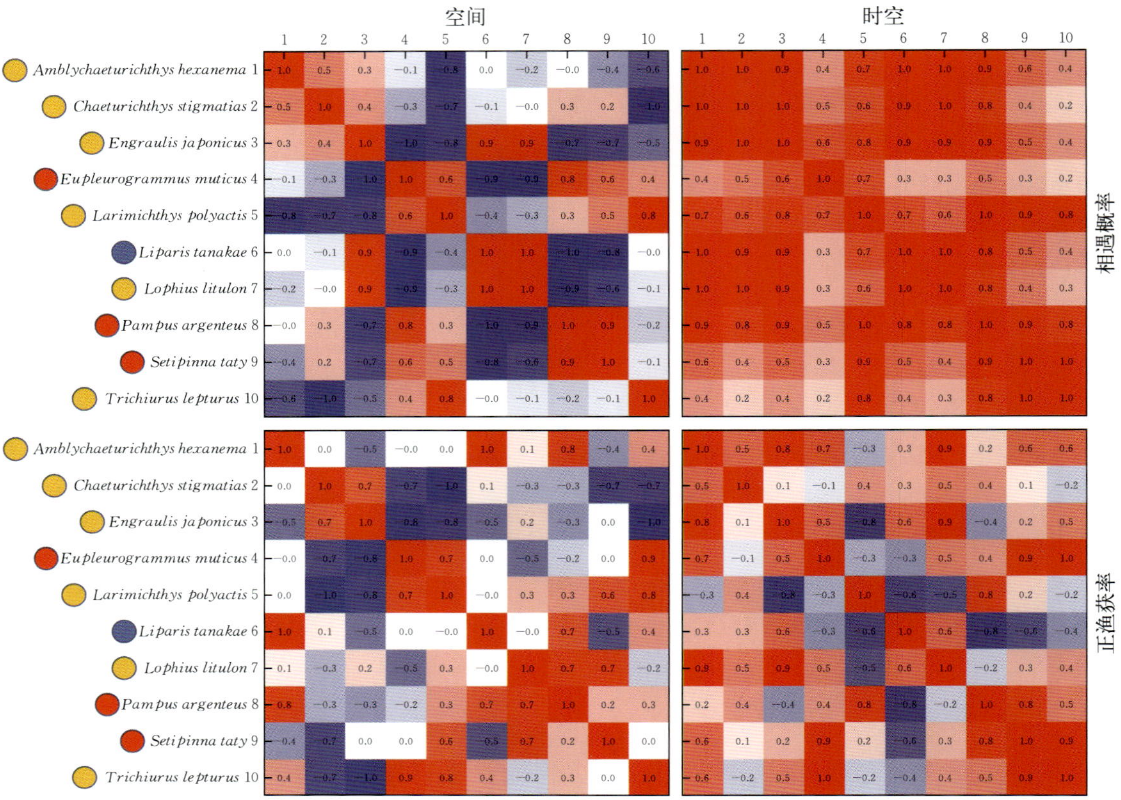

空间　　　　　　　　　　　时空

Amblychaeturichthys hexanema 1

Chaeturichthys stigmatias 2

Engraulis japonicus 3

Eupleurogrammus muticus 4

Larimichthys polyactis 5

Liparis tanakae 6

Lophius litulon 7

Pampus argenteus 8

Setipinna taty 9

Trichiurus lepturus 10

相遇概率

正渔获率

图 3-3　渤海生态系统中物种相遇概率与正捕获率的时空相关性

［彩色点表示暖水性（红色）或冷温性（蓝色）或暖温性（橙色）鱼类］

类型分属大陆架浅水中底层鱼类和大陆架浅水中上层鱼类；④六丝矛尾虾虎鱼和矛尾虾虎鱼同属一组，均属于虾虎鱼类，暖温性大陆架浅水底层鱼类。与同一组内鱼种之间的高度正空间相关性（栖息地重叠）相比，不同组合之间的相关性反映了它们栖息地空间分离，即拥有不同的索饵/育幼场。

多物种 VAST 时空模型为 10 种鱼类的时空分布拟合了 3 个因子。相遇概率空间变化的 3 个因子载荷分别解释了 80.3％、11.4％和 8.3％的方差（图 3-4）。因子 1 的正空间效应最大区域位于辽东湾南部和渤海中部，最大负效应位于渤海湾和黄河口水域（图 3-4a）。因子 1 对冷温性鱼种细纹狮子鱼具有最大的正向影响（载荷值＞2），其次为暖温性种类黄鮟鱇和鳀；并对暖水性鱼种小带鱼、银鲳和黄鲫具有很大的负向影响（载荷值＜-1，图 3-4b）。这反映了在辽东湾南部和渤海中部水域，鳀、细纹狮子鱼和黄鮟鱇的高出现率，以及在渤海湾和黄河口水域，小带鱼、银鲳和黄鲫的高出现率。

因子 2 的空间效应显示出高值区域位于辽东湾北部、辽东湾东南部和莱州湾南部，低值区域位于渤海湾（图 3-4a）。因子 2 对暖温性大陆架浅水中底层鱼类小黄鱼和带鱼的正向影响最大（载荷值＞0.5），而对关键种、饵料鱼类中的六丝矛尾虾虎鱼和鳀施加负向影响（图 3-4b，表 3-1）。这反映了在辽东湾北部、辽东湾东南部和莱州湾南部水域，小黄鱼和带鱼的高出现率；而在渤海湾水域，则是六丝矛尾虾虎鱼和鳀的高出现率。因子 3 的空间效应高值区域位于渤海湾，低值区域位于莱州湾东部（图 3-4a），对黄鲫具有最大正向影响（图 3-4b），反映了黄鲫在渤海湾的高出现率。

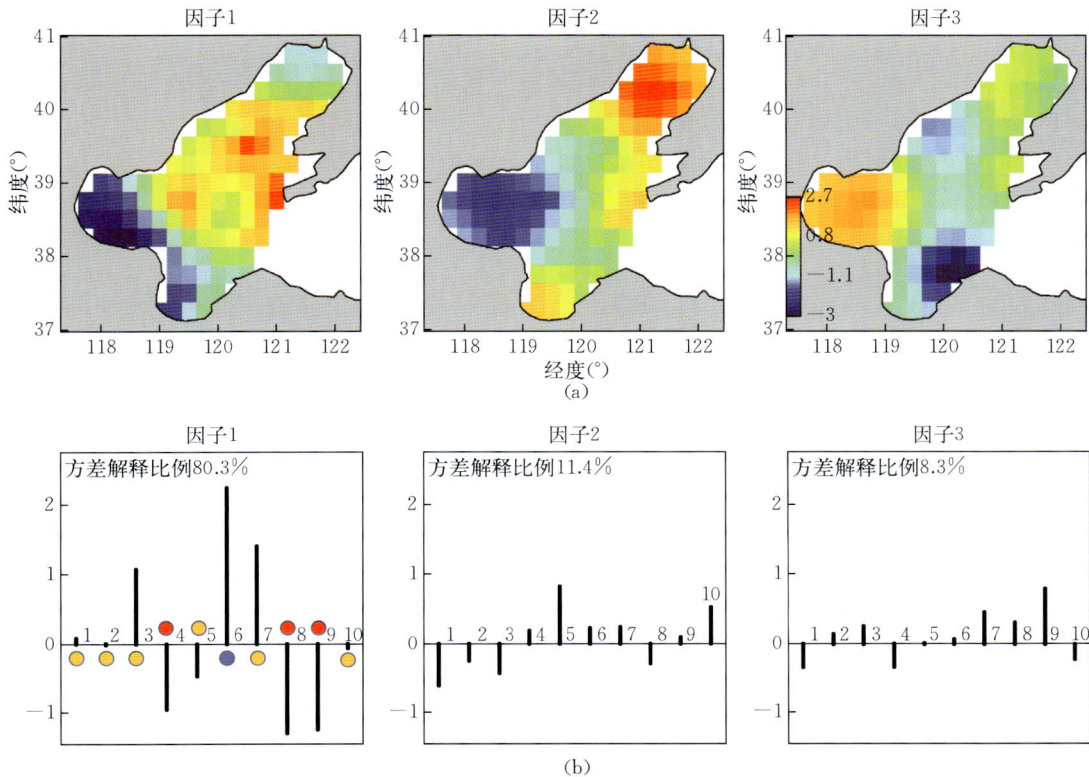

图 3 - 4 夏季渤海 10 种鱼类相遇概率空间变化的 3 个因子的空间效应（a）及每个鱼种对各个因子的估计载荷（b）

2. 鱼类相遇概率的时空相关性和时空变化

时空相关性表明，鱼种对共同的环境条件表现出相似（相关）或不同（不相关）的反应。相遇概率的时空相关性（图 3 - 3）显示，鳀除了与小带鱼、黄鲫、带鱼不相关外，与其他种类均具有显著的正相关关系。小黄鱼除了与矛尾虾虎鱼、黄鮟鱇不相关外，与其他种类均具有显著的正相关关系。银鲳除了与小黄鱼不相关外，与其他种类均具有显著的正相关关系。黄鲫与小黄鱼、银鲳、带鱼均具有显著的正相关关系。综上，4 个主要的相遇概率空间相关性组内（"集合体"内）的鱼种，在共同的环境条件下出现率随时间和空间一起波动，相同适温性和栖息类型鱼种也呈现出类似趋势。

相遇概率时空变化的 3 个因子的载荷分别解释了 77.4%、18.3% 和 4.3% 的方差（图 3 - 5）。因子 1 的时空变化存在非单调的长期趋势（图 3 - 5a）。渤海北部（辽东湾）从 2010 年到 2019 年因子 1 上的相遇概率空间效应值随时间增加，但在 2014—2017 年增加幅度最大，此后有所下降，但仍高于 2010—2012 年的概率。渤海西部（渤海湾）和莱州湾南部则呈下降趋势。除了小带鱼，其余所有鱼种均对因子 1 具有很大正向影响。因子 1 代表了相关高载荷鱼种的出现率热点区域在各个年份有很大的差异。此外，这还表明 1 个冷温性鱼类和 2 个暖水性鱼类随着时间的推移向渤海北部扩散。

因子 2 的时空变化表明（图 3 - 5b），渤海北部和渤海中部的相遇概率在研究期间呈下降趋势，其中渤海中部相遇概率在 2015 年、2016 年和 2018 年有较高增长。渤海西部和渤海南部的相遇概率在研究期间呈增加的、非单调的趋势。因子 2 对黄鮟鱇有强烈的正向影响，对暖温性大陆架浅水中底层鱼类小黄鱼和带鱼有强烈的负向影响。因子 2 代表了小黄鱼和带鱼在 2010 年的莱州湾、2015—2016 年的辽东湾、2017—2018 年的渤海中东部和 2019 年的渤海中部水域的出现率热点。因子 3 对方差解释率很低，仅对小带鱼有中等的影响。

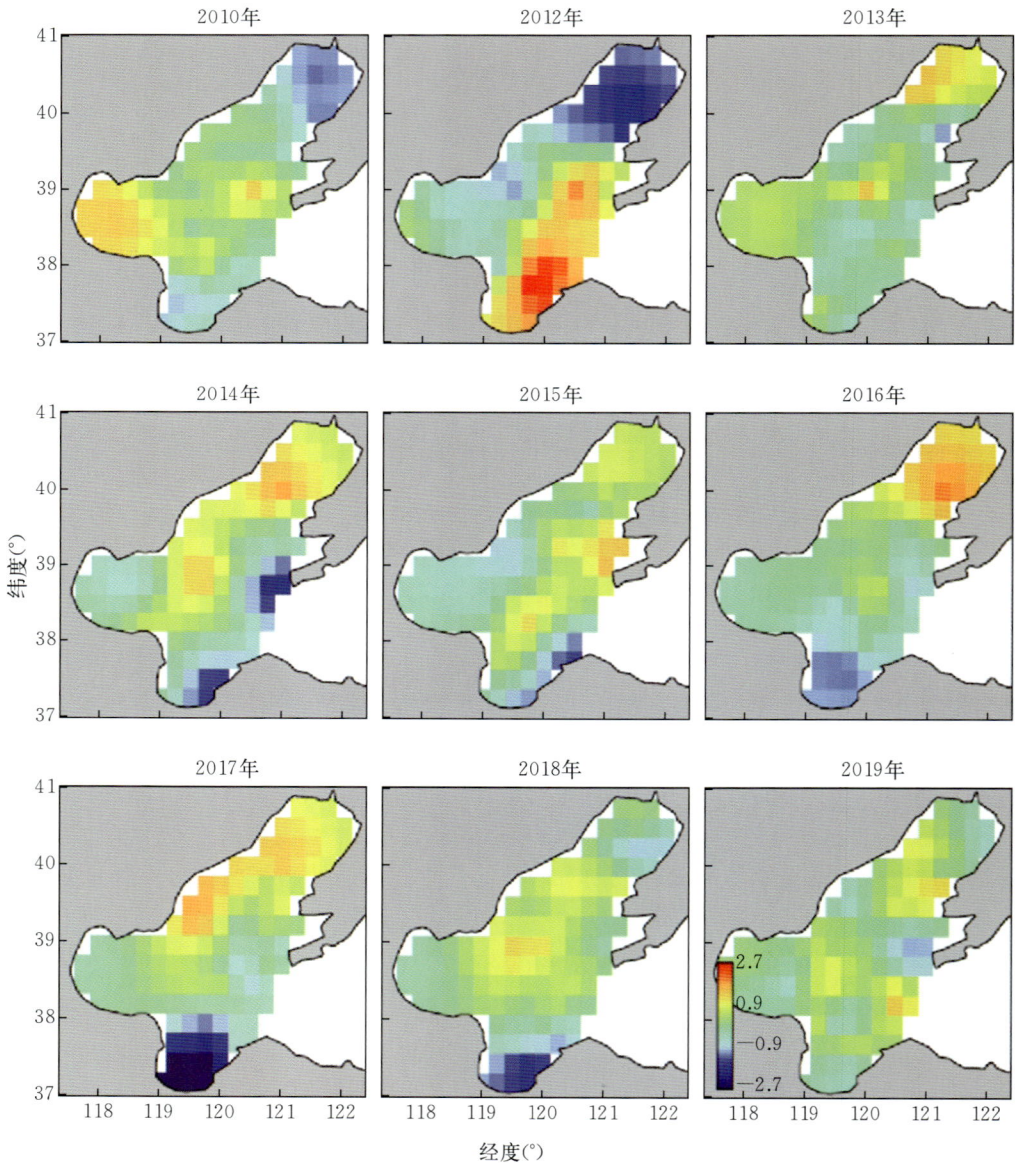

(a) 因子1

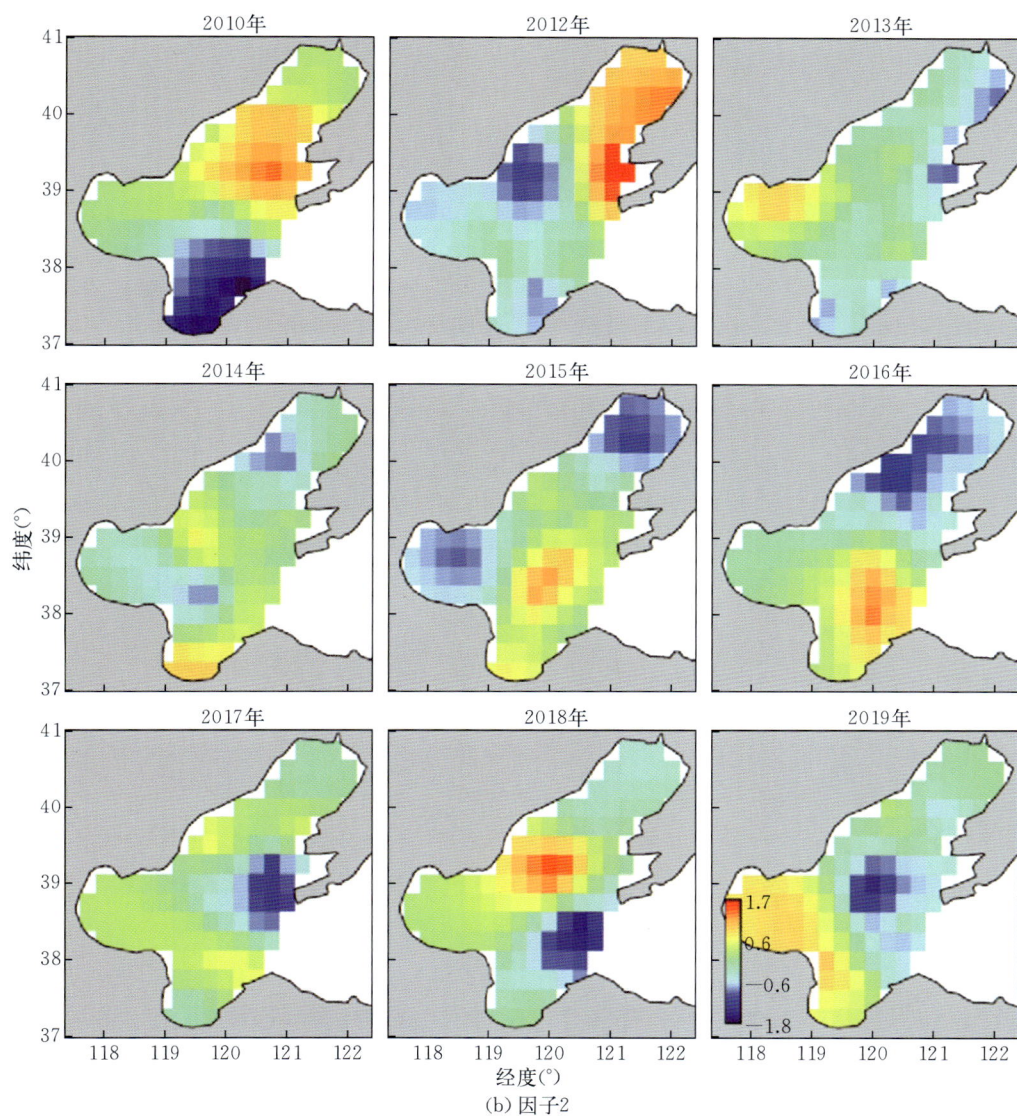

(b) 因子2

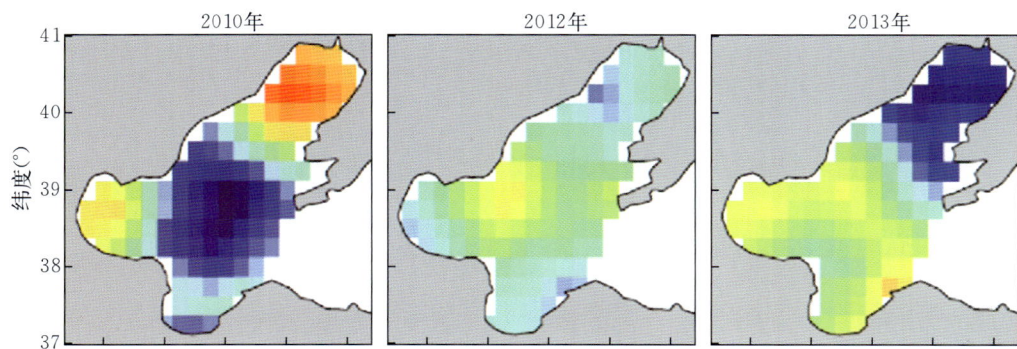

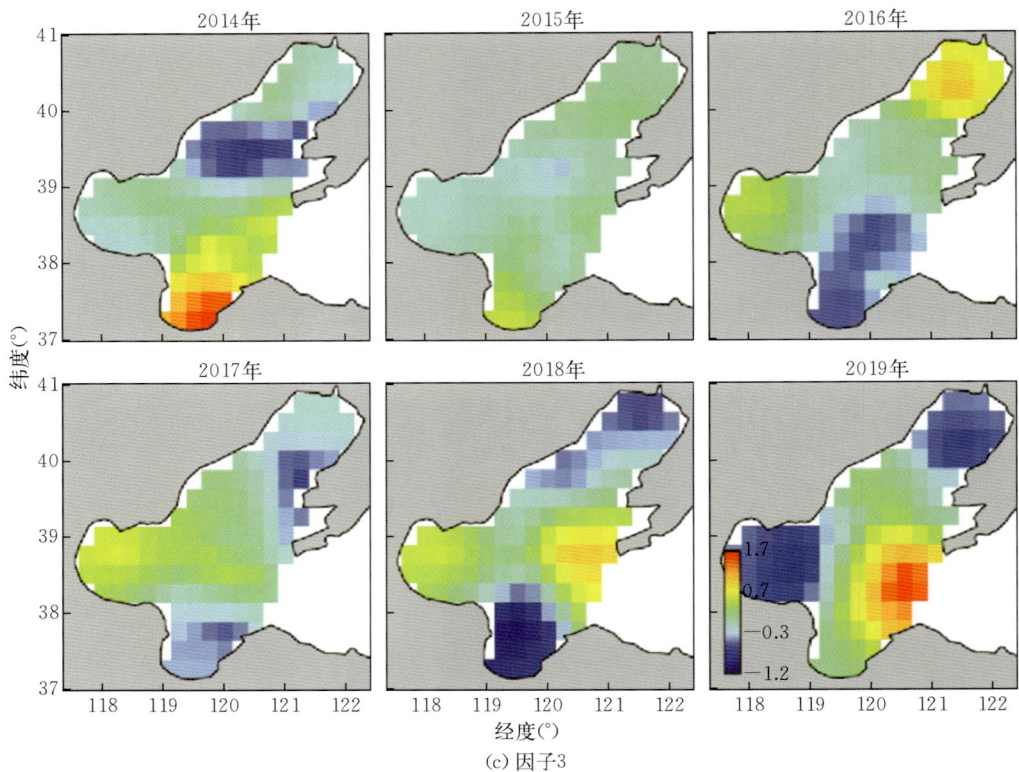

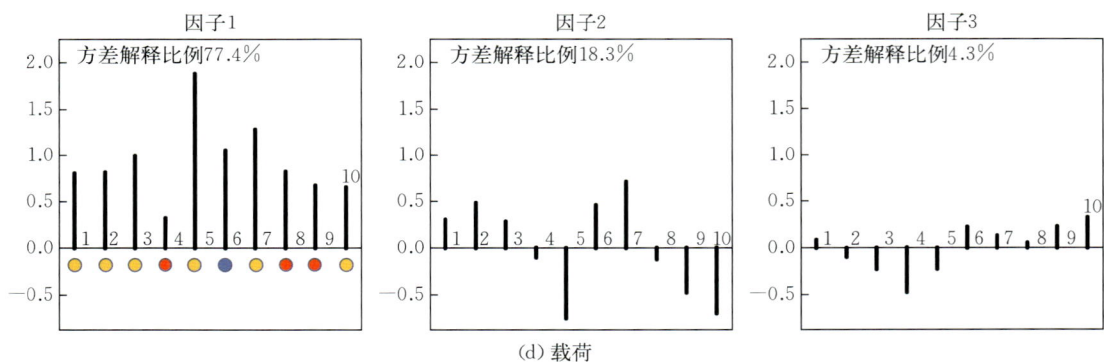

图 3-5　夏季渤海 10 种鱼类相遇概率时空变化的 3 个因子的时空效应（a，b，c）及
每个鱼种对各个因子的估计载荷（d）

二、鱼类渔获率的时空相关性和时空变化

1. 鱼类渔获率的空间相关性和空间变化

10 种鱼类渔获率（即正渔获率，第 2 个模型组分）的空间相关性（图 3-3）显示，鳀与小带鱼、小黄鱼、带鱼之间存在显著的负相关关系，与矛尾虾虎鱼之间存在较大的正相关关系。小黄鱼与矛尾虾虎鱼、鳀之间存在显著的负相关关系，与带鱼之间存在显著的正相关关系，与小带鱼之间存在

较大的正相关关系。银鲳与六丝矛尾虾虎鱼之间存在显著的正相关关系，与细纹狮子鱼、黄鮟鱇之间存在较大的正相关关系。黄鲫分别与矛尾虾虎鱼和黄鮟鱇之间存在较大的负相关和正相关关系。小带鱼与带鱼之间存在显著的正相关关系。综上，鱼类之间渔获率的空间相关性与它们之间的相遇概率的空间相关性总体相似。

渔获率空间变化的 3 个因子如图 3-6 所示，其载荷分别解释了 44.0%、35.4% 和 20.6% 的方差。因子 1 的渔获率空间效应高值区域位于黄河口水域和渤海中东部。因子 1 对鳀具有强烈的负向影响（载荷值 <-0.5），对六丝矛尾虾虎鱼和带鱼具有强烈的正向影响（载荷值 >0.5），对小带鱼、小黄鱼、细纹狮子鱼和银鲳有中等的正向影响，即对大陆架浅水中底层鱼类有较大的正向影响（图 3-6b）。综上，这一因子代表黄河口水域和渤海中东部（水深小于 30 m 的水域）大陆架浅水中底层鱼类的高渔获率，以及渤海中西部（渤海湾口以东水域）鳀的高渔获率。

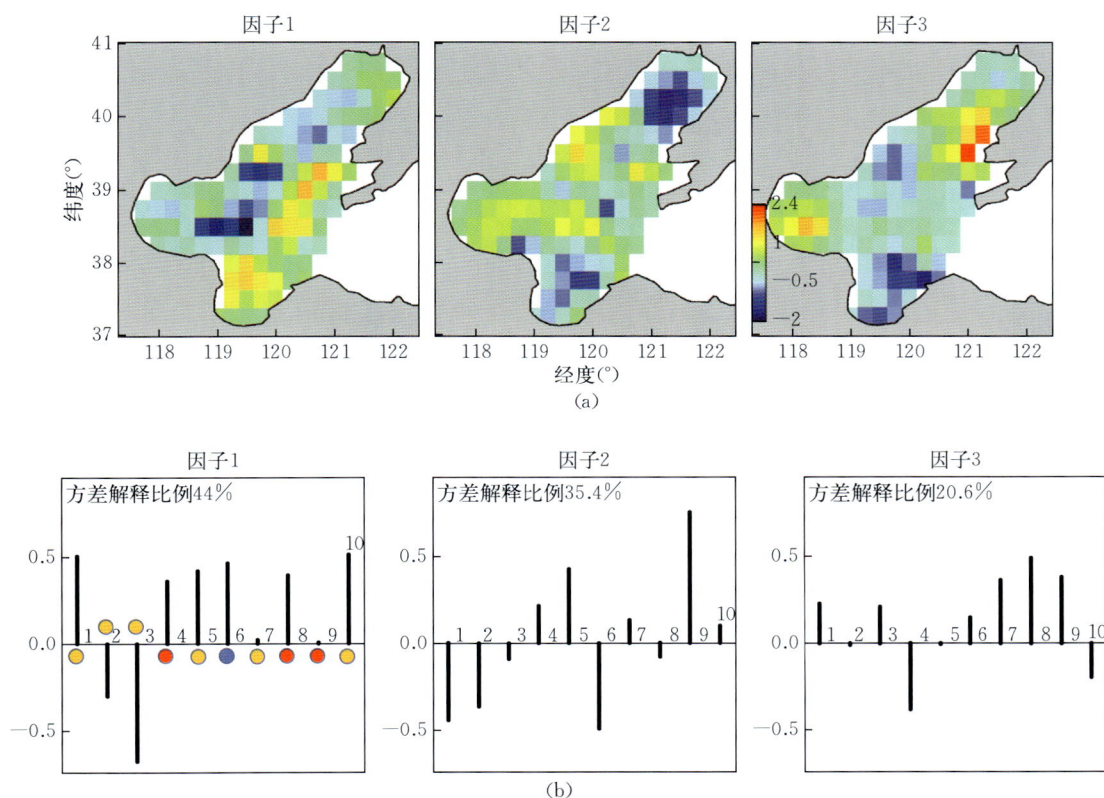

图 3-6 夏季渤海 10 种鱼类正渔获率空间变化的 3 个因子的空间效应（a）及每个鱼种对各个因子上的估计载荷（b）

因子 2 的渔获率空间效应高值区域位于渤海湾、渤海中西部水域（渤海湾口以东水域）和辽东湾西南部近岸水域（图 3-6a）。因子 2 对暖水性中上层鱼类黄鲫具有最强烈的正向影响，对中底层鱼类小黄鱼具有中等正向影响，对虾虎鱼类和细纹狮子鱼具有中等负向影响（图 3-6b）。因子 2 代表了渤海湾、渤海中西部水域（渤海湾口以东水域）和辽东湾西南部近岸水域黄鲫的高渔获率，以及辽东湾和莱州湾水域虾虎鱼类和细纹狮子鱼的较高渔获率。因子 3 的渔获率空间效应高值区域位于辽东湾东南部和渤海湾西南部，具有对黄鮟鱇、银鲳和黄鲫的中等正向影响和对小带鱼的中等负向载荷。因子3代表了辽东湾东南部和渤海湾西南部黄鮟鱇、银鲳和黄鲫的较高渔获率，以及莱州湾小带鱼的较高渔获率。

2. 鱼类渔获率的时空相关性和时空变化

10种鱼类渔获率的时空相关性（图3-3）显示，鳀与小黄鱼之间存在显著的负相关关系，但与六丝矛尾虾虎鱼、黄鮟鱇之间存在显著的正相关关系。小黄鱼与鳀之间存在显著的负相关关系，但与银鲳之间存在显著的正相关关系。银鲳与细纹狮子鱼之间存在显著的负相关关系，但与小黄鱼、黄鲫之间存在显著的正相关关系。黄鲫与小带鱼、银鲳和带鱼之间存在显著正相关关系。

渔获率时空变化的3个因子如图3-7所示，其载荷分别解释了48.2%、30.8%和20.9%的方差。因子1的时空效应无显著的长期趋势，但某些高值区域存在年际的空间变化（图3-7a）。除了小黄鱼和细纹狮子鱼外，其余鱼种均对因子1的时空效应具有强烈的正向影响。

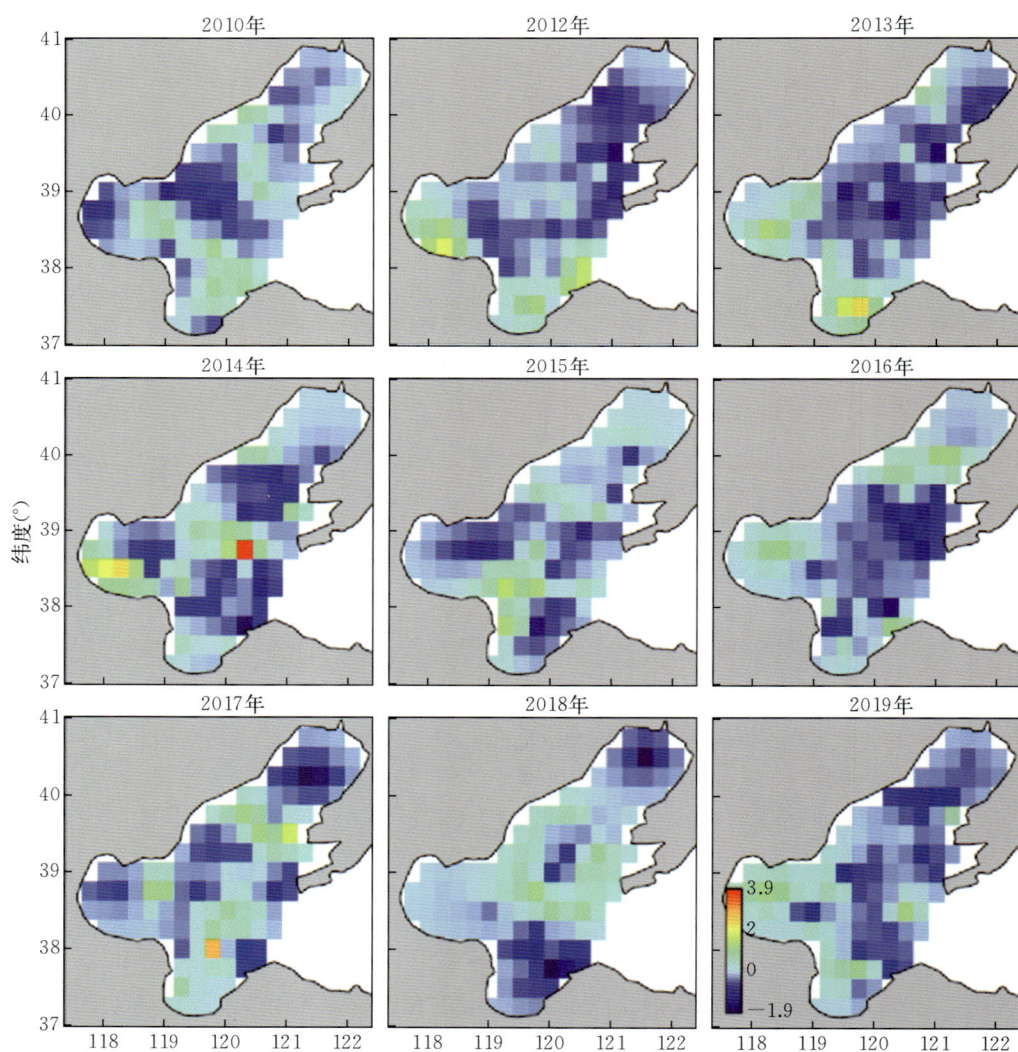

(a) 因子1

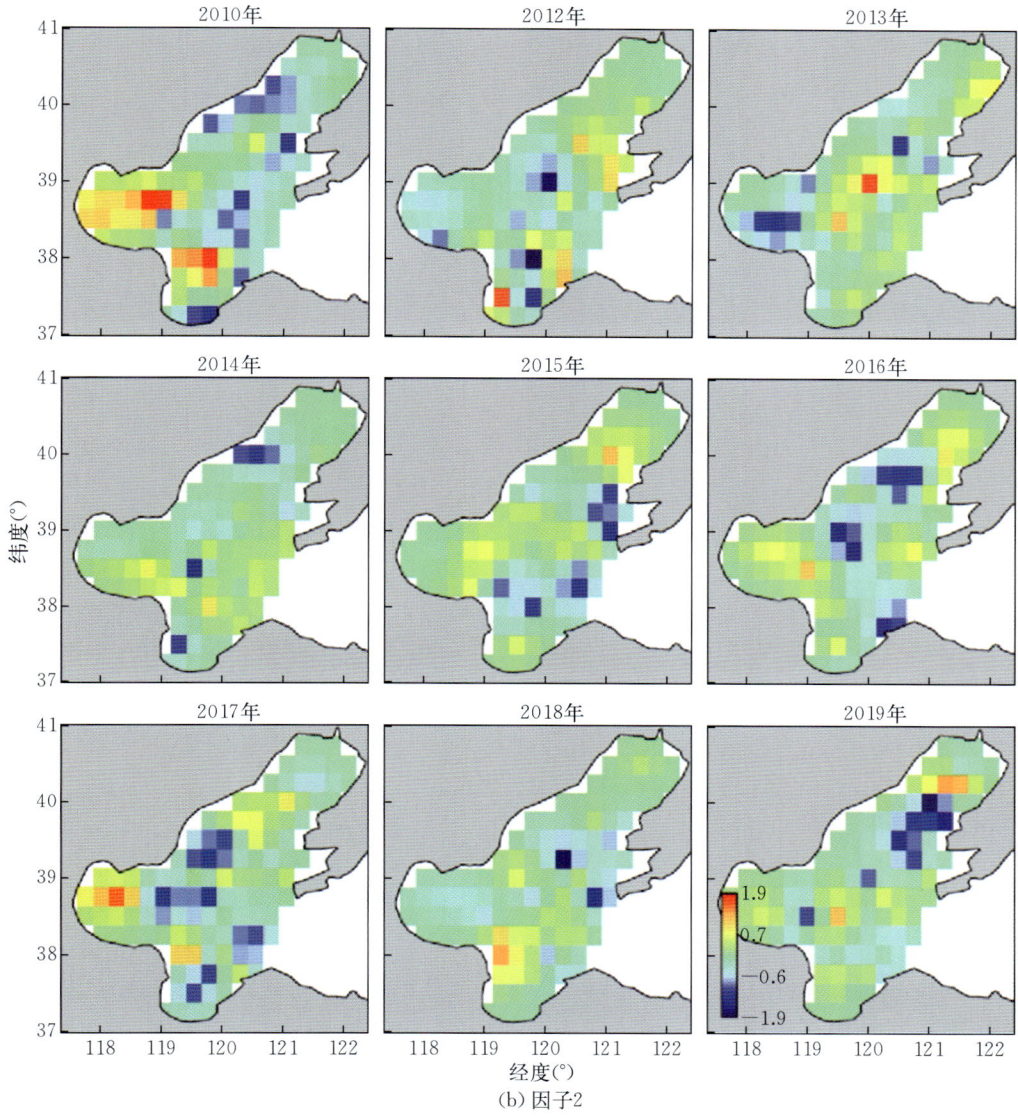

(b) 因子2

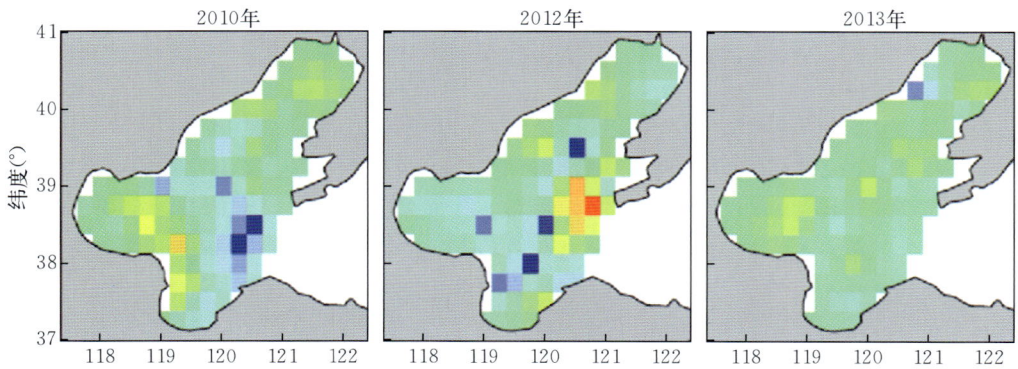

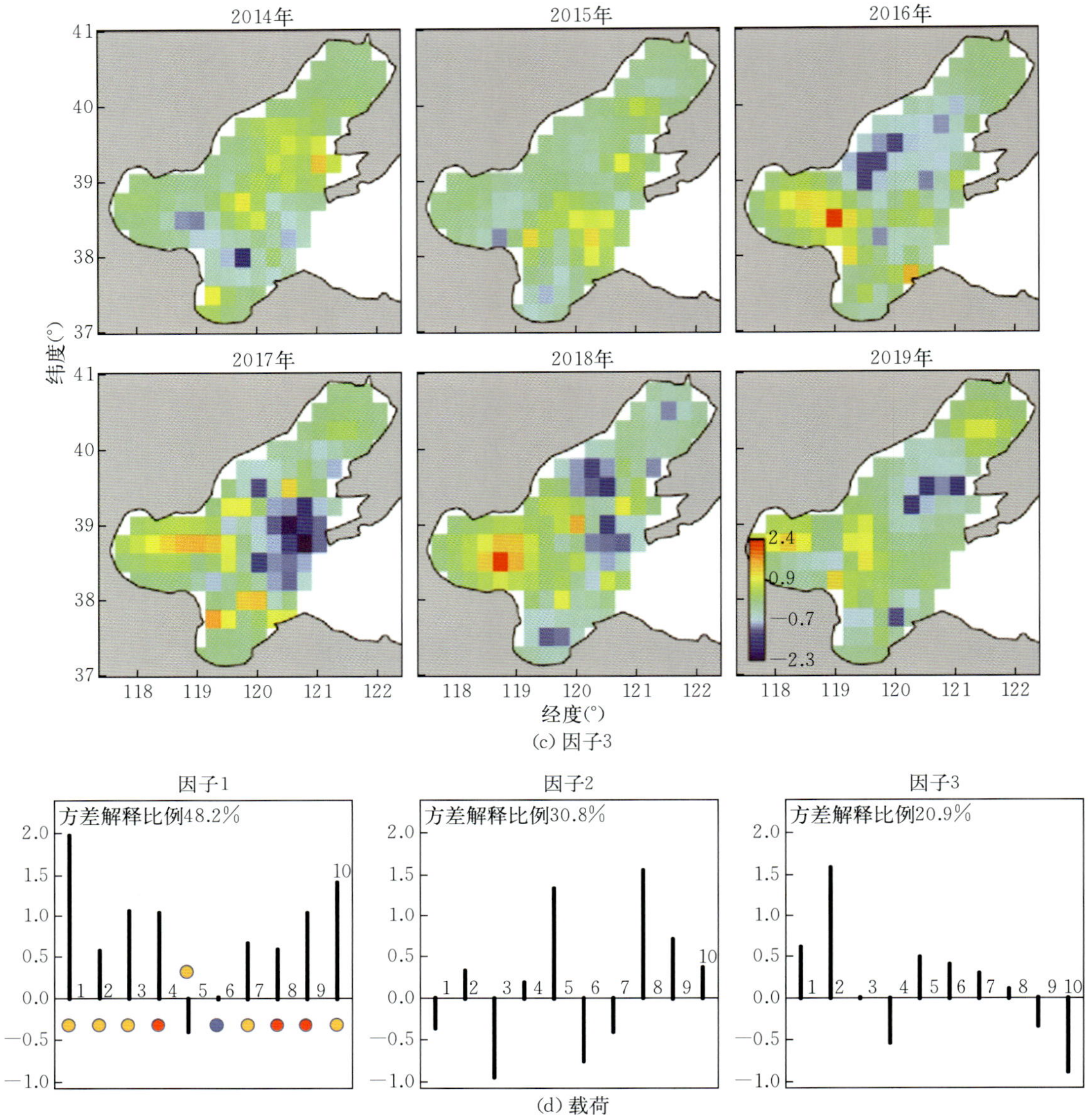

图 3-7　夏季渤海 10 种鱼类正渔获率时空变化的 3 个因子的时空效应（a, b, c）及
每个鱼种对各个因子的估计载荷（d）

　　因子 2（图 3-7b）的时空效应也表现出更明显的年际变化，其中 2010 年和 2017 年渤海湾和黄河口水域具有时空效应最高值，而 2013 年渤海中部则具有最高值。因子 2 对小黄鱼、银鲳和黄鲫具有强烈的正向影响（载荷值＞0.5），而对鳀和细纹狮子鱼具有强烈的负向影响（载荷值＜-0.5）。综上，因子 2 主要反映了 2010 年和 2017 年渤海湾和黄河口水域以及 2013 年渤海中部水域小黄鱼、银鲳和黄鲫的高渔获率。

　　因子 3 的时空效应呈现出非单调的增加趋势（图 3-7c），其中 2012 年和 2016—2018 年具有最高值。因子 3 对虾虎鱼类具有强烈的正向影响（载荷值＞0.5），对小带鱼和带鱼具有强烈的负向影响（载荷值＜−0.5）。综上，因子3主要反映了2012年渤海中东部和2016—2018年渤海湾虾虎鱼类的高渔获率，以及2017年渤海中东部小带鱼和带鱼的高渔获率。

第三节　讨　　论

采用VAST物种时空分布模型分析了渤海渔业生态系统10种重要鱼类的空间和/或时间模式，这些模式在一定程度上是由"潜在的"未测量变量驱动的（Shelton et al.，2014；Thorson et al.，2015c，2017b；Thorson，2015）。多物种VAST时空模型可以导出物种间协变的信息，这有助于推断渔业生态系统中鱼种间营养关系或竞争相互作用（Thorson et al.，2015b；Thorson et al.，2016a）。本研究的目的是提高对渤海渔业生态系统和本书关注的4种鱼类（鳀、小黄鱼、黄鲫和银鲳）时空动态及其生物驱动因素的了解，从而为设计可持续海洋生物资源管理战略提供坚实基础。

1. 重要鱼类的时空相关性

VAST模型第1个组分相遇概率的空间相关性提供了鱼类栖息地重叠/分化程度的信息，本研究基于相遇概率空间相关性的分组（"组合/集合体"），讨论这些"组合/集合体"中鱼类在相遇概率时空变化、渔获率空间和时空变化中的模式。

（1）鳀、细纹狮子鱼和黄鮟鱇，在相遇概率时空变化中也具有显著的正相关关系，即在出现率方面这些种类具有类似的环境响应。这反映在了三者分布重心（附图1、附图2）和有效分布面积（附图3）的相似变化上。在渔获率空间变化上，鳀和细纹狮子鱼、黄鮟鱇分别有负相关和很弱的正相关关系，一定程度上反映了细纹狮子鱼和黄鮟鱇对鳀的捕食作用（图3−2）（张波，2018）。但在渔获率时空变化上，这3个鱼种间具有较大的正相关关系，说明了三者生物量对环境条件的同步响应。

（2）小黄鱼和带鱼属于暖温性大陆架浅水中底层鱼类（刘效舜等，1990）；它们在相遇概率时空变化中也具有显著的正相关关系，表明它们在出现率方面具有类似的基本生态位和环境响应。在渔获率空间变化中它们也具有相似的基本生态位；但在渔获率时空变化中，它们之间存在微弱的负相关关系，并且在渔获率时空变化因子1上具有相反的载荷，这代表了它们之间仍具有捕食和竞争压力（图3−2）（苏纪兰和唐启升，2002；张波，2018；唐启升和叶懋中，1990）。此外，它们的高生物量指数出现年际分化，呈现此消彼长的变化。

（3）银鲳、小带鱼和黄鲫"组合"，均属于暖水性鱼种，栖息水层有一定的重叠。它们在相遇概率时空变化中也具有正相关关系，其中与小带鱼的相关性较弱。在渔获率空间变化中，它们之间的相关性微弱，但在渔获率时空变化中却具有显著的正相关关系。这似乎表明这3种鱼类在环境需求（基本生态位）方面具有相似性。其中，银鲳和黄鲫具有相似的环境响应，它们的分布重心（附图1、附图2）、有效分布面积（附图3）和种群边界（附图4和附图5）都呈现相似的变化。

（4）六丝矛尾虾虎鱼和矛尾虾虎鱼均属地方性鱼类，在相遇概率时空变化中也具有显著的正相关关系，这表明它们具有类似的基本生态位和环境响应。它们在渔获率空间变化中无相关性，在渔获率时空变化中具有中等的正相关关系，这表明它们之间相互捕食（图3−2）（苏纪兰和唐启升，2002；韦晟和姜卫民，1992）的互作影响较小，对彼此时空动态无显著影响。

由于数据有限，物种通常被分组为物种复合体（几个物种的"组合或集合体"）以简化管理（Dolder et al.，2018）。物种之间的共性可能表明物种可以作为一个"集合体"得到充分管理，包括：共享栖息地利用（例如重叠的精细空间分布）、丰度趋势的同步性、一致的捕捞压力或渔具敏感性，或导致类似生产力的生命史参数（Omori and Thorson，2022）。通过上述分析，小黄鱼和带鱼显然不符合丰度趋势的同步性，不能作为一个"集合体"进行管理。另外3组在水深较浅的渤海似乎有可能作为"集合体"进行管理。尽管它们在生活史参数方面或许不能完全满足条件，但它们表现出了高度的空间重叠，并承受了相似的环境和捕捞压力，具有相似的环境响应。这仍然需要未来研究的进一步探索。

2. 重要鱼类的时空分布变化及生物驱动因素

研究期间，鳀分布热点主要出现在辽东湾南部水域和渤海湾口至渤海中部水域（即热点多出现在水深18～30 m的水域）。这与历史上的主要分布区一致（邓景耀等，1988）。鳀的生物量密度低值区出现在各个海湾内部（辽东湾北部、渤海湾西部和莱州湾水域）。高级捕食者细纹狮子鱼和黄鮟鱇也多出现在鳀热点区，反映了在渤海鳀是两者的重要食物来源。尤其是鳀生物量的显著增长，使得渤海食物网"浮游动物→鳀→大型肉食性鱼类"的食物链（邓景耀等，1997；张波，2018）得到了一定程度的修复。矛尾虾虎鱼和鳀一样是重要的饵料鱼类，但前者是渤海具有最大饵料生境宽度的两种鱼类之一（张波，2018），具有更广泛的空间分布，因此其与鳀在相遇概率和渔获率的空间变化上分别具有较弱和较强的相关性。

小黄鱼以以鳀为代表的小型鱼类为食（邓景耀等，1986，1997）。与20世纪80年代相比，20世纪90年代初鳀在小黄鱼食物组成中的比例大幅度增加（邓景耀等，1997）；而在2010—2011年，鳀在小黄鱼食物组成中的比例大幅度下降，仅为1.44%（张波，2018）。这种变化与鳀的生物量变动密切相关（张波，2018），20世纪90年代初鳀曾是渤海最丰富的鱼种（金显仕等，1998），但在1993年后呈现快速下降（金显仕，2014），在2009—2010年生物量达到最低。本研究估计的生物量指数 $I(c, t)$ 显示，自2014年开始，渤海鳀的生物量显著恢复。然而小黄鱼分布并不完全符合其历史上重要捕食物种鳀的分布热点，研究期间小黄鱼主要分布在黄河口水域、渤海口水域和辽东湾北部水域，而历史上其在渤海各个区域均占优势（邓景耀等，1988）。目前的分布特征一定程度上是由于渤海小黄鱼具有非常广泛的饵料生境宽度（张波，2018），以及"食物捕食风险权衡"（McFarlane，et al.，1997），即避免高营养级捕食者（细纹狮子鱼和黄鮟鱇常常伴随鳀出现）的捕食。此外，细纹狮子鱼和小黄鱼之间存在较严重的饵料重叠，两者均摄食小型鱼类，如鳀（张波等，2005）。小黄鱼与虾虎鱼类也具有很大的栖息地分化。2010—2011年的研究发现，它们在渤海渔业生态系统中的"底栖动物→虾虎鱼、小黄鱼→大型经济鱼类"这一主要食物链中具有同等的功能地位（张波，2018）。小黄鱼可摄食虾虎鱼类，而且它们均具有广泛的食物来源。它们的栖息地分化可能反映了虾虎鱼的捕食回避和对环境的特殊需求。本研究发现，虾虎鱼分布热点较多在水深小于25 m，底质类型为粉砂质黏土软泥、细粉砂、黏土质软泥的近岸水域。

黄鲫也是渤海重要的饵料鱼种，在食物网拓扑结构中占据重要位置（苏程程等，2022）。研究期间，黄鲫主要分布在渤海湾、黄河口水域和辽东湾北部水域，这与历史调查相一致（邓景耀等，1988）。黄鲫与鳀有明显的核心栖息地（分布热点区域）分化，其中很大的原因是它们之间存在很高的饵料重叠（张波等，2005），栖息地的分化有助于减少食物竞争。黄鲫和小带鱼均摄食大量的太平洋磷虾（张波等，2005），具有相近的生物量密度热点区域（在相遇概率空间模式上中等的正相关、对相遇概率因子1具有同向相近的载荷），但在本研究期间无明显的竞争关系。黄鲫和小黄鱼也有中等程度的空间模式正相关，这是由于两者幼鱼间存在一定程度的食物重叠，但无明显的种间竞争（郭斌等，2011）。综上可知，2010—2019年，渤海渔业生态系统中鳀、小黄鱼、虾虎鱼和黄鲫分布热点区域发生了分化，它们均处于食物链的中间环节，承担了部分营养中枢功能。

研究期间银鲳与黄鲫类似，主要分布在渤海湾、黄河口水域和辽东湾北部水域。银鲳是一种广食性鱼类，摄食底层虾类、毛虾、枪乌贼、水母和浮游植物（魏秀锦等，2019），与黄鲫食性有一定程度的重叠和差异（张波，2018）。本研究结果表明，银鲳与黄鲫具有相似的环境需求且无明显的竞争关系，对高级捕食者具有类似的反应，在出现率上表现出一定程度的空间回避行为。银鲳与鳀碳氮稳定同位素的相似性较低（魏秀锦等，2019），在相遇概率空间相关性上呈负相关，在渔获率空间模式上呈偏弱的负相关，这表明银鲳和鳀具有部分差异的环境需求，并且由竞争相互作用驱动部分栖息地分化。由于银鲳和小带鱼均摄食大量的底层虾类和毛虾，因此，它们之间具有高的相遇概率相关性。

近些年，来渤海甲藻丰度的升高对渔业生态系统的早期补充产生了积极的影响，如为鳀仔鱼的开口摄食等早期阶段提供了至关重要的食物（金显仕，2020）。本研究发现，2013—2017年鳀生物量指数整体骤速增加，尽管在2018—2019年剧烈下降后，但仍高于有记录以来的历史最低值2010年水平（金显仕等，2014）。这表明夏季渤海鳀的时空动态在一定程度上是由自下而上的因素驱动的。由此可见，渤海鳀是一种自我恢复能力强，且易巨大波动的鱼种。鳀分别与小黄鱼和银鲳之间的渔获率时空变化呈显著的负相关和较弱的负相关，这分别反映了在重叠栖息区域存在由捕食相互作用驱动的自然死亡率波动和由竞争相互作用驱动的较弱的自然死亡率波动。鳀与黄鲫在渔获率时空变化因子2上具有相反的载荷，这反映了存在较小程度的由竞争相互作用驱动的自然死亡率波动。

小黄鱼和带鱼、小带鱼之间均存在一定的被捕食和竞争关系，它们之间密度热点和高生物量值出现于不同年份（年份分化），一定程度上呈现此消彼长的状态（渔获率空间变化正相关、时空变化负相关）。这也可能是它们的渔获率对海洋环境条件有不同响应的原因。小黄鱼成鱼捕食虾虎鱼类，但小黄鱼和虾虎鱼类两者幼鱼之间存在激烈的食物竞争（苏纪兰和唐启升，2002）。本研究还发现，它们之间在空间和时空模式上存在一定程度的栖息地和年份分化（在相遇概率空间变化和渔获率时空变化呈负相关，在相遇概率的时空变化因子2上具有相反的载荷），这反映了由捕食相互作用和竞争相互作用共同驱动的部分栖息地分化和自然死亡率波动。

黄鮟鱇和细纹狮子鱼是渤海渔业生态系统中关键的捕食者，在食物网结构中具有重要的下行控制作用（苏程程等，2022）。饵料丰度的增加可能最终导致捕食者丰度的增加（Free et al.，2021）。本研究发现，细纹狮子鱼和黄鮟鱇作为高营养级/顶级捕食者，其生物量得到了鳀和虾虎鱼等关键饵料鱼种的支撑，生物量近年呈增长趋势［$I(c, t)$和伽马分量的年截距值，即式（3-3）中的$\beta_c^{(r)}$项显示］，并对其他鱼类种群施加了负面相互作用影响，即与小黄鱼、黄鲫和银鲳等其他鱼类时空密度呈负相关，反映了它们之间捕食和竞争相互作用。这也在多项食物网拓扑结构研究中得到了佐证（杨涛等，2016，2018；苏程程等，2021a，2021b，2022）。带鱼和小带鱼的生物量动态也受到了细纹狮子鱼和黄鮟鱇的捕食相互作用的影响。鳀和小带鱼、带鱼之间的空间模式呈负相关，在时空模式因子 2 上具有相反的载荷，这也一定程度上反映了黄鮟鱇、细纹狮子鱼与带鱼、小带鱼的食物竞争（张波等，2005）。小黄鱼、银鲳和黄鲫种群动态（时空分布和生物量）也受到了细纹狮子鱼和黄鮟鱇的食物竞争和下行控制的影响。综上可知，夏季渤海渔业生态系统动态同时受到了食物链自下而上和自上而下的影响。Jin 等（2013）研究表明，春季渤海渔业生态系统动态也受到了类似的自下而上和自上而下影响。Leach 等（2022）认为，捕食者可获得的食物数量的增加可能为有经济价值的衰退鱼种提供一些保护，使其免受过度捕食。综上，本研究发现，尽管鳀种群生物量有所增加，但顶级捕食者仍对其他经济鱼类有较大的捕食和竞争相互作用影响。因此，适当控制细纹狮子鱼和黄鮟鱇生物量的增长趋势，是否有助于生态系统中其他经济鱼类资源的恢复这一问题，应在未来的研究中进行更全面的探索分析。

此外，除了受生物驱动影响外，夏季渤海渔业生态系统动态还存在一些主导模式。如，六丝矛尾虾虎鱼、鳀、小带鱼、小黄鱼、银鲳、黄鲫和带鱼的北向重心均在 2012—2016 出现北移趋势（附图 1）。多个鱼种的东向重心，在 2016 年左右偏向渤海东部分布，在 2013 年左右偏向西部分布（附图 2）。多个鱼种的有效分布面积 2014 年有大幅收缩（附图 3）。多数鱼种的北部边界在 2010—2014 年期间呈现北移，在 2017 年左右呈现大幅南移；南部边界在 2013 年左右呈现显著南移，之后北移，在近些年份呈现南移趋势（附图 4）。多数鱼种的东部边界在 2010—2014 年呈现东移，在 2017 年左右呈现西移；西部边界在 2013 年左右呈现显著西移，之后东移，在 2017 年呈现大幅西移，在 2019年大幅东移（附图 5）。通过分析当地温度和气候指数时间序列的历史趋势（附图 6），本研究发现，夏季渤海渔业生态系统动态的主导模式与这些海洋物理条件的变化相对应。如渤海夏季 SST 时间序列显示，2012/2013 年 SST 发生了稳态转移，2010—2012 年 SST 较低，而 2013—2019 年温度较高（附图 6a）。这与 2013 年大多数鱼种的重心和种群边界大幅迁移相对应。NAO 在 2016/2017 年发生了稳态转移（附图 6f），与 2016/2017 年多个鱼种的显著分布变化有关。综上可知，除了生物驱动因素外，海洋物理条件的变化也是夏季渤海渔业生态系统动态的重要驱动因素。

本研究建立了一个时空模型框架，以理解夏季渤海渔业生态系统动态的生物相互作用驱动，这为渤海育幼场和索饵场资源管理提供了重要依据，并为空间保护计划和基于生态系统的渔业管理措施提供了支持。本模型框架确定了在夏季渤海的哪些地方更容易区分渔获物的鱼种以及在哪些地方更具挑战性，为降低高度混合渔业的复杂性和对单一组合鱼种的捕捞和管理提供了一条可行的途径。由于幼鱼和成鱼的食性和营养级存在很大的差异（苏纪兰和唐启升，2002），在未来的研究中应将鱼类体长结构作为协变量纳入模型中（例如，将幼鱼、成鱼视为不同的种类），以进一步判断幼鱼丰度波动的驱动因素，为渤海乃至黄海大海洋生态系统渔业资源的成功补充提供科学支撑。此外，种间关系往往会随着种群结构特征（包括体长体重组成、年龄结构、繁殖群体组成等）发生一定的漂移，因此在未来的研究中也应将"不同物种的种群结构特征"作为参数（或协变量）纳入模型的建立与验证中去。

第四章　黄渤海鳀种群补充动态及其驱动因素

中上层小型饵料鱼类，占全球渔业产量的30％以上（Smith et al.，2011），是海洋食物生产及其增长潜力的重要支撑（Kolding et al.，2016；Hilborn et al.，2017）。此外，饵料物种往往在食物网中占据关键的中间位置，转换浮游生物的能量以支持肉食性鱼类。近年来，渔业管理者越来越重视维持基础饵料生物量（VanderKooy and Smith，2015）。然而，实现这些目标的有效管理，面临着种群动态存在很大不确定性的艰巨挑战（Deyle et al.，2018）。

大多数中上层饵料生物的种群动态受强大的种群补充波动所影响，它们的丰度及其维持的渔获量也相应地波动（Deyle et al.，2018）。了解和预测补充的动态，首先要了解其与种群的关系，以及其在多大程度上受成鱼和外部环境因素的影响。亲体-补充关系（stock - recruitment relationship，SRR）是在种群评估程序中建立生物参考点的基础，进而影响渔业管理决策。

因此，描述补充动态特征和SRR的研究备受关注。目前对动态的理解主要来自传统的参数化建模方法，如 Ricker 和 Beverton - Holt 的群体-补充函数（stock - recruitment functions 或称"亲体与补充函数"）。这些模型将种群视为独立于生态系统其他部分的单一变量，难以有效整合环境信息，并且只捕捉到非常基本的机制，进而导致对补充的解释有偏或存在其他问题（Myers，1998；Schueller and Williams，2017）。此外，当种群表现出非周期混沌、非线性或非平稳性等复杂动态时，参数方法的线性和稳定性假设可能导致不适当的渔业管理决策（Ye and Sugihara，2016；Perlala et al.，2017；Deyle et al.，2018）；然而，这些复杂的动态在海洋渔业种群中很常见（Möllmann et al.，2015）。

非参数方法——经验动态模型（empirical dynamic model，EDM）（Ye et al.，2015a）为补充动态的机制研究提供了一个相对更好的选择。EDM 是一种基于时间序列观测的最小假设方法，通过构建所谓的吸引子流形来重建系统的时间动力学（Sugihara et al.，2012；Deyle et al.，2018）。EDM 可以根据过去的鱼类种群动态预测未来的动态轨迹，以解释与状态相关的种群补充动态（Sugihara，1994；Ye et al.，2015b；Deyle et al.，2018）。对 20 个大西洋鳕种群的研究也表明，经历突变和状态相关动态的种群最适合使用 EDM 方法进行预测种群补充量；此外，EDM 的非参数性质允许添加环境变量，这提高了 EDM 模型的预测能力（Sguotti et al.，2020）。许多研究已经充分证明了气候变化对鱼类种群补充的影响（Myers and Drinkwater，1989；Stige et al.，2006；Pershing et al.，2015），因此，模型准确整合环境变量的能力至关重要。

鳀是黄海大海洋生态系最丰富和最具商业价值的中上层物种之一（Itoh et al.，2009；Jin，1996）。从生态学的角度来看，鳀是这个生态系统的关键饵料物种（Zhao et al.，2003）。自 20 世纪 80 年代末以来，该物种一直是渔业的目标物种，以应对底层鱼类资源的下降，1992 年后，其产量迅速增加，从 1999 年起，生物量呈现出断崖式的下降（Zhao et al.，2003）。Zhao 等（2003）为该种群建立了一个 Ricker 亲体补充模型，该模型显示最大补充量和相应的产卵群体生物量（spawning stock biomass，SSB）分别为 1 860 亿尾和 320 万 t。然而，了解和预测鳀繁殖补充的变异性仍然是渔业管理的一个主要挑战。此外，气候变化被认为是导致小型中上层鱼类生物量突然变化的一个重要驱动因素（Hilborn et al.，2017）。本书第二章也发现了气候变化是鳀时空分布格局的重要影响因素。然而，气候因素对黄渤海中鳀种群补充的具体影响尚未确定。无法准确识别驱动因素和预测补充情况是规避管理风险和种群恢复的一个重大限制。这在一定程度上是近年来黄渤海鳀生物量一直处于较低水平（张清清，2021），且在各种干预管理措施下未能迅速恢复的重要原因。

基于上述原因，根据黄渤海记录的鳀补充数据，本章使用 EDM 方法进行了种群的补充动态及其环境驱动因素研究：①了解鳀亲体和补充之间的因果关系，明确是受确定性的生物驱动还是随机影响；②从生态系统的角度识别潜在的环境驱动因素（人类活动和气候变化），并确定它们是否对鳀种群变化至关重要。

第一节　材料与方法

一、数据来源

渤海和黄海沿岸海域（图 2-1）是鳀重要的产卵和索饵场，黄海中部和南部区域是鳀（成鱼和幼鱼）重要的越冬海域（刘效舜等，1990；金显仕等，2005）。在渤海和黄海这两个海域的科学调查提供了三组鳀产卵群体生物量（SSB）和种群补充（recruitment，R）数据。

1. 来自黄海越冬场的数据（图 4-1a，b）

自 1984 年以来，"北斗"项目在黄海冬季进行了声学/拖网渔业资源调查（Iversen et al.，1993）。在研究期间（1987—2005 年），使用了相同的调查船（"北斗号"）、声学仪器和渔具。Zhao 等（2003）和 Hamre 等（2005）从这些调查中提取了鳀的 SSB（1987—2004 年，以 10^6 t 为单位）和 R（1988—2005 年，以 1 000 亿尾数为单位）指数。根据拖网取样的年龄鉴定，获得了每年鳀的年龄组成。由于在冬季声学调查中很难准确评估计幼鱼的数量，因此，1 龄鱼的数量（R）根据下一年测得的 2 龄鱼反向计算（Zhao et al.，2003）。上一年年初测得的种群生物量，根据反算的 1 龄鱼生物量进行调整，并减去上一年捕获量的一半，这被认为是相应的 SSB（Zhao et al.，2003；Hamre et al.，2005）。Zhao 等（2003）证明了这种计算鳀 SSB 和 R 方法的合理性。有关调查的进行和指数计算的细节在他们各自的论文中有明确记录。

2. 来自渤海春季和夏季拖网调查的数据（图 4-1b，c）

4 月下旬，鳀部分鱼群陆续从黄海洄游到渤海的产卵场。2009—2019 年春季（5 月）获得的生物量指数（kg/km²）可被认为是成鱼指数（作为 SSB 的替代），因为大多数个体的叉长超过了 50％性成熟叉长。夏季（8 月）采样的个体多为幼鱼，因此，夏季生物量指数可被视为 R 的替代指标。缺失年份数据由相邻年份均值插补。本书第三章详细描述了在渤海定位站点、渔具和拖网过程的调查程序。

3. 渤海 SSB 和 R 的春季和夏季生物量指数，由 Seasonal - VAST 模型进行标准化（图 4 - 1b，c）

与（2）中的原始数据不同，这些指数是基于春季、夏季和秋季（10 月）采集的调查数据，用 Seasonal - VAST 方法进行标准化（Thorson et al.，2020）。该标准化涉及一个季节性时空模型，该模型考虑了空间分布的年际和季节间的变化。该模型可以处理跨年度和跨季节的空间不平衡采样，预测缺失调查的生物量指数，以修复生物量指数时间序列的不连续性。本研究中 Seasonal - VAST 参数设置、模型检验和结果分析详细记录于 Han 等（2023）。

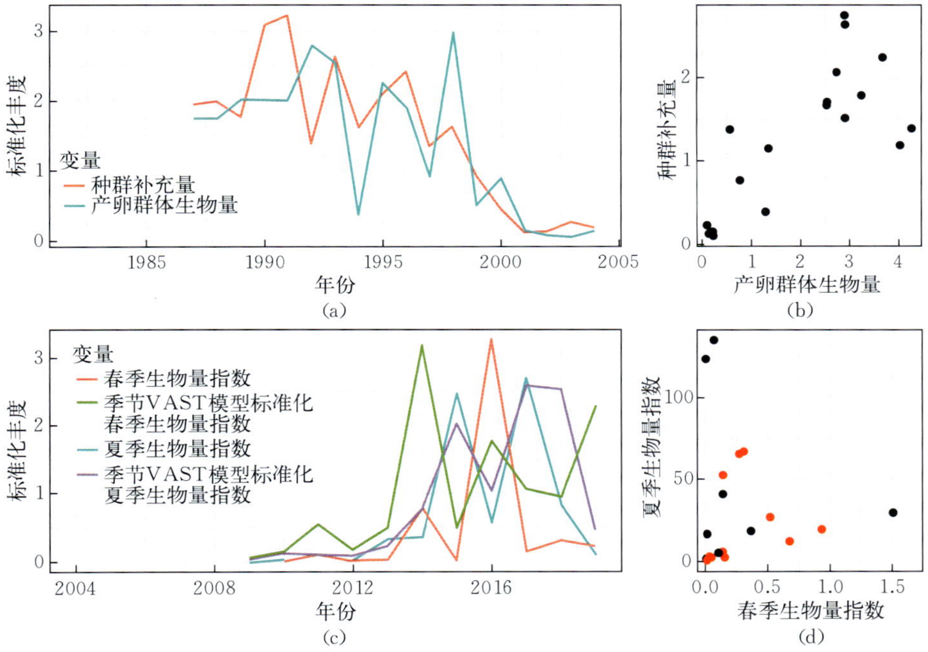

图 4 - 1　黄渤海鳀指数的归一化时间序列

［a 和 b 为从越冬场调查中获得的 SSB 和 R。c 和 d 为渤海调查得到的指数。红点代表季节性 VAST 标准化的数据］

本章选择了两种潜在的外部驱动因素：人为因素（捕捞压力）和气候变化（SST 和区域气候指数）。从《中国渔业统计年鉴》中获得了捕捞压力的指标数据，根据在研究区域内的沿海省份的渔船总功率和平均每艘渔船功率综合确定。这些数据考虑了每艘渔船性能的增加，是目前确定我国渔业压力较好的选择。

鳀产卵至育幼期间，黄渤海的海洋表面温度（SST）数据，从 Optimum Sea Surface Temperature（OISST）数据库（https：//www. ncei. noaa. gov/products/optimum - interpolation - sst）中获得。对于黄海越冬场调查中获得的补充数据，本章选择了整个黄渤海区域的温度（1982—2004 年）；而对于从渤海采集的数据，本章只使用了渤海的温度（2004—2019 年）。

这项研究中所选择的年度平均气候指数包括太平洋年代际震荡（PDO）、北极涛动指数（AOI）、Niño3.4指数和大西洋多年代际振荡（AMO）指数数据，这些数据下载自 https://psl.noaa.gov/data/climateindices/list/。这些指数是影响我国生态系统的主要气候因子（国家海洋信息中心，2022）。其中一些指数被证明与 YSLME 的一些鱼类种群动态和渔业产量变化有很强的相关性（刘笑笑等，2017；林群等，2016）。在本书的第二章发现这些指数对越冬场鳀的时空分布变化具有显著的影响。

二、鳀种群补充的经验动态模型

经验动态建模（empirical dynamic model，EDM）的逻辑是，生成数据的动力系统可以通过重构其潜在特性来建模（Takens，1981）。Deyle 等（2018，图 2）展示了 EDM-动态吸引子的基础：时间序列数据被重新想象为一个多维笛卡尔空间中的点（轨迹），然后描述了系统的演化。在此基础上，本章使用表4-1中总结的 EDM 方法来构建吸引子，并根据每个补充时间序列对鳀的补充动态进行分析。单纯形投影（simplex projection）假设类似的系统状态随着时间的推移会发生类似的变化，其是一个非常简单的吸引子动态的近似：

$$x(t^* + 1) = F(x(t^*)) \approx \sum_{i=1}^{E+1} x(t_i + 1) e^{\| x(t^*), x(t_i) \|} \tag{4-1}$$

式中，系统状态 $x(t)$ 是一个特定状态空间中数据的封装；嵌入维度 E 是坐标变量的个数；t 是时间；而 $\| x(t^*), x(t_i) \|$ 是两个时间点之间的欧几里得距离。

表4-1　本研究中使用的经验动态建模方法简要汇总

经验动态建模方法	功能
单纯形投影	用于表征系统的维度和确定性程度
S-映射	用于量化系统的非线性程度
单变量分析	首先对单个时间序列进行单纯形投影，确定最优维数 E，然后利用最优维数 E 实现 S-映射
收敛交叉映射	因果效应建模的非参数方法
多变量 EDM	对来自多个变量的综合信息进行预测

鳀补充的吸引子重建 $[x(t)]$ 是基于 SSB（或其替代指标）或基于 SSB 和环境变量（捕捞压力和/或气候指数）的组合。

$$R(t) = \{ SSB_{t-lags} \} \tag{4-2}$$

$$R(t) = \{ SSB_{t-lags}, Environment_{t-lags} \} \tag{4-3}$$

S-映射（S-mapping）是建模吸引子动态的另一种选择，它假设任何平滑函数都可以通过一个足够小的邻域上的局部线性函数来逼近。吸引子上的历史点根据它们与目标的距离给出指数衰减权值：

$$w(d) = e^{-\theta d / \bar{d}} \tag{4-4}$$

式中，$\bar{d}$ 是吸引子上点之间的平均距离，θ 是控制局部权值的参数（如果大于 0，表示非线性）。

单变量分析依次采用了单纯形投影和 S-映射（Deyle et al，2018），以探索和分析鳀的每个时间序列（SSB 或其替代指标，以及补充 R 或其替代指标）。首先，通过预测未来一步的吸引子流形来选择 E（使用留一交叉验证），即选择用于展开动态吸引子的滞后坐标数（Sugihara and May，1990）。然后，基于选定的 E，进行 S-映射（θ 在 0～5 之间变化）。采用观测值和预测值之间的 Pearson 相关系数（ρ）评价预测能力。由于无法推导得出 EDM 结果统计显著性的参数统计量，因此，使用每个 S-映射模型的 500 个备选时间序列（phase-randomized surrogate，阶段随机替代，Ebisuzaki，1997）生成的零分布来评估非线性的重要性。

采用收敛交叉映射（convergent cross-mapping，CCM）来分析鳀产卵群体生物量与种群补充量之间的因果关系（有和没有滞后），以及种群动态与环境驱动之间的因果关系。收敛交叉映射基于这样的结构：如果 Y（或 X）是 X（或 Y）的确定性驱动（Y→X 或 X→Y），那么 X（或 Y）的状态必须包含有助于恢复或"交叉映射"Y（或 X）状态的信息（Deyle et al.，2018）：

$$y(t+tp) = F(x(t)) \approx \sum_{i=1}^{E+1} y(t_i + tp) \qquad (4-5)$$

式中，tp 为预测时间（Ye et al.，2015a，b）。

使用多变量 EDM 分析（multivariate EDM analysis）预测 SSB（$tp=1$）未来 1 年的补充，这是在对 CCM 进行少量调整的情况下实现的（Deyle et al.，2018），即从＜SSB（t），SSB（$t-1$），…，SSB（$t-(E-1)$）＞中预测 Recruitment（$t+1$）。环境驱动也可以整合到预测中，即从＜Env（t），SSB（t），SSB（$t-1$），…，SSB（$t-(E-2)$）＞预测 Recruitment（$t+1$）。

所有 EDM 分析都是在 R 环境（R Core Team 2021）中使用 rEDM 包（Ye et al.，2016）进行的。此外，在上面的分析中，本研究将所有变量归一化为标准差为 0 的数据，因此，计算过程不受变量缩放单位的影响。

第二节　结　　果

一、产卵群体和补充群体生物量的时间序列特征

图 4-2 面板（a，d，g，j，m，p）显示了单纯形投影获得的不同维数 E 的预测能力（ρ）；面板（b，e，h，k，n，q）是通过 S-映射分析得到的非线性参数 θ 的 ρ；面板（c，f，i，l，o，r）显示了非线性 S-映射（$\theta>0$）相对于线性 S-映射（$\theta=0$）的提升 $\Delta\rho$；灰色区域显示了零分布的 5 百分位数和 95 百分位数。渤海时间序列太短，无法产生零分布。三个输入的补充数据序列（R 分别来自黄海越冬场调查、渤海夏季调查和渤海调查的 VAST 标准化）都表现出一定的可预测性和低维吸引子动态的迹象（图 4-2）。随着 θ 的增加，前两个时间序列预测能力（ρ）变化较小（即对于非标准化数据，存在较弱的非线性行为）；而对于第三个标准化序列，ρ 显著增加（表明存在确定性的非线性行为）。从黄海越冬期调查、渤海春季调查和渤海调查 VAST 标准化中提取的 3 个 SSB 序列显示很低的可预测性（单个时间序列），尤其是后两个 SSB 序列的预测能力（ρ）极低。来自黄海越冬场调查的序列较弱的可预测性可能是由产卵群体生物量年际变化较大及其外部随机强迫所致。渤海产卵群体序列（SSB 代理序列）信号明显缺失，除了受随机强迫的影响外，可能还与该时间序

列较短有关。

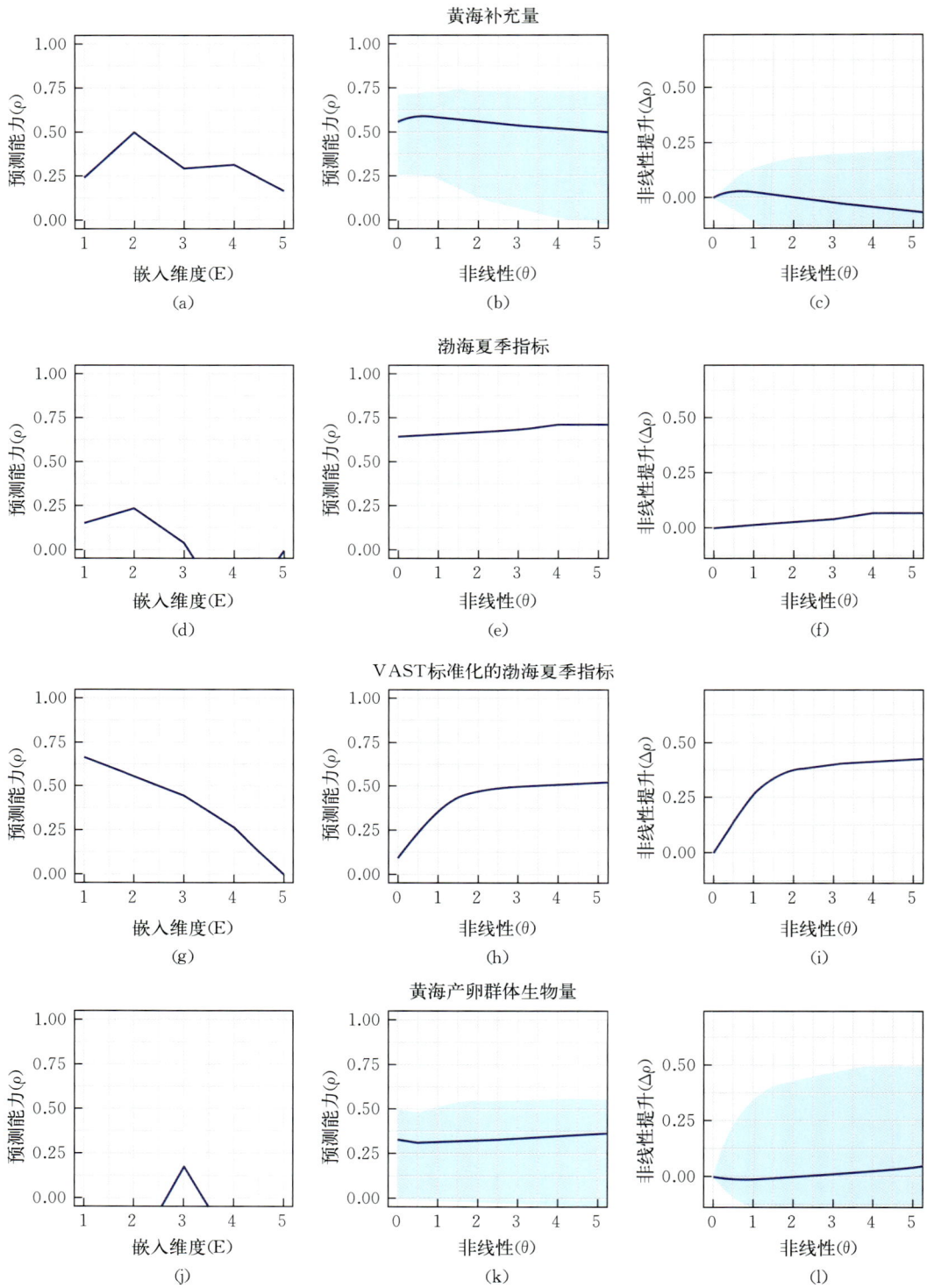

黄海补充量

(a)　(b)　(c)

渤海夏季指标

(d)　(e)　(f)

VAST标准化的渤海夏季指标

(g)　(h)　(i)

黄海产卵群体生物量

(j)　(k)　(l)

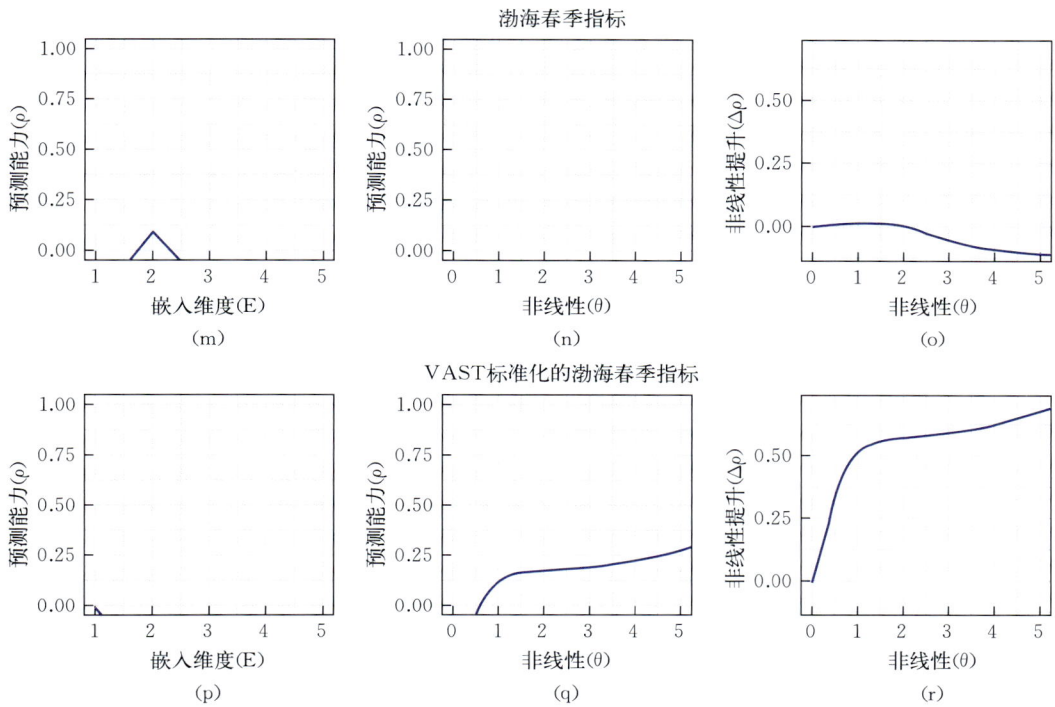

图 4-2　来自不同调查和处理的鳀序列单变量分析

二、基于 SSB-R 关系的补充量预测

基于黄海越冬场调查数据的收敛交叉映射（CCM）结果（图 4-3a）表明，产卵群体生物量（SSB）和补充量（R）之间存在很强的双向因果关系，即产卵群体对补充具有确定性的生物学效应，反之亦然。

基于局部数据（渤海春、夏调查数据）的 CCM 分析表明（图 4-3b），补充对产卵群体生物量的预测能力较弱（即 SSB 对 R 的影响较弱），但滞后时间为 0 时 SSB 没有交叉映射 R。然而，滞后的 CCM 分析表明产卵群体数据包含种群补充过去状态的信息（图 4-3e），说明在重要外部驱动因素的影响下，补充对产卵群体具有预期效应。此外，季节性 VAST 的标准化指数序列明显地改变了原始数据中因果关系（图 4-3c，f）。

本研究使用多元 EDM 分析预测了鳀未来一年（$t+1$）的补充情况。图 4-4 显示了单个或多个 SSB（滞后）自变量对未来一年补充的预测能力（预测能力 ρ 和平均绝对误差 MAE）。结果表明，仅基于产卵群体数据的鳀补充预测能力一般较低。来自黄海数据的种群补充 ［recruitment（$t+1$）］ 可预测性相对较高，当包含 2 个滞后项 ［＜SSB（t），SSB（$t-1$）＞］ 时预测效果最好。这意味着还有其他生态系统因素影响种群补充。与恒定的预测器 ［即预测 Recruitment（$t+1$）＝Recruitment（t）］ 相比，最佳预测具有较低的 MAE，即实现了有意义的生态预测（Deyle et al.，2018）。

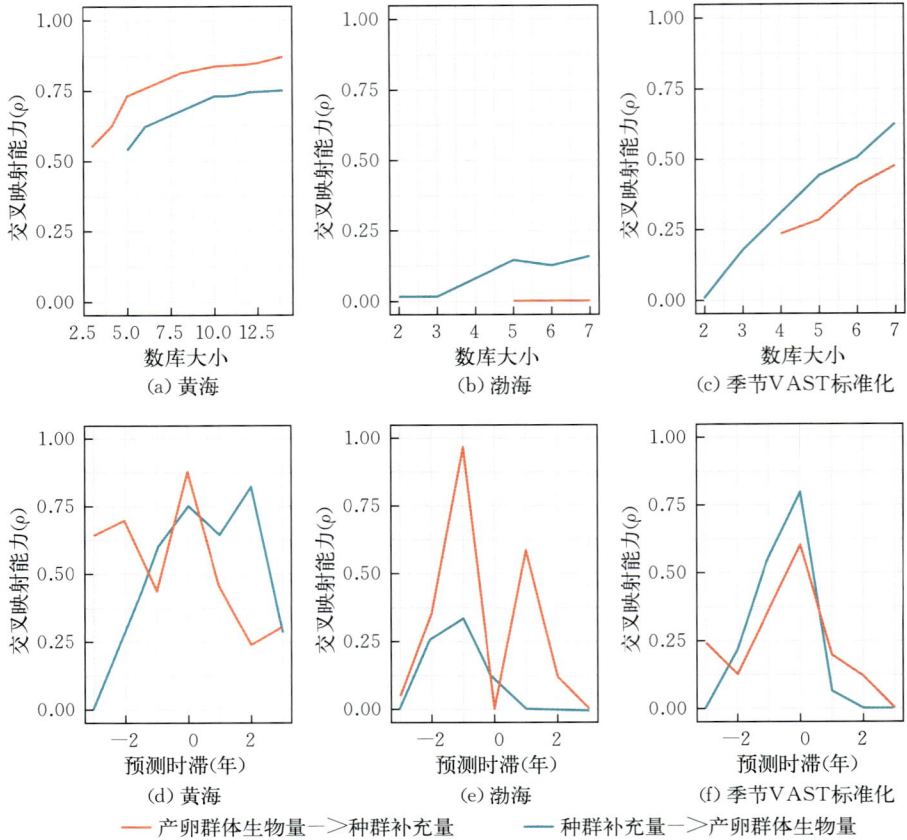

图4-3 基于收敛交叉映射（CCM）的亲体和补充之间的因果关系估计

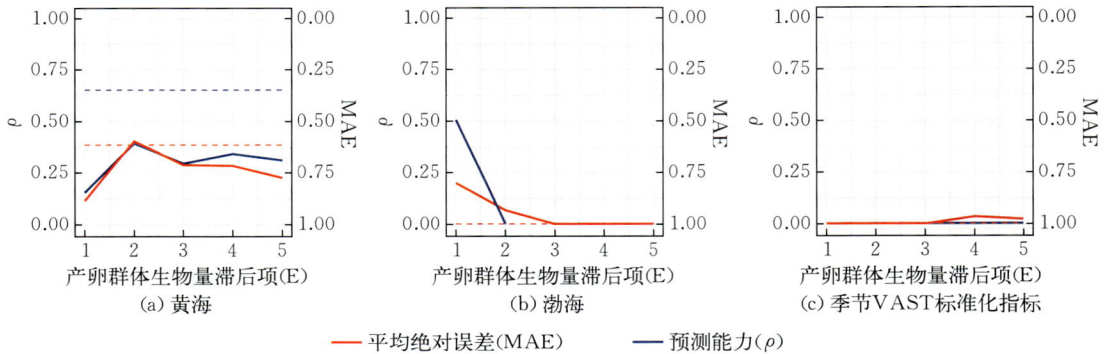

图4-4 仅基于产卵群体数据的补充量预测能力

[面板中的虚线表示恒定预测器，即预测 Recruitment（$t+1$）＝Recruitment（t）]

三、种群补充动态的外部驱动因素及其对补充量的预测

在潜在驱动因子中，捕捞压力对黄海鳀补充的影响最大，也对产卵群体生物量变化具有最强的

影响（图 4-5）。在渤海，捕捞压力、海表温度和太平洋年代际振荡（PDO）都对鳀补充动态产生了很大影响；而在成鱼生物量变化中更好的预测因子包括 PDO 和 SST，而不包括捕捞压力。

在黄海，将捕捞压力信息纳入鳀补充预测（$t+1$）后，预测能力相比仅基于产卵群体信息的预测（图 4-4）有了明显的改善（图 4-6）。这表明黄海 SSB 时间序列本身并不包含足够的捕捞压力效应信息，意味着捕捞压力对黄海鳀补充具有很强的直接随机效应。

对于渤海，由于纳入环境因素没有获得更好的预测结果，因此补充预测没有实质性的改善。这表明春季时间序列包含了关于环境影响的充分信息，环境因素可能在更大程度上是通过对产卵群体的影响来影响补充动态的。此外，这也有可能与渤海数据序列较短有关。

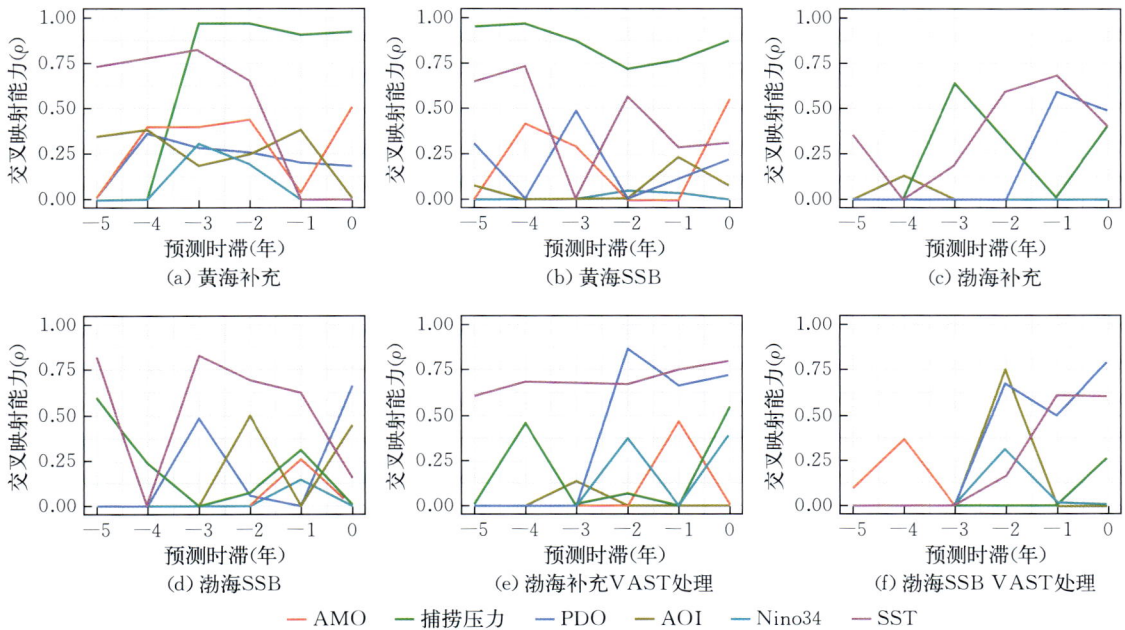

图 4-5　外部驱动在可变时滞情景下的收敛交叉映射（CCM）结果

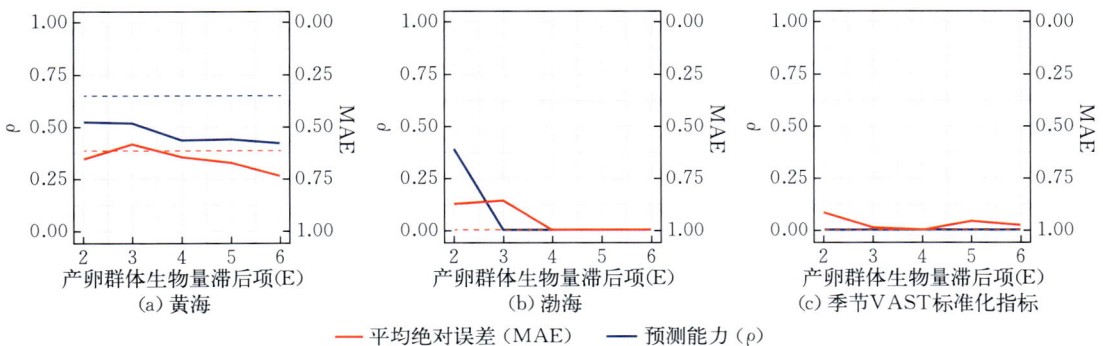

图 4-6　基于产卵群体数据和外部驱动因素的鳀补充量预测能力类似于图 4-4，但包括关键的环境驱动因素

第三节　讨　　论

将 EDM（Deyle et al.，2018）应用于黄渤海鳀种群补充动态研究，结果表明，尽管补充在一定程度上是可预测的，但预测结果存在很大误差。该生态系统中鳀种群补充量不仅与产卵群体生物量（SSB）有因果关系，还受到生态系统中其他因素的驱动，如捕捞压力和受气候变化影响的环境因素。根据黄海越冬场调查数据，可以用多个 SSB 滞后和捕捞压力来预测鳀短期（$t+1$）的补充动态。在局部海域（渤海）中，对未来补充的可预测性极低，可能与时间序列持续时间较短和涉及洄游因素有关。

Zhao 等（2003）和 Wang 等（2006）基于黄海冬季数据，均采用传统方法拟合了鳀产卵群体生物量与种群补充量的关系，但结果显示，在某些年份出现了难以解释的补充变化。与本研究结果一致的是，两项研究均表明鳀的补充受到 SSB 的影响。此外，本研究还发现了鳀种群补充与 SSB 之间存在双向因果关系。传统方法更适合于 SSB 变化稳定且动态多为线性的种群（Sguotti et al.，2020），而这显然不适合黄渤海鳀（图 4-1）。这也是之前对黄渤海鳀种群补充动态研究（如，Zhao et al.，2003 和 Wang et al.，2006）无法解释某些年份补充波动的原因之一。基于吸引子重构并考虑状态依赖动力学，EDM 更适用于具有非线性轨迹和反馈的 SSB 和 R 的复杂动态（Sugihara et al.，2012；Ye et al.，2015a；Sguotti et al.，2020）。此外，Zhao 等（2003）和 Wang 等（2006）的研究没有考虑外部驱动因素的影响，而外部驱动因素已被证明可以改善模型预测（Sguotti et al.，2020）并对鳀的时空分布变化产生影响（本书第二章）。中上层小型鱼类的浮游摄食生态，通常使它们的补充更容易受到环境影响（Albo-Puigserver et al.，2021）。

Zhao 等（2003）曾推测黄渤海鳀种群补充中的一些无法解释的波动可能是由气候变化引起的。然而，本研究发现，在生态系统因素中，捕捞压力对鳀种群补充的影响比气候变化更加显著（图 4-5）。除了影响产卵群体生物量外，本研究还发现了捕捞压力直接作用于补充的证据（图 4-6）。这似乎进一步拓展了捕捞压力通过影响产卵群体生物量（补充型捕捞过度）来影响种群补充的概念。捕捞压力对补充的直接影响可能是通过改变鳀种群的大小结构或捕捞幼鱼（生长型捕捞过度，卞晓东等，2022）。Tu 等（2018）的研究表明，捕捞对已开采的种群大小结构的影响最为显著。产卵时长、卵的质量和数量往往与亲体体型大小呈正相关（Hsieh et al.，2010；Hixon et al.，2014；Berkeley et al.，1978；Hutchings et al.，1993；Sogard et al.，2008）。在捕捞压力下，黄渤海中鳀的种群结构发生了显著变化，产卵群体的大小组成趋于小型化，即 1 龄鱼所占比例增加，生殖群体平均年龄下降（李显森等，2006）。在黄渤海关于鳀的多项研究也表明，自 2000 年以来补充型过度捕捞导致的鳀产卵群体生物量降低（Zhao et al，2003）、小型化、低龄化和性成熟提前（Tang et al.，2007）及其产卵群体效应（鱼卵卵径明显变小、成活率降低；Wan et al，2012）等都损害了鳀种群补充（卞晓东等，2018）。此外，捕捞极大地改变了黄渤海的鱼类群落结构和物种组成（金显仕等，2005，2014）。Zhang 等（2007）的研究表明，物种组成的变化，以及猎物种类（所消耗的食物类型）的变化，是造成黄渤海生态系统营养级波动的主要原因。群落结构和物种组成变化可能产生了营养级联效应，进而通过增加鳀早期生活史阶段的捕食死亡压力影响鳀种群补充。综上，过度捕捞是黄渤海鳀种群数量下降的主要原因（图 4-1，图 4-5），应严格控制捕捞量和渔具网目尺寸，以促进种群的重建。

  本研究的结果还表明，除了捕捞压力的强烈影响外，海温、PDO等气候因子也会影响鳀种群补充的变化。Deyle等（2018）提出了一个合理的假设，即环境驱动因素对局部海域补充变化的影响大于对种群整体补充变化的影响。本研究的结果与这一假设一致，气候因子对整个黄渤海影响的滞后和幅度与局部（渤海）存在较大的差异（图4-5）。这一特征在一定程度上可以通过早期生活史阶段热生理学适应来解释（卞晓东等，2022）。鱼类早期生活史特征具有生态系统特异性，即使是同一鱼类因所处海域不同，产卵适温和环境影响因子也会不同。此外，已有研究证明，海温对黄渤海生态系统鱼类种群动态的影响，与翌年的小黄鱼捕捞量变化呈显著的正相关（刘笑笑等，2017），是鳀时空变化的重要预测因子（本书第二章）。本研究发现，海温对鳀整体补充的影响较大，时间滞后为2~3年（图4-5a），对局部补充（渤海）的影响较大，时间滞后为1~2年（图4-5c）。这种时滞效应似乎很难用鳀的生活史来解释。Hwang等（2010）指出，鳀生活史早期阶段的生长速度取决于生态系统特性（特别是水温），幼鱼成功越冬的临界大小也取决于猎物的可获得性。本研究观察到的这种时滞效应也可能是营养不匹配的结果，这可能是由于鳀的繁殖和桡足类猎物在一年中对温度的响应时间不同，进而影响了鳀种群补充。这种物候解耦（分离现象）在补充中的作用已在关键饵料鱼 *Ammodytes marinus* 中得到证实（Régnier et al.，2019）。气候指数效应更为复杂，PDO主导了中国东部年代际尺度降水的分布格局（Yang et al.，2017）；AMO对全球气候，特别是副热带高压和东亚季风具有重要影响（Li et al.，2020）。其中，东亚季风与黄渤海鱼类产量波动的相关性得到了验证（刘笑笑等，2017）。卞晓东等（2022）发现，PDO指数"暖位相"期莱州湾鳀早期资源生态密度（EDN-ELH）较高，黄河月入海径流量（受PDO等多重因素影响，进而影响水温、盐度和陆源生物营养盐类）与鳀 EDN-ELH 呈负相关。此外，鳀卵分布还与海流等海洋物理条件密切相关（万瑞景等，2008；卞晓东等，2022），鱼卵仔、稚鱼集散程度取决于水系锋带是否显著（盐度水平梯度大小），集群（适宜环境在锋带区范围较小）随锋区而移动（万瑞景等，2014；卞晓东等，2018）。海流的运输过程也加重了海洋污染（重金属等）对渔业资源补充过程的损害（崔毅等，2003；曹亮，2010；金显仕，2020）。在环境变化影响下，敌害生物如水母暴发日趋严重，成为导致渤海鳀种群衰退的主要因素之一［鳀补充群体（鱼卵仔鱼）被其大量捕食（Jin et al.，2013）］。综上，本研究总结和绘制了黄渤海鳀种群补充机制（图4-7）。

  与其他涉及时间序列的数据驱动模型类似，EDM方法对输入时间序列的长度有一定的最低要求，序列越长，越能捕捉系统的动态（Ye et al.，2015a；Deyle et al.，2018）。然而，在本研究中，渤海海域的时间序列明显过短，同时产卵洄游起讫时间存在一定问题等，这可能是渤海海域补充可预测性很低的重要原因（图4-6）。由于各种不可抗力因素的影响，渔业资源调查很难保持连续的长时间序列。因此，在EDM方法和其他渔业资源评估模型的应用中，重建（重新配置）和扩展时间序列具有重要意义，例如，Sguotti等（2020）对一些大西洋鳕种群数据进行了标准化模型的整合工作。Thorson等（2020）开发了一种季节性时空模型——VAST，可以有效地扩展时间序列。本研究探讨了用该方法标准化后的指标是否能够保持原有的因果关系。结果（图4-3和图4-5）显示，使用该指数得到的结果与使用原始指数得到的结果有很大的差异，这极大地改变了对原始因果关系的认知。因此，重构的指数不再适用于探索补充的驱动因素，研究人员在应用模型处理过的数据时要谨慎（Brooks et al.，2015）。

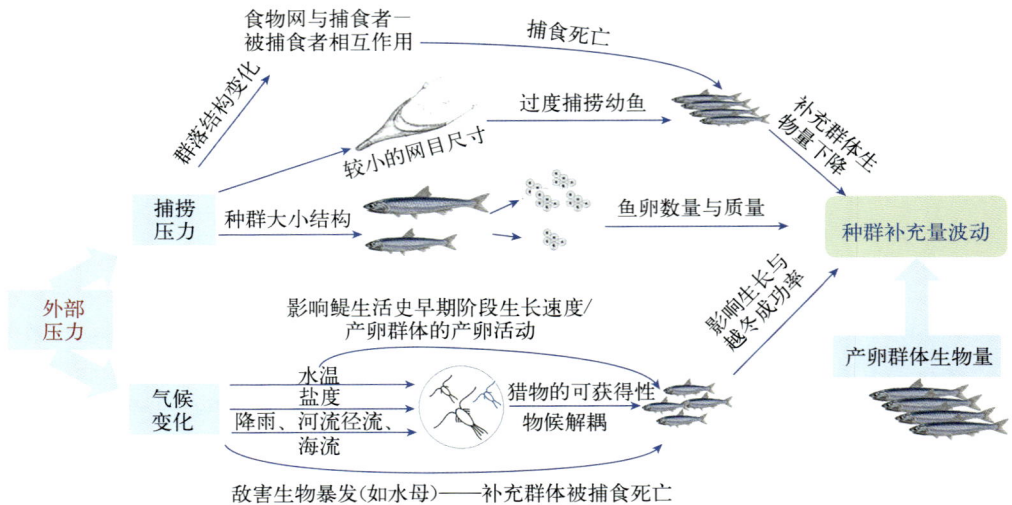

图 4-7　黄渤海鳀种群补充的潜在机制

　　综上所述，本研究利用 EDM 阐明了鳀产卵群体生物与种群补充量之间的双向生物学效应。此外，研究还表明，其他人为和环境生态系统因素也影响着种群的补充。捕捞压力是导致黄渤海鳀种群补充不足的主要外部驱动因素，而气候相关因素对鳀种群补充的局部效应明显，尤其是在渤海。这对鳀种群的管理和重建具有重要意义。当前气候条件下，EDM 表明，减少捕捞压力将有效促进种群补充量和生物量的增加。

第五章 基于剩余产量模型的黄渤海小黄鱼、鳀资源状况分析

海洋渔业资源的科学管理越来越受到重视（Marris，2010；Branch et al.，2011）。研究海洋渔业群体（Stock，即管理单位）对捕捞及其他压力源的动态响应是这项工作的一个重要方面。最大持续产量（MSY）和与其对应的生物量（B_{MSY}），是评估海洋鱼类资源状况的参考点（Worm et al.，2006；Hilborn and Stokes，2010），常被用于制定许多管理目标和捕捞限额阈值（Punt and Smith，2001）。

剩余产量模型（surplus production models，SPMs）是估计这些参考点的重要工具（Worm et al.，2009；Hutchings et al.，2010；Branch et al.，2011）。SPMs需要商业渔获量和生物量指数数据，如来自渔业的CPUE或来自科学调查的指数（Polacheck et al.，1993）。SPMs将生物量的变化近似为上一年生物量、生物量的剩余产量以及渔获量的函数。相比仅基于渔获量的方法，SPMs对种群状况评估更为客观（Branch et al.，2011）。相比复杂的评估模型，SPMs只需少量的参数和较易获取的数据，但不足的是，其忽略了种群的大小/年龄结构，不能考虑渔具选择性的动态变化（Wang et al.，2014）或补充和死亡的滞后效应（Punt and Szuwalski，2012；Aalto et al.，2015）。尽管SPMs存在这些不足（Punt and Szuwalski，2012；Wang et al.，2014），但它仍然是数据有限和数据中等的渔业资源评估的常用工具（Punt et al.，2015；Dichmont et al.，2016），对大多数国家的资源管理和生物保护具有重要意义。此外，正如本书第一章所述，SPMs在发展中取得了相当大的进步，这些进步减少了SPMs估计的不确定性。

管理策略的有效性取决于评估的质量，然而，关于全球渔业当前和未来状况的争论仍在继续（Beddington et al.，2007；Hilborn，2007）。这在很大程度上是由于资源评估结果的准确性受到质疑，而准确评估的关键决定因素之一是数据的可用性和质量。例如，CPUE数据的质量，往往影响资源评估结果的准确性（Parker et al.，2018）。

渔获量变化往往不能代表生物量的变化（Branch et al.，2011；Hilborn，2011）。由于渔民倾向于在鱼群密度高的海域捕鱼，一些鱼类种群所占据的区域面积往往随着种群生物量的消耗而减少，这导致在鱼类核心分布区长期保持着高渔获率（Walters and Maguire，1996；Harley et al.，2001）。在渔业生产中，船舶功率对CPUE标准化的重要性早已得到认可（Marchal et al.，2001）。船舶功率的增加往往伴随着船舶性能的提高，包括安装先进的仪器、提高巡航能力和航行速度、改进渔具设计等。这些改进最终导致了捕捞效率（可捕性）的提高，即在相同种群丰度的情况下，CPUE呈现增长。然而，在构建捕捞努力量的名义指标时，这些方面往往被忽略（Palomares and Pauly，2019）。因此，由渔获量和名义捕捞努力量导出的CPUE在跟踪生物量变化方面的性能，以及SPM估计的准

确性，需要持续研究。相比之下，每年的科学调查往往在同一月份进行，并覆盖种群的大部分生境，科学调查生物量指数（调查 CPUE）有可能是种群生物量变化的良好指标（Blanchard et al.，2008）。然而，如本书第一章所述，科学调查成本高昂，容易受到船舶故障和其他棘手因素的影响，很难获得持续的长时间序列，因此，当渔业 CPUE 的成本远低于捕捞作业的附带成本时，推广使用科学调查数据存在一定的难度。然而，调查 CPUE 仍可作为参考，以供分析检验渔业 CPUE 在代表种群生物量变化的性能。Han 等（2022）和 Zhai 等（2020）都尝试调整努力量数据，希望获得更准确的捕捞死亡数据或 CPUE。但他们没有进一步的分析改进后的渔业 CPUE 的可靠性。本研究通过比较基于调查 CPUE 的 SPM 估计值与基于渔业 CPUE（包括调整后的渔业 CPUE）的 SPM 估计值，探讨了这个问题的各个方面。

总可捕量（TAC）是建立在资源评估基础上的一种重要的渔业管理形式。总可捕量作为产出控制已被应用于全球许多渔业管理（OECD，2020），2017 年，我国农业部发布《农业部关于进一步加强国内渔船管控 实施海洋渔业资源总量管理的通知》，明确了控制目标，并规定了以全国海洋总可捕量的形式限制渔船和捕捞量的实施时间表。获得更准确的 CPUE（即获得更好的生物量指标）有助于提高 TAC 设置的合理性，从而促进 TAC 在我国的实施和并提升其有效性。

在多重压力的背景下，本章重新配置了黄渤海的小黄鱼和鳀种群渔业 CPUE，以获得更好的生物量指标，以进行准确的种群评估。这有助于分析鱼类种群在多重压力影响下的资源效应和进行科学的渔业管理。选择这两个种群具有重要的意义：①作为世界上最大的渔业国家，我国占全球渔业总产量的 15% 左右，超过了排名后两位国家的产量总和（FAO，2020）。1950—2000 年，我国渔业产量有一个数量级的增长（Srinivasan et al.，2012），但定量的种群评估却进展缓慢，其主要原因是缺乏丰富的数据。因此，SPMs 是评估我国鱼类种群状况的一个可行选择。但从《中国渔业统计年鉴》中获得的名义 CPUE（通过渔获量除以总渔船功率计算）作为生物量指数的合理性受到质疑。原因是，总渔船功率没有考虑捕捞技术的发展（捕捞效率）和单次出海作业时长的增长，有时难以很好地反映捕捞死亡压力（Han et al.，2021）。能否在渔业名义 CPUE 中考虑这些捕捞技术的进步，以获得更接近于代表生物量趋势的新渔业 CPUE 指标？本章以小黄鱼和鳀这两种渔业资源为例来讨论这个问题。②分布在我国北方沿海四省一市（占中国沿海 1/3 以上）近海的渔业资源，是我国海洋野生渔业生产的关键组成部分。小黄鱼和鳀是黄渤海渔业中比较有代表性的鱼种（刘效舜等，1990；金显仕等，2005，2015），其渔获量的变化模式与总产量的变化模式近似（Srinivasan et al.，2012）。

第一节　材料与方法

一、数据来源

图 5-1 描述了研究海域的小黄鱼和鳀的洄游路线和栖息地信息。在黄海中部和南部越冬（1—3 月）之前，小黄鱼和鳀主要分布渤海和黄海近海的栖息地进行产卵（5 月）、育幼、摄食（6—12 月）阶段的活动。主要渔场大多在中国近海水域（刘效舜等，1990；金显仕等，2005）。

小黄鱼 1985—2021 年调查生物量指数（即调查 CPUE），来自在黄海中南部越冬场（图 5-1）进行的冬季渔业资源底拖网调查。1985—2019 年期间调查船为"北斗号"，2020—2021 年为"蓝海

101 号"。整个调查期间采用相同的渔具和调查规范，具体信息见本书第二章。研究区域的空间范围涵盖了黄渤海小黄鱼的越冬区域：①北部区域（36°00′～37°37.5′N，123°15′～124°15′E）；②中北部区域（33°45′～36°00′N，123°15′～124°45′E）；③南部区域（32°00′～33°45′N，124°00′～125°15′E）（详见本书第二章；刘效舜等，1990）。因此，本次调查可以很好地反映该种群的生物量趋势，为多重压力下的种群评估和渔业管理提供重要数据支持。

鳀科学调查生物量指数来自 YSFRI 在 1989—2021 年冬季对黄海中、南部鳀越冬地进行的声学/拖网调查（图 5-1b）。调查船情况如上段所述。调查生物量指数由声学生物量指数和拖网生物量指数两部分组成。声学生物量指数序列为 1989—2005 年，可在 Zhao 等（2003）、金显仕等（2001）和 Hamre 等（2005）文献资料中获得，误差数据来自内部报告。声学数据获取自"北斗号"调查船上经过校准的 SIMRAD EK500/38 kHz 分波束回声仪（Zhao，2001）。对从传感器以下 5 m 到底部以上 0.5 m 的水柱信号进行了回波积分。在每 5 n mile 的基本距离采样单元中，记录了连续 10 m 层以及整个水柱的平均声学密度值。计算声学生物量指数的详细方法见 Zhu 和 Iversen（1990）以及 Zhao（2001，2006）等文献。拖网生物量指数序列的时间为 2001—2021 年。整个调查过程中使用了相同的渔具和调查方案。网口的高度稍高，可以捕捉到与底部关系较小的物种，如小型中上层鱼类。在每个站点拖网后，立即记录鳀和其他捕获物种的丰度、生物量和生物信息。通过拖网获得的数据在第二章中进行了模型标准化处理，生成拖网生物量指数（单位：kg/km²）。研究区域涵盖了 1 月鳀越冬地的空间范围（图 5-1b）。因此，目前的科学调查数据可以很好地跟踪鳀种群生物量。

综上，科学调查数据可被视为一个对照（控制），即这些基于科学调查数据的剩余产量模型评估结果，可被视为测试每个渔业 CPUE（名义渔业 CPUE 和重建的渔业 CPUE）性能的对照。最终，基于这些估计结果，分析了多重压力背景下黄渤海小黄鱼和鳀资源状况的长期变化。

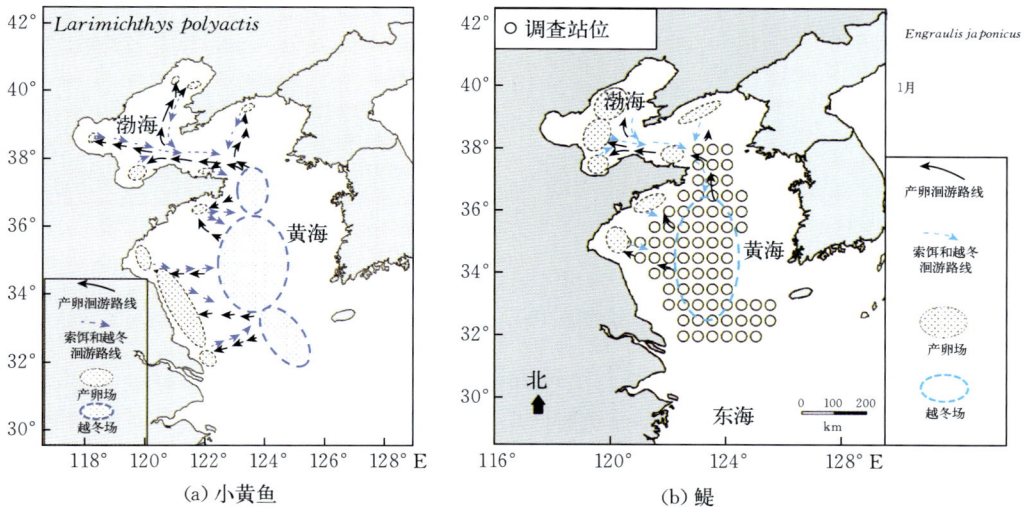

图 5-1 小黄鱼（a）和鳀（b）在黄渤海中的洄游和越冬场分布

[参考自本书第二章和刘效舜等（1990）]

1985—2021 年渔获量（小黄鱼渔获量时间序列为 1985—2020 年，图 5-2a；鳀渔获量序列为 1989—2021 年，图 5-2b）和渔船功率数据均来自《中国渔业统计年鉴》，覆盖江苏、山东、辽宁、河北四省以及天津市的商业渔船的总发动机功率数据。这些数据是目前唯一可获得的长时间序列努力量数据，经常被用来代表捕捞死亡压力，或计算用于研究目的的渔业名义 CPUE（刘笑笑等，2017；林群等，2016；刘效舜等，1990；Han et al.，2022）。渔业名义 CPUE 是通过渔获量（图 5-2a 或图 5-2b）除以渔船总功率（图 5-2c）来估计的：

$$FN_{cpue_y} = \frac{Catch_y}{Power_y} \tag{5-1}$$

式中，$Catch_y$ 是第 y 年黄渤海小黄鱼或鳀渔获量；$Power_y$ 是第 y 年渔船总功率。尽管这些努力量数据有时不能代表捕捞死亡，但没有其他准确的努力量数据可被提供。这些数据不能反映渔船和捕捞技术的改进和捕捞时长的变化，这是对使用《中国渔业统计年鉴》中的名义 CPUE 作为生物量代表存在质疑的关键原因。

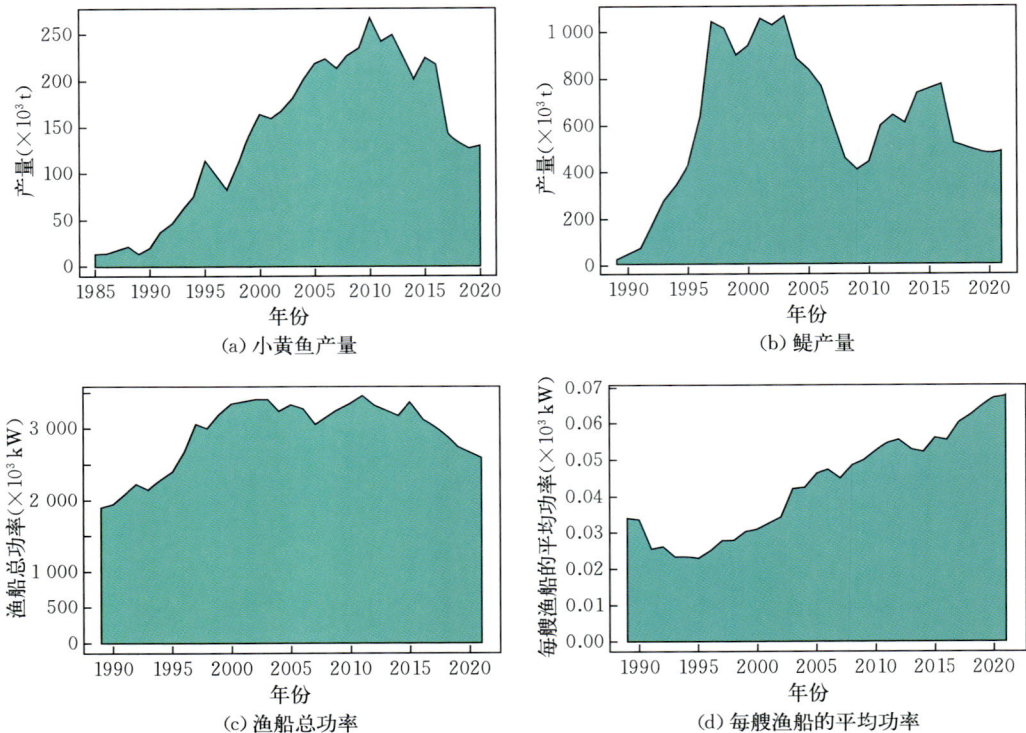

图 5-2 黄渤海小黄鱼产量（a）、鳀产量（b）、渔船总功率（c）和每艘渔船的平均功率（d）

渔船功率在 20 世纪 80 年代和 90 年代迅速增长，在 21 世纪头 15 年达到高峰（图 5-2c）。自 1995 年以来，平均每艘渔船的规模也迅速增加，并持续增加到 2021 年（图 5-2d）。自 20 世纪 70 年代以来，中国渔船规模迅速发展，这不仅体现在船只数量和功率上，还包括渔具、捕鱼仪器、船舶性能和导航仪器等方面的巨大改进（唐启升和叶懋中，1990）。

调整名义 CPUE 时，需要考虑到这些捕鱼技术的进步，以获得新的渔业 CPUE，来更好地代表生物量的变化。本章对渔业 CPUE 提出了两种调整方法（图 5-3）：

（1）考虑到技术发展与单个渔船功率增加之间的密切联系（唐启升和叶懋中，1990），通过将渔业名义 CPUE 值乘以每船平均功率倒数来调整 CPUE（考虑平均每艘渔船功率的渔业 CPUE，FA_{cpue_y}）：

$$FA_{cpue_y} = FN_{cpue_y} \times \frac{vessel\ number_y}{Power_y} \qquad (5-2)$$

式中，$vessel\ number_y$ 为渔船数量；$\frac{Power_y}{vessel\ number_y}$ 为每船平均功率（图 5-2d）。在某种程度上，每艘船的平均功率反映了大型渔船所占比例的年度变化趋势，这仅靠渔船总功率是无法得知的。大型渔船往往具有更先进的捕捞技术和更长作业时间，在努力量数据中考虑每船平均功率得到的渔业 CPUE，理论上比名义 CPUE 更能准确地反映种群生物量的变化。

（2）2% 的努力量蠕变应用于渔业 CPUE 校正（Palomares and Pauly，2019）。由于名义 CPUE 不是来自标准化调查，而是从商业渔业中获得的，随着时间的推移，捕捞效率会提高，分析人员可以根据捕捞效率的平均增长百分比应用努力量蠕变来修正（Froese et al.，2019）：

$$FEC_{cpue_y} = FN_{cpue_y} \times (1-p)^{y-y_1} \qquad (5-3)$$

式中，FEC_{cpue_y} 是努力量蠕变修正后的渔业 CPUE；FN_{cpue_y} 是渔业名义 CPUE；y_1 是时间序列的第 1 年；p 是捕捞效率的平均增加百分比。Palomares 和 Pauly（2019）研究了渔船捕捞能力的增长变化，对于无法获得捕捞效率平均增长百分比的渔业，建议 p 等于 2%。因此，设定 p 等于 2%。

MacKinson 等（1997）认为，群居习性和捕鱼技术进步都导致了许多小型中上层鱼类的可捕性增加。本书第二章表明，没有证据显示鳀和小黄鱼在种群数量下降期间聚集到其首选栖息地。即使存在这种情况，也会产生与捕鱼技术改进类似的效果，即导致可捕性增加。这并不影响本研究的目标：通过重建（重新配置）渔业统计数据 CPUE，获得更接近真实的种群生物量指数变化。

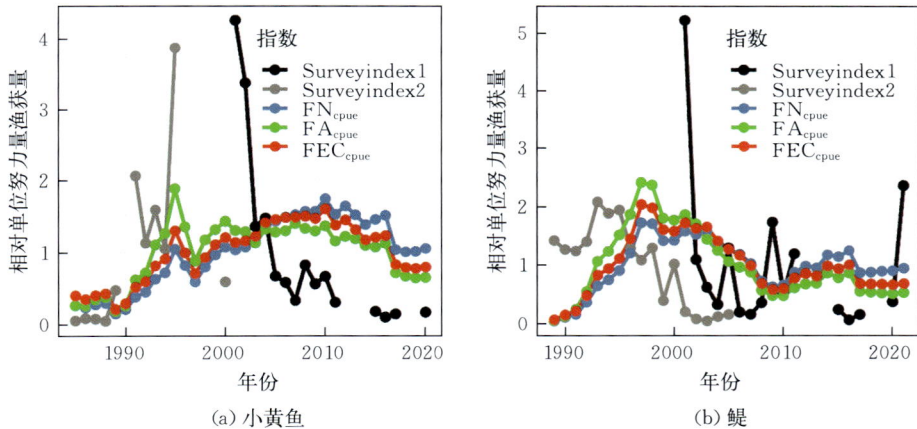

(a) 小黄鱼　　　　　　　　　(b) 鳀

图 5-3　科学调查生物量指数和 3 种形式的渔业 CPUE 趋势比较

二、剩余产量模型

JABBA 是一个灵活的、用户友好型的贝叶斯状态空间剩余产量模型开源工具，已被应用于许多海洋种群评估，如南大西洋箭鱼的评估（Winker et al.，2018）和大西洋蓝旗鱼评估（Mourato et al，2018）。

JABBA 的剩余产量函数（SP）表示如下：

$$SP_t = \frac{r}{m-1} B_t \left(1 - \left(\frac{B_t}{K}\right)^{m-1}\right) \qquad (5-4)$$

式中，r 是种群内禀增长率；B_t 是 t 年的种群生物量；K 是环境容纳量；形状参数 $m=2$ 时，SPM 的函数类型为 Schaefer 模型；m 趋向于 1，则是 Fox 模型，m 为其他任意值时，则 SPM 是 Pella-Tomlinson模型。

最大可持续产量对应的生物量 B_{MSY} 以及对应的捕捞死亡率 F_{MSY} 和捕捞死亡率 F 分别为：

$$B_{MSY} = Km\frac{-1}{m-1} \qquad\qquad (5-5)$$

$$F_{MSY} = \frac{r}{m-1}\left(1-\frac{1}{m}\right) \qquad\qquad (5-6)$$

$$F = \frac{C}{B} \qquad\qquad (5-7)$$

式中，C 是每年的产量。

JABBA 建立在贝叶斯状态空间估计框架上，可容纳多个生物量指数序列 i（Winker et al.，2018）。过程方程表示为：

$$P_y = \begin{cases} \varphi e^{\eta_y} & \text{for } y=1 \\ \left[P_{y-1}+\dfrac{r}{(m-1)}P_{y-1}(1-P_{y-1}^{m-1})-\dfrac{\sum_f C_{f,y-1}}{K}\right]e^{\eta_y} & \text{for } y=2,3,\cdots,n \end{cases} \qquad (5-8)$$

式中，$P_y = B_y/K$；φ 是初始生物量消耗率；$\varepsilon_{y,i}$ 是观测误差，其分布为 $\varepsilon_{y,i} \sim N(0, \sigma_{\varepsilon,y,i}^2)$；$\sigma_{\varepsilon,y,i}^2$ 是观测方差。

基于调查生物量指数的贝叶斯状态空间剩余产量模型评估与基于渔业 CPUE 及其修正指数的评估之间的比较是通过 JABBA 模型工具实现的（Winker et al.，2018）。根据现有的生物量指数数据，本文为小黄鱼的评估设置了以下 4 种情景。

（1）情景♯1 "调查生物量指数"：使用 JABBA 中的时间块选项，将 1985—2021 年的调查生物量指数系列分为两部分，即 2000 年之前（Surveyindex2，图 5-3a）和之后（Surveyindex1，图 5-3a）。这是因为 2000 年以前的系列来自黄海水产研究所的内部报告，其采样空间比较均衡，覆盖了整个研究区域；而 2000 年以后的系列则使用本书第二章中模型标准化处理的生物量指数，以处理采样空间不平衡的问题（Thorson et al.，2015；Thorson，2019）。在该情景中，使用 Schaefer、Fox 和 Pella-Tomlinson 3 种函数类型的剩余产量模型来拟合数据，并根据偏差信息准则（deviance information criterion，DIC）来选择最佳模型。

（2）情景♯2 "名义渔业 CPUE（FN_{cpue}）"：输入的生物量指数数据为本章前文中提到的最常见的渔业名义 CPUE。为便于比较，模型公式是在情景♯1 中选择的最佳函数类型。

（3）情景♯3 "考虑每船平均功率的渔业 CPUE（FA_{cpue}）"：输入的生物量指数数据为本章前文中描述的考虑每船平均功率的重建渔业 CPUE，即 FA_{cpue_y}。同样，公式是情景♯1 中选择的最佳类型的剩余产量模型。

（4）情景♯4 "考虑到努力量蠕变（按 2%/a 修正）的渔业 CPUE（FEC_{cpue}）"：使用的数据是根据本章前文提到的 Palomares 和 Pauly（2019）的方法修正的渔业 CPUE，即 FEC_{cpue_y}，同样，模型类型是情景♯1 中选择的最佳剩余产量模型。

根据 Fishbase 中小黄鱼的种群增长信息，假定内禀增长率 r 遵循对数正态先验（标准差 $sd=$

0.37，Froese et al.，2016）。根据 Froese 等（2016）对环境承载力 K 的计算规则获得先验范围的上下限，并将其转化为对数正态分布形式的输入（Winker et al.，2018），其中假设均值为 2 837 000 t，变异系数 $CV=1.247$。

一些研究记录了 20 世纪 80 年代小黄鱼资源的定性状况（刘效舜等，1990；李忠炉，2011；金显仕等，2005）。根据 Froese 等（2019）和 Froese（2019），定性的种群生物量信息可以转化为生物量与环境承载力的比率 B/K 的先验范围。在本研究中，初始生物量消耗先验（$\varphi=B_{1985}/K$）以对数正态分布形式输入，假设 1985 年的均值为 0.275，$CV=0.285$。

过程误差先验遵循 JABBA 的默认选项，即 $\sigma_\eta^2 \sim 1/\mathrm{Gamma}$（4，0.01）（Meyer and Millar，1999；Millar and Meyer，2000）。观测估计方差先验通过假设逆伽马分布 $\sigma_{est,i}^2 \sim 1/\mathrm{Gamma}$（0.001，0.001）来实现（Winker et al.，2018）。对于带有外部可估计误差 $\sigma_{SE,y,i}^2$ 的调查 CPUE 情景♯1，添加了额外的固定输入方差 $\sigma_{fix}^2=0.01^2$；对于没有外部可估计误差的渔业 CPUE 情景，添加了额外的固定输入方差 $\sigma_{fix}^2=0.1^2$。总的观测误差为这 3 种观测误差之和。所有可捕获性参数 q_i 均为无信息的均匀先验 $q_i \sim 1/\mathrm{Gamma}$（0.001，0.001）。

JABBA 在 R 语言环境中（R Development Core Team，https://www.r-project.org/）由 R 包 JABBA 执行（https://github.com/jabbamodel/JABBA）。本研究使用了两条 MCMC 链，并在 JAGS 中指定每个模型运行 3 万次迭代，每个链的老化周期为 5 000 次，细化率为 5 次。模型收敛的基本诊断包括使用 MCMC 轨迹图对 MCMC 链进行可视化，以及 Heidelberger 和 Welch（1983）、Geweke（1992）、Gelman 和 Rubin（1992）诊断，这些在 coda 包中实现。回顾性分析作为额外的模型性能诊断，用以评估参数估计的可靠性（Mohn，1999；Deroba，2014；Hurtado-Ferro et al.，2014），即依次删除最近 7 年的数据重新拟合模型。此外，本研究还执行 JABBA 中的模型预测，制定了 2022—2035 年的预测。模拟了 40 000～60 000 t 的未来渔获量序列，以探索未来的总可捕量管理方案。

根据现有的指数数据，本章为鳀的评估设置了以下 7 种情景。

（1）情景♯1 "调查生物量指数"：由于两个生物量指数可捕性不同，本研究使用 JABBA 中的时间块选项，将 1989—2005 年的声学生物量指数序列（Surveyindex2，图 5-3b）和 2001—2021 年的拖网生物量指数（Surveyindex1，图 5-3b）作为模型输入数据。在该情景中，使用 3 种函数类型的 SPM（Schaefer、Fox 和 Pella-Tomlinson）来拟合数据，并根据偏差信息准则（DIC）选择最佳模型。

（2）情景♯2 "起始自 1989 年的名义渔业 CPUE（FN_{cpue}）"：模型生物量指数输入数据为本章前文中提到的最常见的渔业名义 CPUE 形式。由于鳀产量的现有记录始自 1989 年，因此在本情景中渔业 CPUE 起始时间为 1989 年。为便于比较，模型公式是在情景♯1 中选择的最佳函数类型。

（3）情景♯3 "起始于 1989 年考虑到每船平均功率的渔业 CPUE（FA_{cpue}）"：模型生物量指数输入数据为本章第一节中描述的考虑每船平均功率的增长，重建的 CPUE 数据，即 FA_{cpue_y}。同样，公式是情景♯1 中选择的最佳类型的剩余产量模型。

（4）情景♯4 "起始于 1989 年考虑努力量蠕变（按 2%/a 修正）的渔业 CPUE（FEC_{cpue}）"：使用 1989 年开始的数据，根据本章前文提到的 Palomares 和 Pauly（2019）的方法修正了渔业 CPUE，即 FEC_{cpue_y}，模型类型是情景♯1 中选择的最佳剩余产量模型。

（5）情景♯5 "起始于 1993 年的名义渔业 CPUE（FN_{cpue}）"：考虑到鳀捕捞技术发展和渔业的推广，并结合图 5-2b 中趋势的比较，选择 1993 年作为该序列开始的年份，而不是记录开始的 1989

年。其他设置与情景♯2相同。

（6）情景♯6"起始于 1993 年考虑每船平均功率的渔业 CPUE（FA_{cpue}）"：除了时间序列从 1993 年开始外，该情景与情景♯3 相同。

（7）情景♯7"起始于 1993 年考虑努力量蠕变（按 2%/a 修正）的渔业 CPUE（FEC_{cpue}）"：除了时间序列从 1993 年开始外，该情景与情景♯4 相同。

在所有情景中，基于 Fishbase 中鳀的种群增长信息，假设 r 遵循对数正态先验（Froese et al.，2016）。根据 Froese 等（2016）的计算规则得到 K 的先验范围，并以对数正态形式输入（Winker et al.，2018），假设均值为 3 889.185 t，$CV=0.37$。

根据 Froese 等（2020）和 Froese（2019）的方法，将定性的种群生物量信息转换为 B/K 的先验范围。鉴于鳀渔业开始于 20 世纪 80 年代末至 90 年代初（金显仕等，2005），因此将 1989 或 1993 年的初始生物量消耗（$\varphi=B_{1989}/K$ 或 $\varphi=B_{1993}/K$）设定为平均值为 0.875，$CV=0.1$ 的对数正态分布。从 1980 年代末到 1993 年，鳀的产量处于很低的水平（图 5-2b），本研究认为这代表了鳀渔业发展中的技术推广阶段。因此，本研究为 1989 年和 1993 年设定了相同的初始损耗先验。其他参数设置与小黄鱼的相同。

第二节　结　　果

一、基于科学调查数据的小黄鱼资源状况

根据 Geweke（1992）、Heidelberger 和 Welch（1992）诊断，以及对 MCMC 链平稳性的评估（图 5-4）可知，小黄鱼所有情景都能够充分收敛。

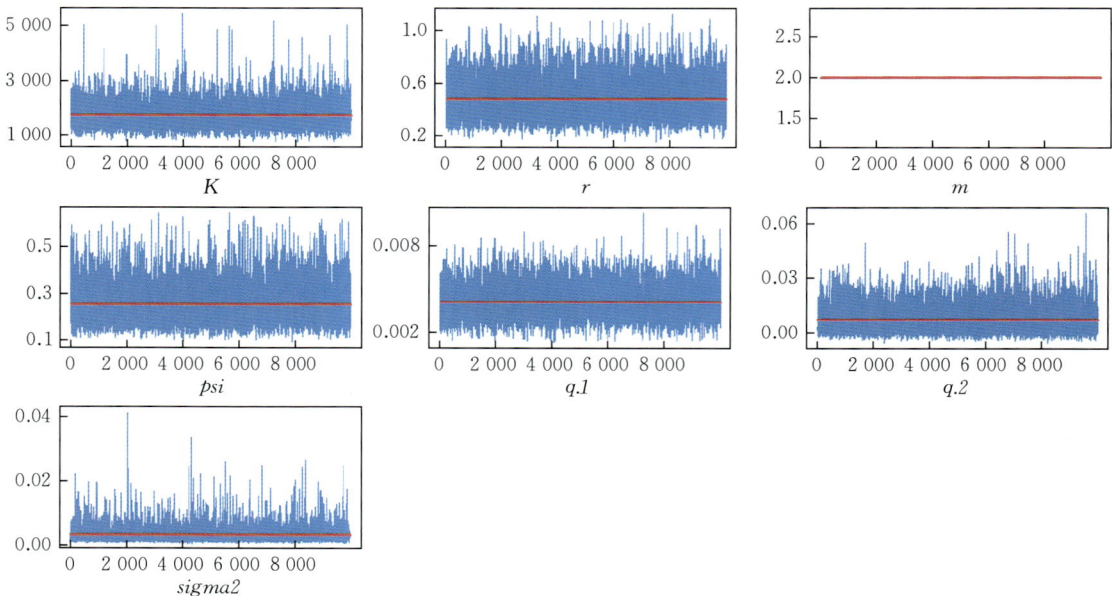

（a）科学调查指数

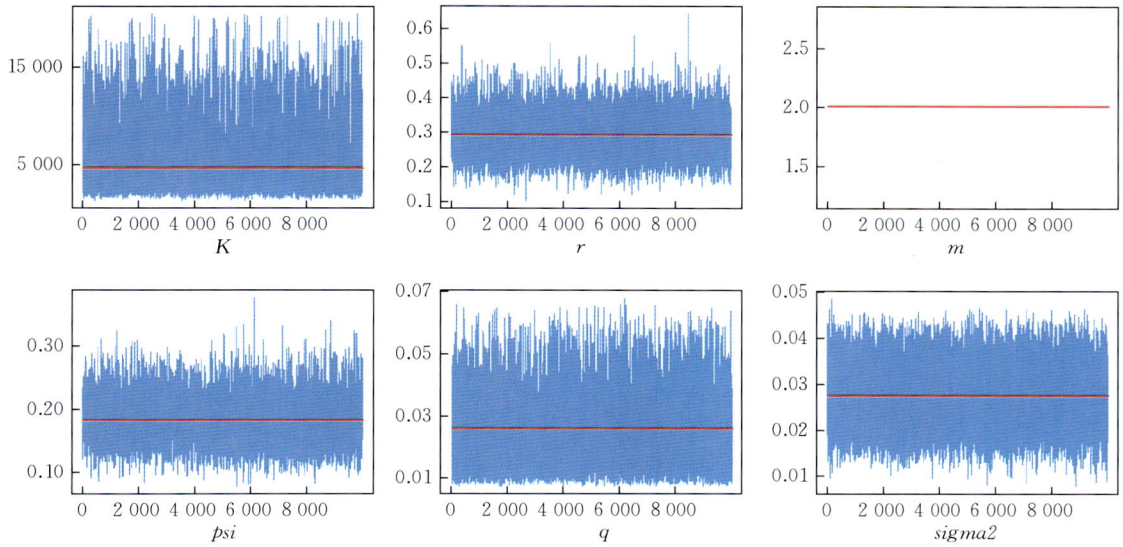

(b) 名义渔业CPUE

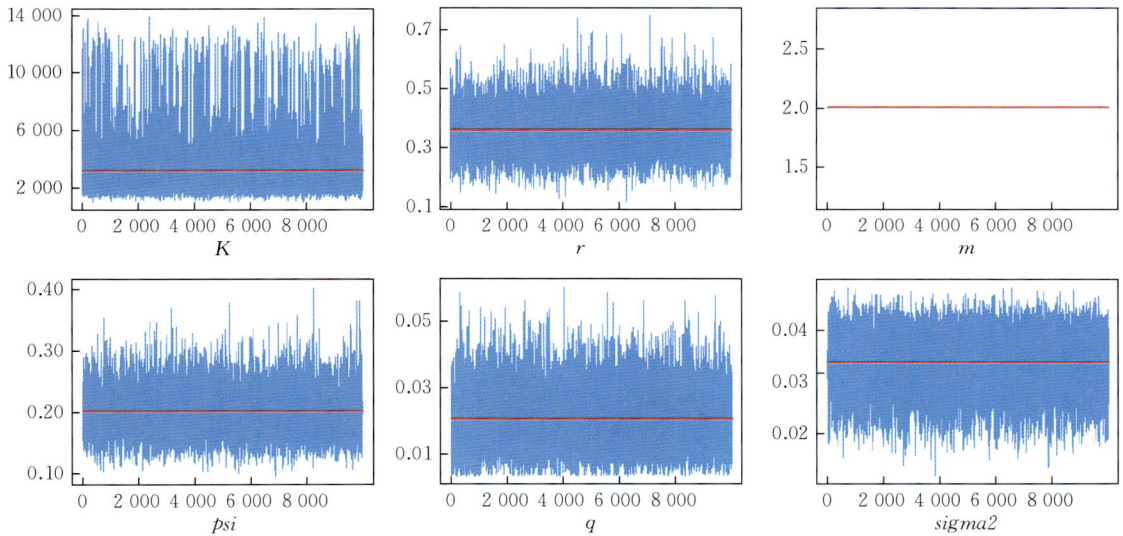

(c) 考虑每艘船平均功率的渔业CPUE

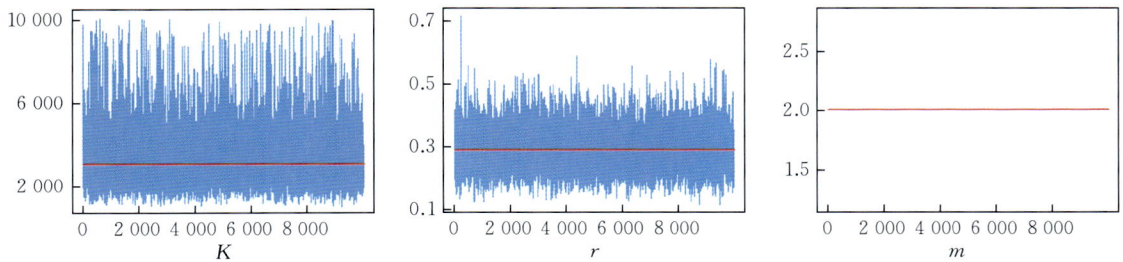

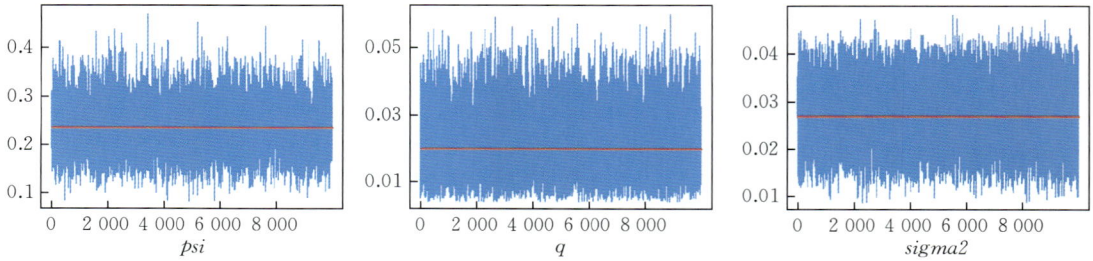

(d) 考虑努力量蠕变的渔业CPUE

图 5-4 小黄鱼 JABBA 的蒙特卡洛马尔可夫链（MCMC）采样轨迹

　　表 5-1 汇总了情景♯1 的各种剩余产量模型的资源状况估计。基于 DIC 选择的最优模型为 Schaefer 模型，其 JABBA 输出图显示了关键模型参数的后验和先验分布，没有证据表明存在严重的先验错误（图 5-5）。相对生物量预测趋势（图 5-6a）的回顾性分析显示，在最近评估期 2013—2019 年内，中度回顾性模式（图 5-6b）的平均 Mohn's $\rho = -0.093$。

表 5-1　基于小黄鱼科学调查指数的 JABBA 参数估计值和 95% 贝叶斯置信区间

参数	情景♯1		
	Schaefer 模型	Fox 模型	Pella - Tomlinson 模型
K（$\times 10^3$ t）	1 681.130 (1 051.770~ 2 728.830)	1 427.610 (848.139~ 2 653.635 4)	1 462.597 (922.137~ 2 442.711)
r	0.457 (0.260~0.801)	0.393 (0.214~0.705)	0.399 (0.222~0.694)
$\varphi = B_{1985}/K$	0.245 (0.138~0.444)	0.260 (0.154~0.456)	0.193 (0.112~0.340)
F_{MSY}	0.228 (0.130~0.401)	0.393 (0.214~0.704)	0.336 (0.187~0.585)
B_{MSY}（$\times 10^3$ t）	840.565 (525.885~1 364.415)	525.451 (312.169~976.706)	585.012 (368.838~977.040)
MSY（$\times 10^3$ t）	191.819 (154.944~242.633)	199.201 (164.954~384.799)	196.053 (162.963~255.061)
B_{2020}/B_0	0.324 (0.115~0.732)	0.270 (0.100~0.829)	0.291 (0.123~0.717)
B_{2020}/B_{MSY}	0.649 (0.230~1.464)	0.734 (0.271~2.253)	0.728 (0.308~1.792)
F_{2020}/F_{MSY}	1.063 (0.376~3.165)	0.904 (0.148~2.569)	0.923 (0.285~2.310)
ΔDIC	0	2.2	4

　　小黄鱼目前的生物量（B_{2020}）比 B_{MSY} 低 35.1%，而目前的渔业死亡系数（F_{2020}）比 F_{MSY} 高 6.3%。2020 年的资源状况置信区间（50%，80% 和 95% CI）跨越了红色、黄色和绿色区域（图 5-7a）。图 5-7a 中不同的灰色阴影区域表示最终评估年份的 50%、80% 和 95% 可信区间。红色象限表示种群处于过度捕捞状态；黄色象限表示种群处于恢复状态；橙色象限表示种群处于正被过度

捕捞状态；绿色象限表示种群处于健康/可持续状态。红色区域的累积概率表明，当前该种群的健康状况处于充分开发/过度捕捞（fully‐exploited/overfished）状态的概率为 54.4%。然而，剩余产量（SP）明显大于近期的渔获量（图 5‐7b），即如果渔获量保持在当前水平，生物量预计会增加。这也有助于解释各种未来渔获量情景下的预测，所显示的快速恢复（图 5‐7），预测在当前 129 069 t 的渔获量水平下，到 2027 年生物量水平接近 B_{MSY}（图 5‐8）。然而，将未来渔获量大幅增加到 150 000 t 时，预计在 10 年预测期内也能达到 B_{MSY} 的生物量水平，但由于目前种群状况的不确定性，风险会高得多。因此，总可捕量（TAC）不应超过 150 000 t。

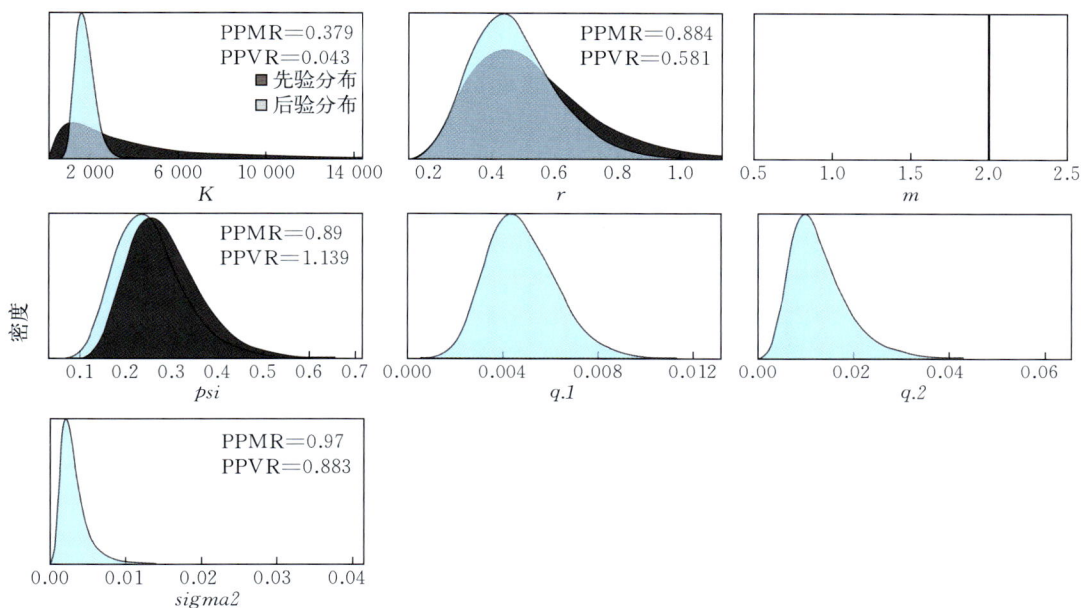

图 5‐5 基于调查的 CPUE 的小黄鱼 JABBA（Schaefer 情景）模型关键参数的先验和后验分布

（PPMR：后验与先验平均值比率，PPVR：后验与先验方差比率）

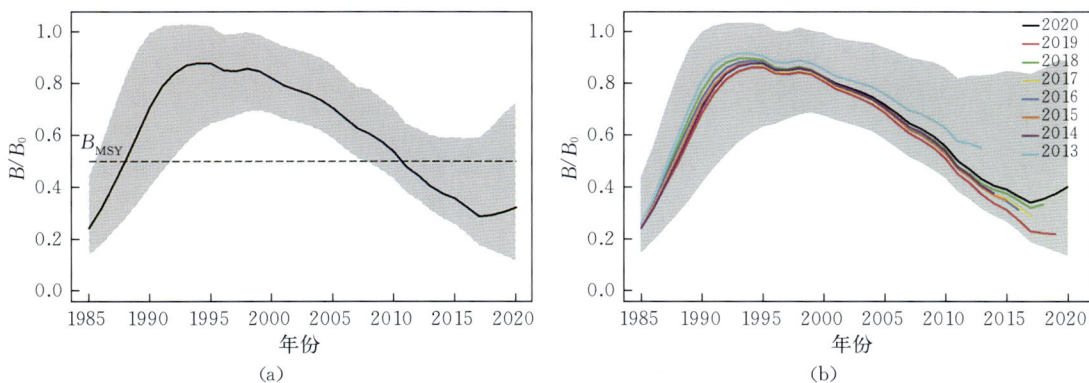

图 5‐6 (a) 基于调查 CPUE 的小黄鱼 JABBA 模型的估计生物量轨迹和 (b) 回顾性分析

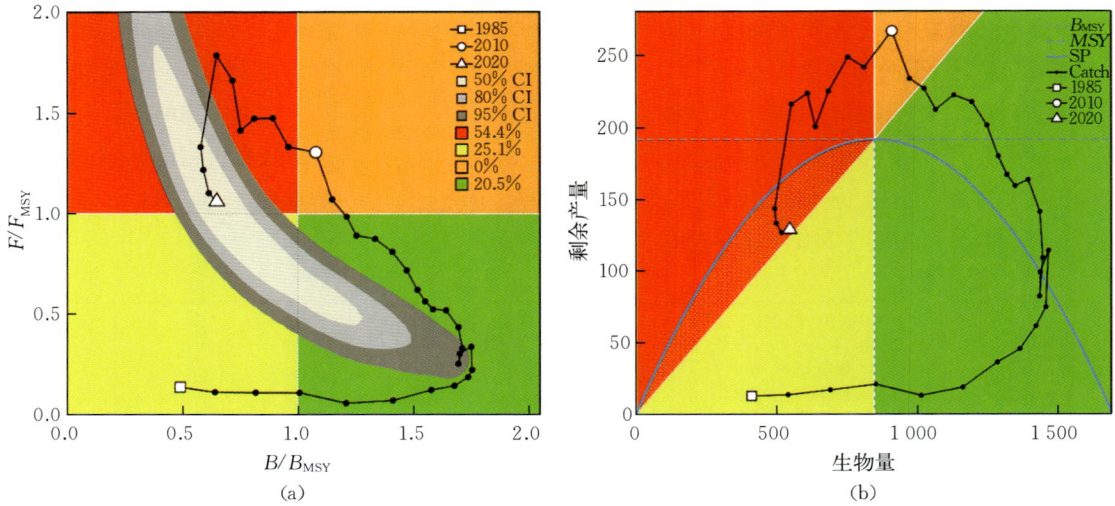

图 5-7 基于调查 CPUE 的小黄鱼 JABBA 的 Kobe 相图（a）和剩余产量 SP 相图（b）

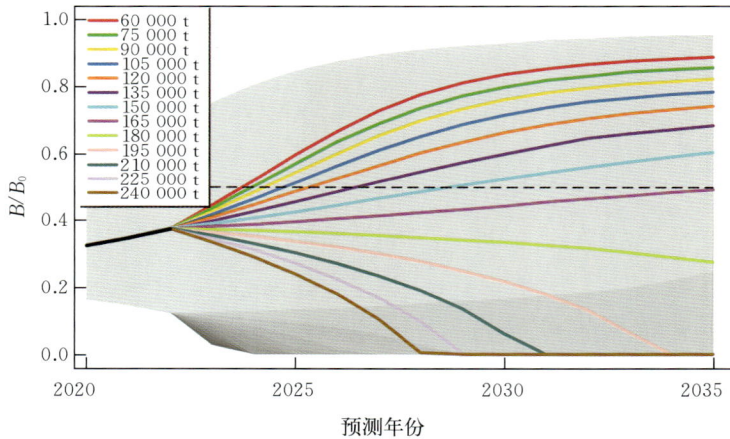

图 5-8 基于调查 CPUE 的小黄鱼 JABBA（Schaefer 情景）预测

二、基于渔业统计数据的小黄鱼资源状况

情景♯2、情景♯3 和情景♯4 的估计 MSY、当前生物量水平 B_{2020}/B_{MSY} 均高于情景♯1 的结果，见表 5-2。估计的当前渔业死亡 F_{2020}/F_{MSY} 均低于情景♯1 的结果。

表 5-2 基于小黄鱼渔业 CPUE 的 JABBA 情景参数估计值和 95% 贝叶斯置信区间

参数	渔业 CPUE 情景		
	FN_{cpue}	FA_{cpue}	FEC_{cpue}
K（×10³ t）	3 411.844（1 817.160～14 138.050）	2 525.740（1 443.147～9 845.335）	2 798.909（1 604.137～6 666.297）
r	0.287（0.184～0.423）	0.354（0.217～0.527）	0.283（0.177～0.428）

参数	渔业 CPUE 情景		
	FN_{cpue}	FA_{cpue}	FEC_{cpue}
$\varphi = B_{1985}/K$	0.179（0.117～0.260）	0.197（0.135～0.282）	0.233（0.143～0.343）
F_{MSY}	0.144（0.092～0.212）	0.177（0.108～0.264）	0.141（0.088～0.214）
B_{MSY}（$\times 10^3$ t）	1 705.922（908.580～7 069.025）	1 262.870（721.574～4 922.668）	1 399.455（802.069～3 333.149）
MSY（$\times 10^3$ t）	247.565（136.584～960.310）	224.339（129.688～719.087）	195.158（116.910～467.000）
B_{2020}/B_0	0.660（0.403～0.874）	0.440（0.305～0.584）	0.479（0.249～0.666）
B_{2020}/B_{MSY}	1.321（0.806～1.749）	0.880（0.610～1.168）	0.959（0.499～1.332）
F_{2020}/F_{MSY}	0.396（0.092～0.907）	0.658（0.182～1.358）	0.702（0.244～1.565）

注：FN_{cpue} 是渔业名义 CPUE；FA_{cpue} 是考虑每船平均功率的渔业 CPUE；FEC_{cpue} 是考虑努力量蠕变的渔业 CPUE。

情景♯2、♯3 和♯4 显示，2020 年资源状况分别为健康状态（90.2％的概率，图 5-9a）、恢复状态（63.5％的概率，图 5-9c）和健康/恢复状态（38.2％和 40.9％的概率，图 5-9e）。SP 相位图（图 5-9b、d、f）表明，通过保持目前的产量水平，生物量预计会增加。预测模块表明，即使情景♯2、♯3 和♯4 中的未来渔获量分别达到 24 万 t、19.5 万 t 和 18 万 t，生物量水平在 2035 年前仍将高于 B_{MSY}（图 5-10）。与情景♯1 相同，情景♯2、♯3 和♯4 中的回顾性分析也显示了最近评估期 2013—2019 年的中度回顾性模式（图 5-11），平均 Mohn's ρ 分别为 −0.036、0.074 和 0.055。综上，基于渔业统计 CPUE 的 JABBA 对资源状况和渔业参考点的估计比基于调查 CPUE 的 JABBA 更为乐观。与使用名义渔业 CPUE 的 JABBA（情景♯2）相比，使用调整后的渔业 CPUE 的 JABBA（即情景♯3 和♯4）的结果更接近调查 CPUE 的 JABBA 结果（情景♯1），这表明渔业 CPUE 的改进（即两个重建的渔业 CPUE）明显有效。在没有调查 CPUE 的情况下，本研究建议使用改进的渔业 CPUE（即考虑每船平均功率的渔业 CPUE——FA_{cpue_y}，或考虑努力量蠕变的渔业 CPUE——FEC_{cpue_y}），以更准确地估计资源状况和渔业参考点。

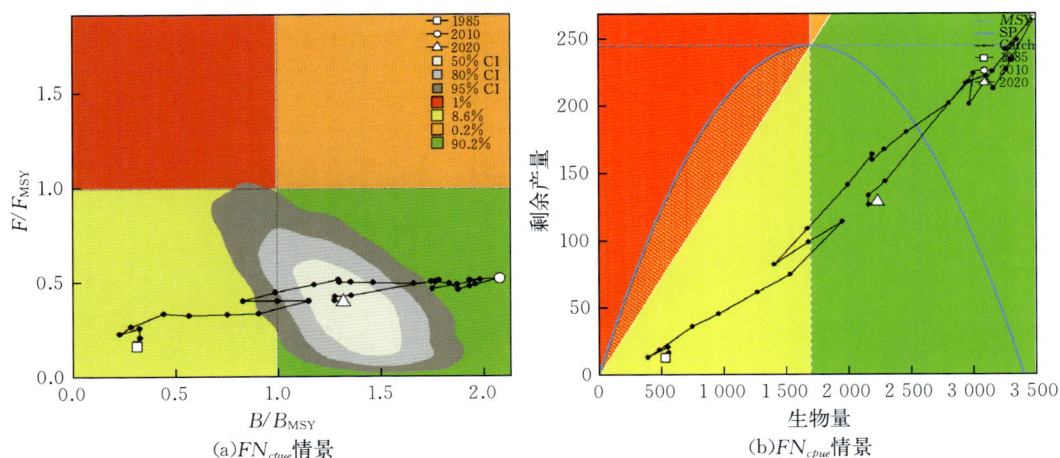

(a)FN_{cpue}情景

(b)FN_{cpue}情景

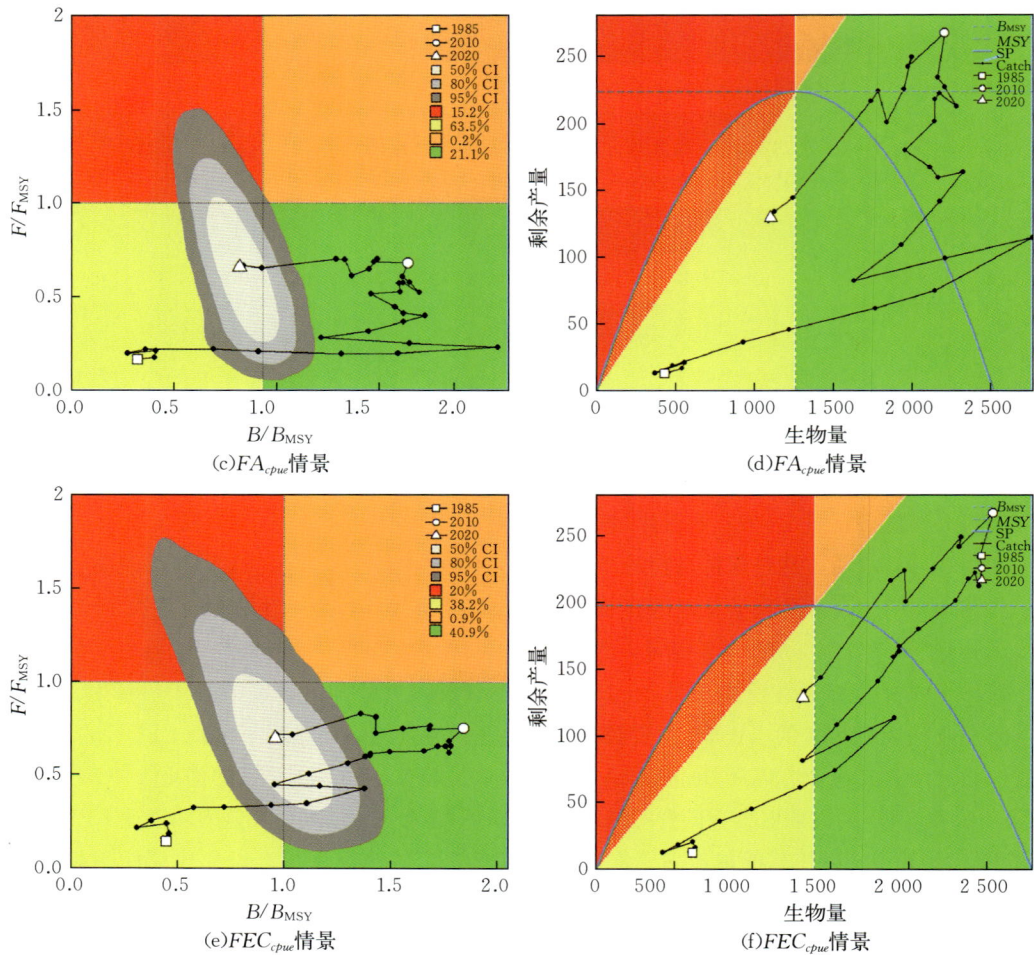

图 5-9 基于渔业统计数据的小黄鱼 JABBA 的 Kobe 相图和剩余产量相图

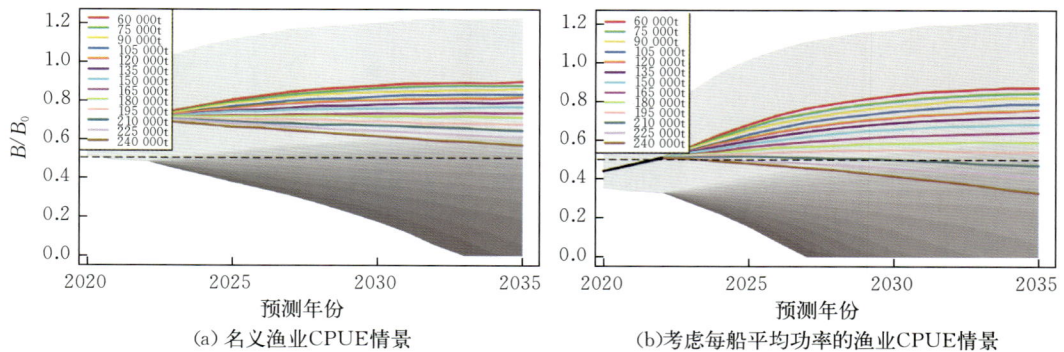

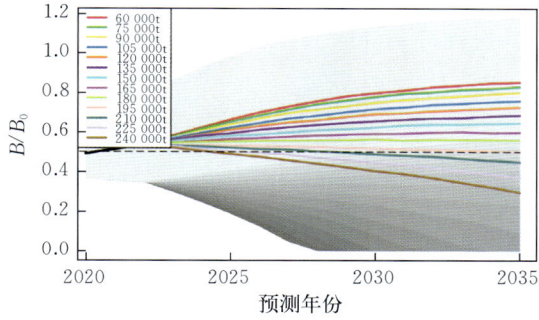

(c)考虑努力量蠕变的渔业CPUE情景

图 5-10 基于渔业统计数据的小黄鱼 JABBA 的预测

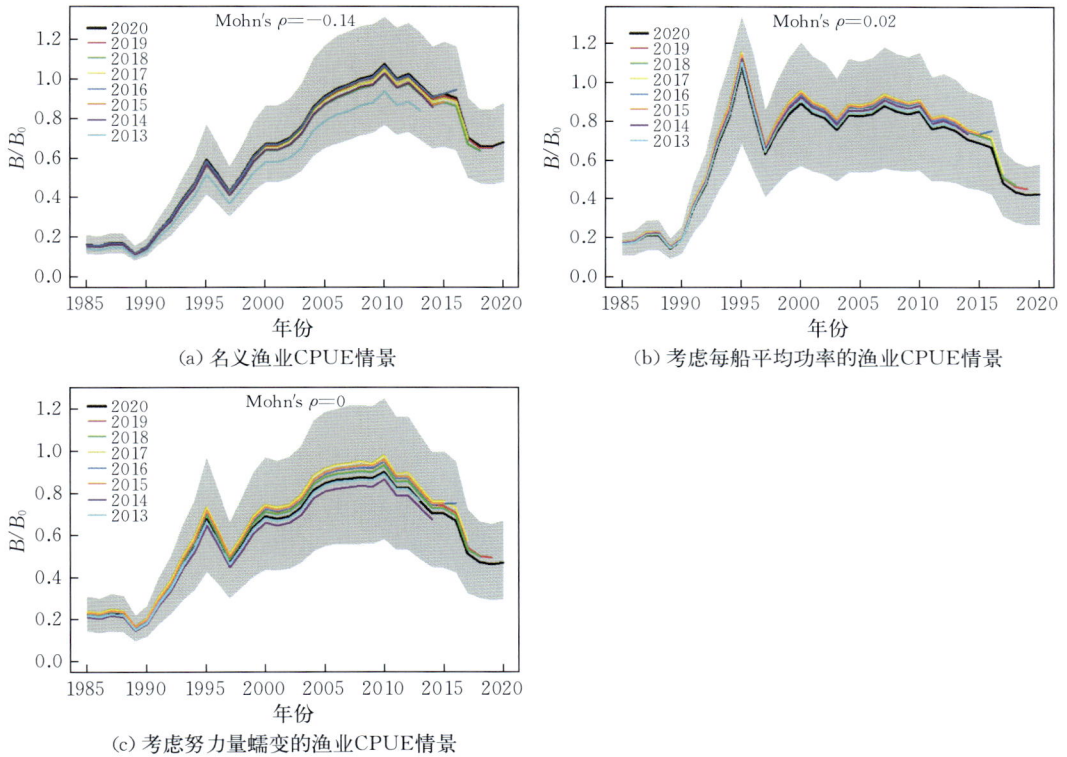

(a) 名义渔业CPUE情景

(b) 考虑每船平均功率的渔业CPUE情景

(c)考虑努力量蠕变的渔业CPUE情景

图 5-11 基于渔业统计数据的小黄鱼 JABBA 的回顾性生物量结果

三、基于科学调查数据的鳀资源状况

根据 Geweke（1992）、Heidelberger 和 Welch（1992）诊断，以及 MCMC 链的平稳性评估可知（图 5-12、图 5-13），鳀的所有情景都能够充分收敛。

表 5-3 汇总了情景♯1 中各种剩余产量模型参数和鳀资源状况的估计值。基于 DIC，Fox 模型

被选为最优模型，其 JABBA 输出图显示了鳀关键模型参数的后验和先验分布，没有证据表明存在严重的先验错误（图 5 - 14）。预测的相对生物量趋势（图 5 - 15a）显示，1992—2008 年，鳀资源急剧下降，随后出现恢复趋势。回顾性分析（图 5 - 15b）显示了最近 7 年的中度回顾性模式（平均 Mohn's $\rho=1.54$）。

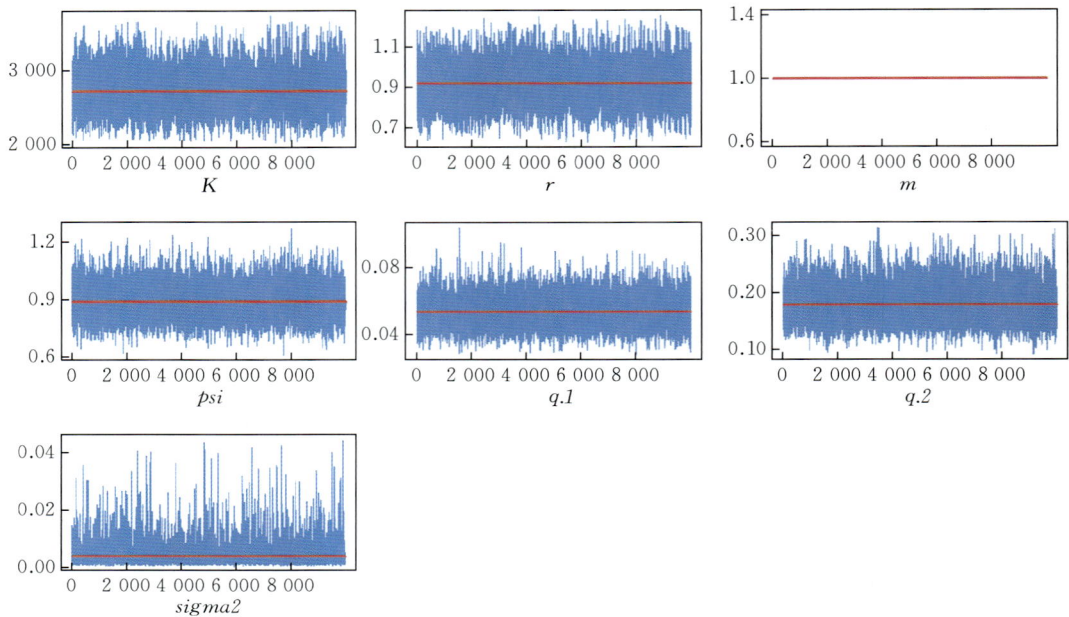

(a) 科学调查数据情景

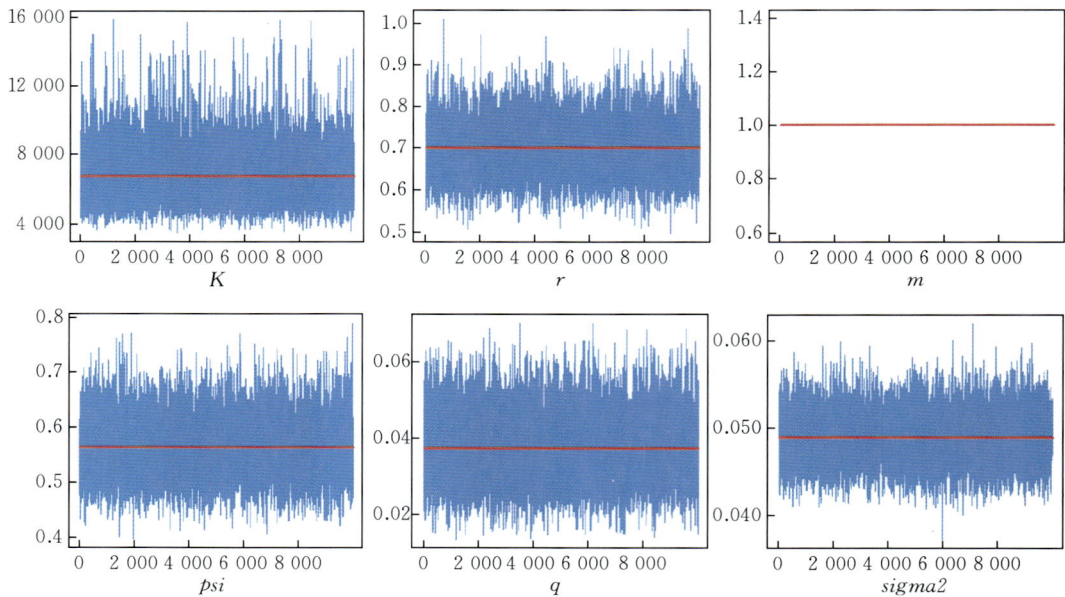

(b) 起始于1989年的名义渔业CPUE情景

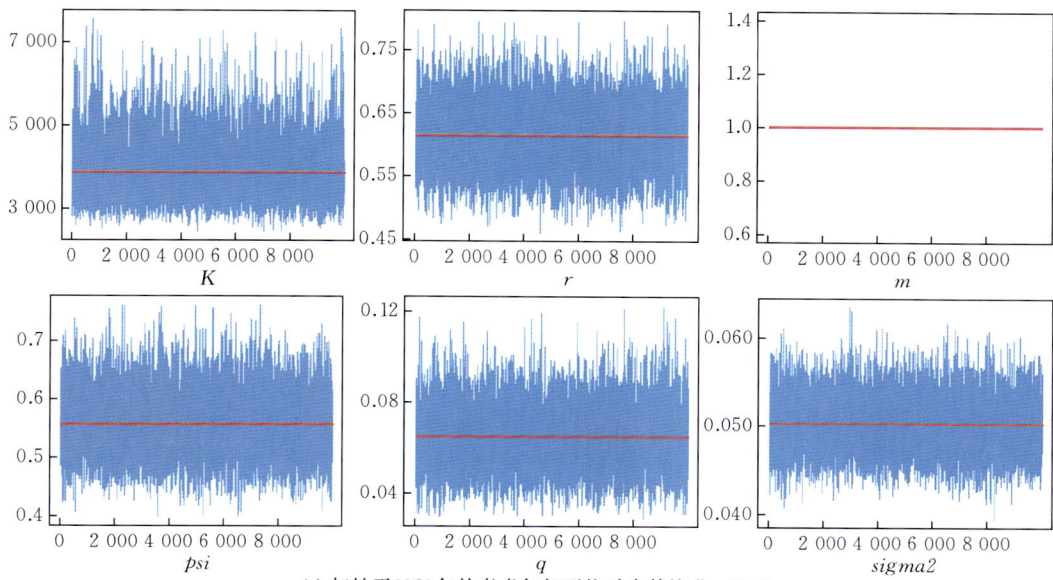

(c) 起始于1989年的考虑每船平均功率的渔业CPUE

(d) 起始于1989年的考虑努力量蠕变的渔业CPUE

图 5 - 12　鳀 JABBA 的蒙特卡洛马尔可夫链（MCMC）采样轨迹

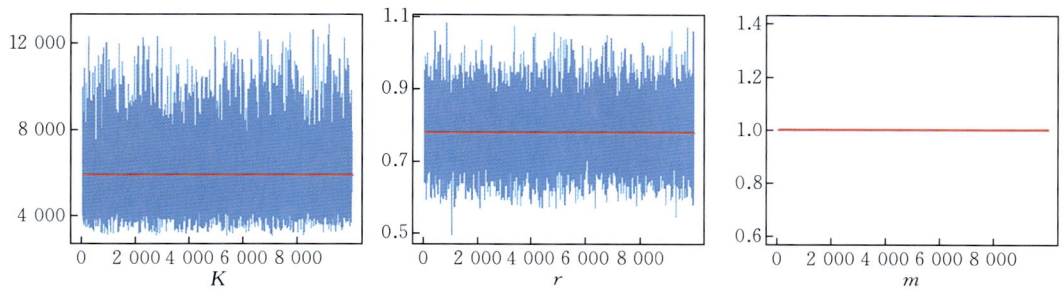

(a) 起始于1989年的名义渔业GPUE情景

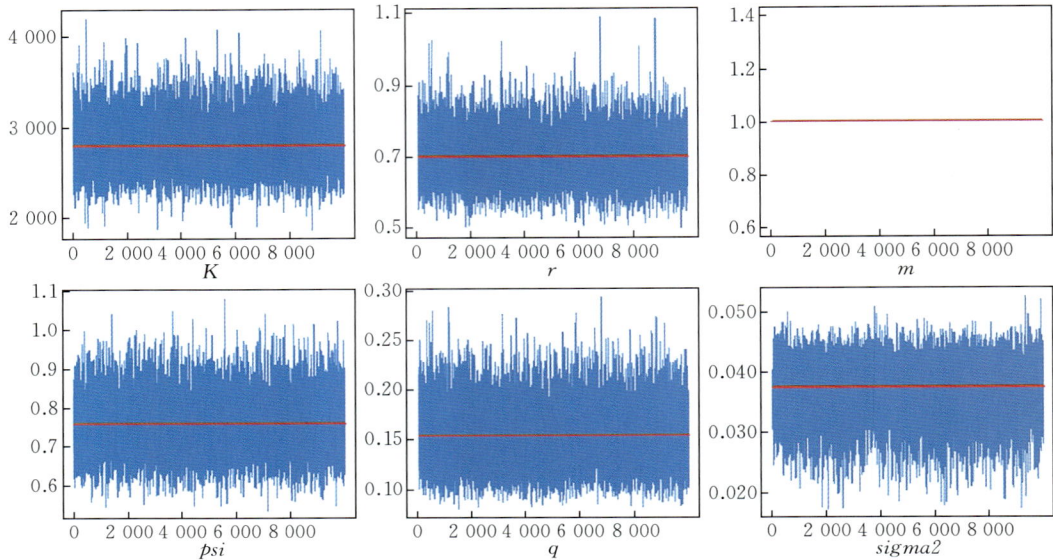

(b) 起始于1989年的考虑每船平均功率的渔业CPUE

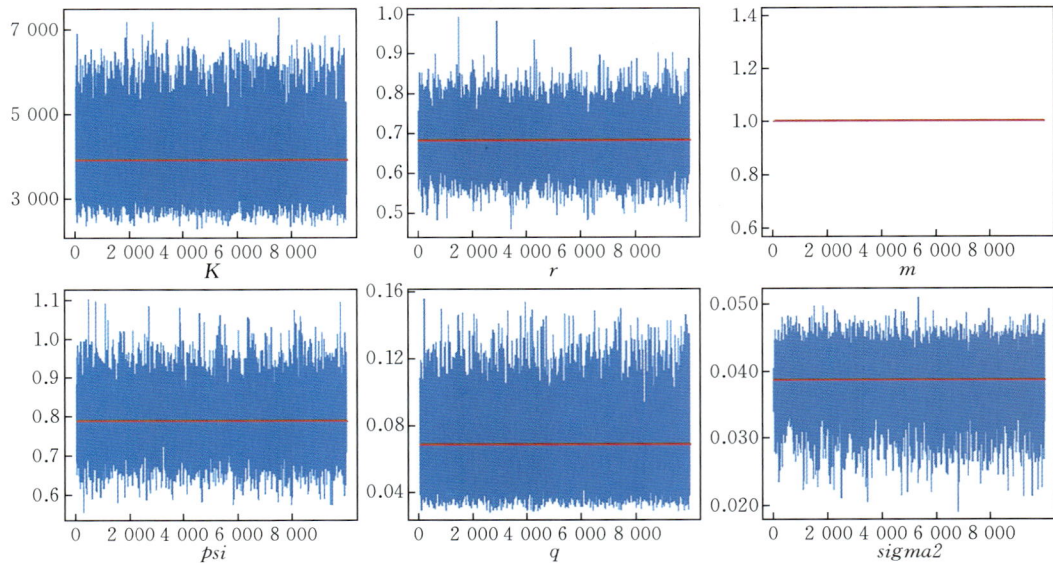

(c) 起始于1989年的考虑努力量蠕变的渔业GPUE

图 5-13　基于渔业统计数据情景的鳀 JABBA 蒙特卡洛马尔可夫链（MCMC）采样轨迹

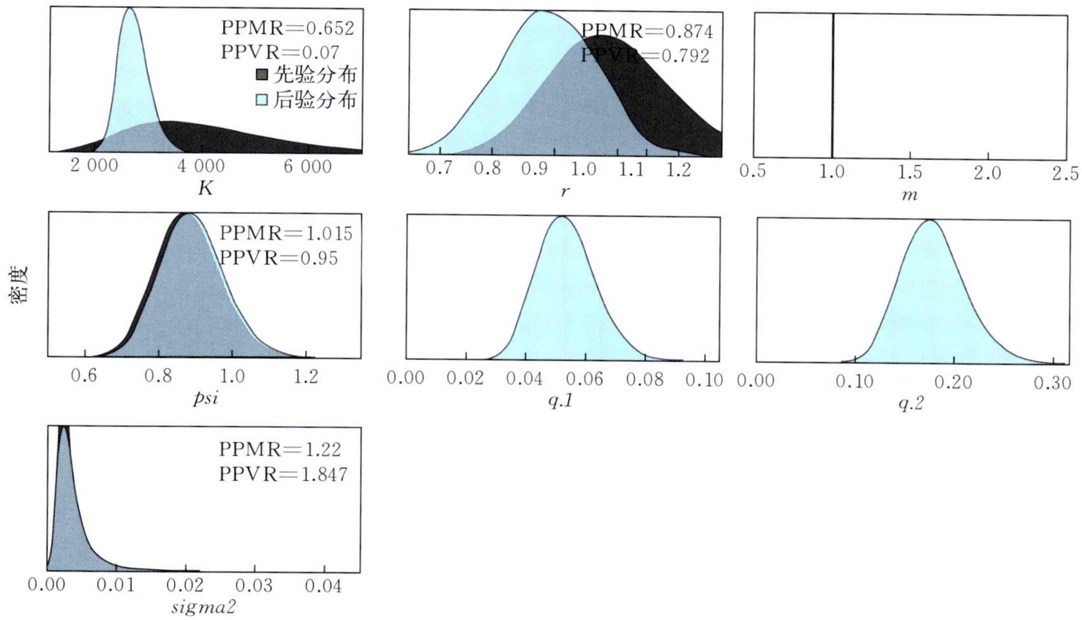

图 5-14 基于调查的 CPUE 的鳀 JABBA 模型关键参数的先验和后验分布

（PPMR：后验与先验平均值比率，PPVR：后验与先验方差比率）

表 5-3 基于鳀科学调查指数的 JABBA 情景的参数估计值和 95％贝叶斯置信区间

参数	调查生物量指数情景		
	Shafer 模型	Fox 模型	Pella-Tomlinson 模型
K（$\times 10^3$ t）	3 505.99（2 857.21～4 604.07）	2 695.98（2 249.30～3 320.44）	2 791.65（2 273.68～3 532.09）
r	1.02（0.81～1.28）	0.92（0.73～1.12）	0.97（0.76～1.21）
$\varphi = B_{1989}/K$	0.89（0.74～1.07）	0.89（0.73～1.08）	0.89（0.73～1.07）
F_{MSY}	0.51（0.40～0.64）	0.92（0.73～1.12）	0.81（0.64～1.02）
B_{MSY}（$\times 10^3$ t）	1 753.00（1 428.60～2 302.03）	992.29（827.88～1 222.13）	1 116.61（909.43～1 412.77）
MSY（$\times 10^3$ t）	894.28（803.33～1 079.63）	914.79（837.95～999.67）	905.81（829.42～1 004.71）
B_{2021}/K	0.51（0.31～0.75）	0.38（0.23～0.58）	0.42（0.25～0.63）
B_{2021}/B_{MSY}	1.01（0.63～1.50）	1.04（0.62～1.58）	1.05（0.62～1.57）
F_{2021}/F_{MSY}	0.53（0.35～0.85）	0.51（0.33～0.86）	0.50（0.34～0.85）
ΔDIC	26.20	0.00	6.50

使用调查生物量指数的情景♯1表明，按照 Palomares 等（2018 年）的定义，2002—2020 年，该资源（图 5-16a）处于衰退状态（相对生物量水平 $B/B_{MSY}<1$）；2001—2019 年处于过度捕捞状态（相对渔业死亡率水平 $F/F_{MSY}>1$）。当渔获量处于最大持续产量 MSY 时，当前生物量（B_{2021}）比 B_{MSY} 高 4％；当渔获量达到 MSY 时，捕捞死亡率（F_{2021}）比 F_{MSY} 低 49％（表 5-3）。根据 Froese 等

图 5-15　基于调查 CPUE 的鳀 JABBA 模型的估计生物量轨迹（a）和回顾性分析（b）

（2020）的定义，最后一年的估计结果表明种群处于健康水平。此外，Kobe 图显示，2021 年资源状况的可信区间仅分布在黄色和绿色区域内，即代表恢复和健康状况的区域（图 5-16a）。这两个区域的累积概率表明，目前种群处于恢复状态的概率为 42.4%，健康状态的概率为 56.7%。剩余产量高于 2018—2021 年捕捞水平（即 480 000～510 000 t），保持该水平，生物量将继续增加（图 5-16b）。

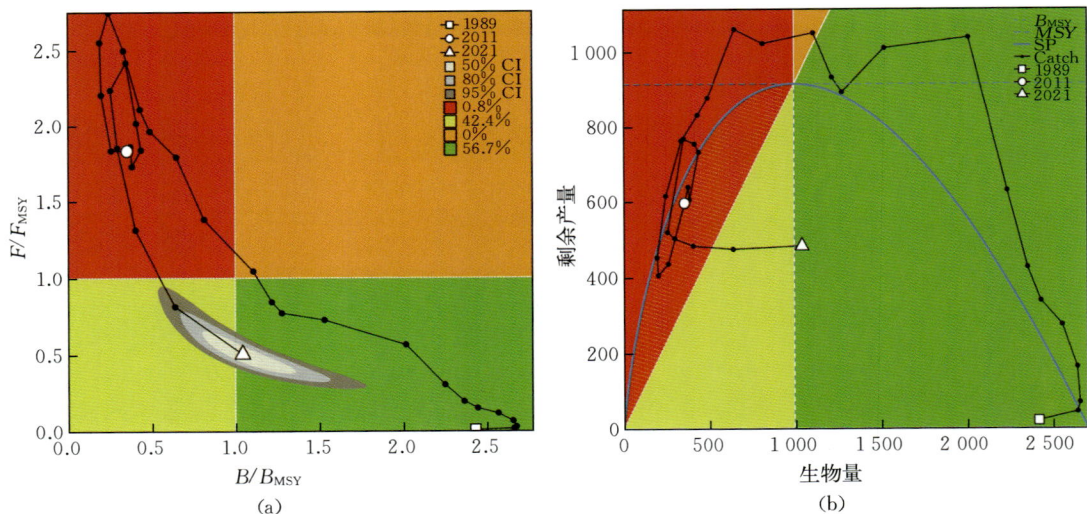

图 5-16　基于调查生物量指数的鳀 JABBA 的 Kobe 相图（a）和剩余产量 SP 相图（b）

四、基于渔业统计数据的鳀资源状况

与情景 #1 相同，对情景 #2、#3、#4、#5、#6 和 #7 的相对生物量趋势的回顾性分析也显示了过去 7 年的低或中等回顾性模式（图 5-17、图 5-18），平均 Mohn's ρ 范围为−0.01～0.11。

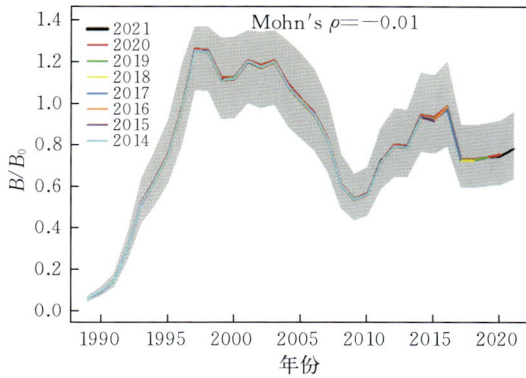

(a) 起始于1989年的名义渔业CPUE情景

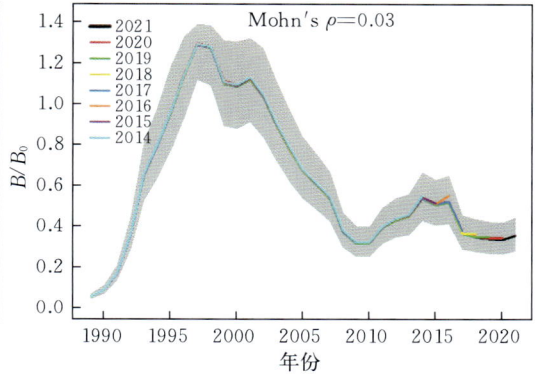

(b) 起始于1989年的考虑每船平均功率的渔业CPUE

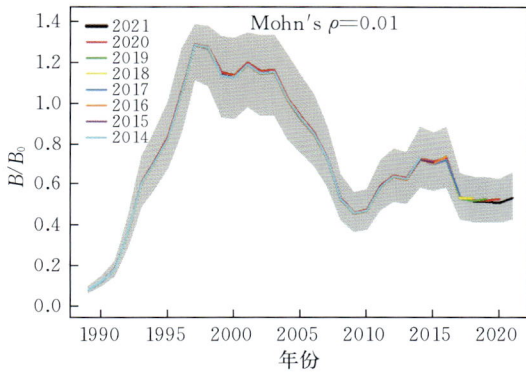

(c) 起始于1989年的考虑努力量蠕变的渔业CPUE

图 5-17 基于起始于 1989 年渔业统计数据情景的鳀 JABBA 的回顾性生物量结果

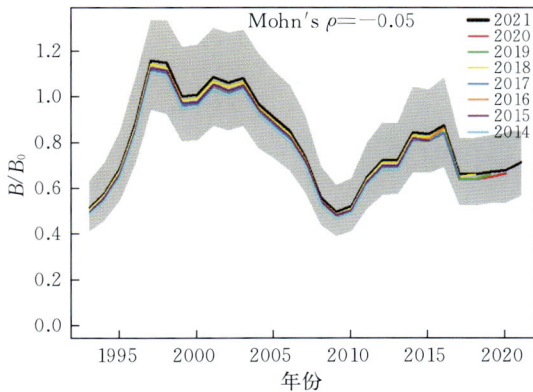

(a) 起始于1993年的名义渔业CPUE情景

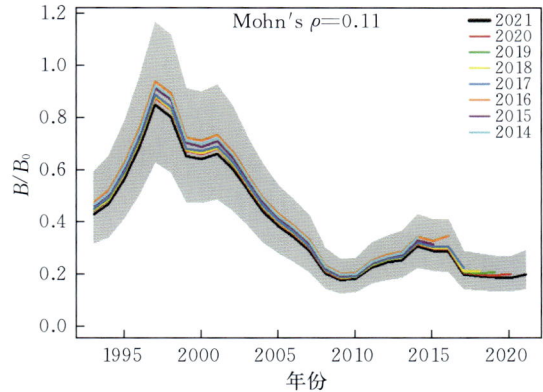

(b) 起始于1993年的考虑每船平均功率的渔业CPUE

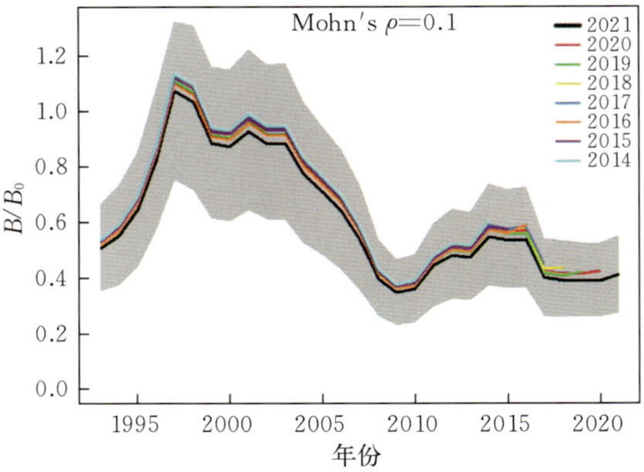

（c）起始于1993年的考虑努力量蠕变的渔业CPUE

图 5 - 18　基于起始于 1993 年渔业统计数据情景的鳀 JABBA 的回顾性生物量结果

情景♯2、♯4、♯5 和♯7 的 MSY、B_{2021}/B_{MSY} 估计值均高于情景♯1（表 5 - 4）；情景♯3 和♯6 的 MSY 和 B_{2021}/B_{MSY} 估计值均低于情景♯1。其中，情景♯3 和♯7 的估计值与情景♯1 的结果（MSY 和 B_{2021}/B_{MSY}）最为接近（分别为 6.55％、7.69％ 和－4.27％、13.46％）。情景♯2、♯4、♯5 和♯7 的 F_{2021}/F_{MSY} 均低于情景♯1 的输出；情景♯3、♯6 的 F_{2021}/F_{MSY} 估计值均高于情景♯1。其中，情景♯3 和♯7 的估计值与情景♯1 的 F_{2021}/F_{MSY} 输出最为接近（分别相差－15.69％ 和 15.69％）。

表 5 - 4　基于鳀渔业 CPUE 的 JABBA 情景的参数估计值和 95％ 贝叶斯置信区间

参数	渔业 CPUE 情景		
	FN_{cpue} 起始于 1989	FA_{cpue} 起始于 1989	FEC_{cpue} 起始于 1989
K（×10³ t）	6 499.90（4 474.69～10 440.09）	3 791.57（2 896.31～5 496.75）	5 352.06（3 806.5～8 392.9）
r	0.70（0.58～0.83）	0.61（0.52～0.71）	0.65（0.54～0.76）
$\varphi = B_{1989}/K$	0.56（0.47～0.68）	0.55（0.46～0.67）	0.58（0.48～0.69）
m	1.001	1.001	1.001
q	0.04（0.02～0.06）	0.06（0.04～0.09）	0.04（0.02～0.05）
$sigma2$	0.05（0.04～0.05）	0.05（0.04～0.06）	0.05（0.04～0.05）
F_{MSY}	0.70（0.58～0.83）	0.61（0.52～0.71）	0.65（0.54～0.76）
B_{MSY}（×10³ t）	2 392.37（1 646.97～3 842.61）	1 395.54（1 066.02～2023.15）	1 969.90（1 401.0～3 089.1）
MSY（×10³ t）	1 665.21（1 112.37～2 780.21）	854.86（664.80～1 226.83）	1 265.11（879.9～2 056.8）
B_{2021}/K	0.78（0.64～0.96）	0.35（0.28～0.44）	0.53（0.43～0.66）
B_{2021}/B_{MSY}	2.13（1.74～2.60）	0.96（0.76～1.20）	1.45（1.17～1.78）
F_{2021}/F_{MSY}	0.14（0.08～0.22）	0.59（0.37～0.88）	0.26（0.15～0.42）

（续）

参数	FN_{cpue}起始于 1993	FA_{cpue}起始于 1993	FEC_{cpue}起始于 1993
K（$\times 10^3$ t）	5 696.84（3 741.71～9 648.29）	2 784.06（2 316.76～3 440.60）	3 882.70（2 735.1～6 201.1）
r	0.77（0.64～0.94）	0.70（0.57～0.84）	0.68（0.56～0.81）
$\varphi = B_{1993}/K$	0.78（0.65～0.93）	0.76（0.63～0.91）	0.79（0.66～0.95）
m	1.001	1.001	1.001
q	0.05（0.03～0.08）	0.15（0.10～0.22）	0.06（0.03～0.11）
$sigma2$	0.04（0.02～0.04）	0.04（0.03～0.05）	0.04（0.03～0.05）
F_{MSY}	0.77（0.64～0.94）	0.70（0.56～0.85）	0.68（0.56～0.81）
B_{MSY}（$\times 10^3$ t）	2 096.80（1 377.19～3 551.18）	1 024.71（852.71～1 266.36）	1 429.08（1 006.7～2 282.4）
MSY（$\times 10^3$ t）	1 613.85（1 049.33～2 796.29）	715.79（641.16～805.44）	953.88（710.75～1 549.84）
B_{2021}/K	0.71（0.57～0.87）	0.21（0.15～0.29）	0.43（0.31～0.56）
B_{2021}/B_{MSY}	1.92（1.64～2.38）	0.56（0.40～0.78）	1.18（0.83～1.53）
F_{2021}/F_{MSY}	0.15（0.08～0.28）	1.22（0.84～1.68）	0.43（0.22～0.77）

注：Starting in 1989 指起始自 1989 年的时间序列；starting in 1993 指起始自 1993 年的时间序列；其他信息见表5-2。

　　情景♯2、♯3、♯4、♯5、♯6 和♯7 估计，2021 年鳀资源状况分别为健康（100％概率，图5-19a）、恢复（62.8％概率，图5-19c）、健康（100％概率，图5-19e）、健康（100％概率，图5-19b）、过度捕捞（85.8％概率，图5-19 d）和健康（77.1％概率，图5-19f）。SP 相图（图5-20）表明，通过保持当前捕捞水平，所有渔业 CPUE 情景预测生物量应会增加。本研究中最保守的情景（情景♯6）预测，不超过 640 000 t 的 TAC 可以保持相对恒定的生物量水平（图5-22b）。场景♯3（图5-21b）和♯7（图5-21c）也支持类似的保守 TACs。JABBA 模型在具有不同初始损耗先验（增加/减少5％的先验值）的模型敏感性测试中显示了稳健性，在相同的情景下各种消耗先验产生了相似的结果（表5-5）。

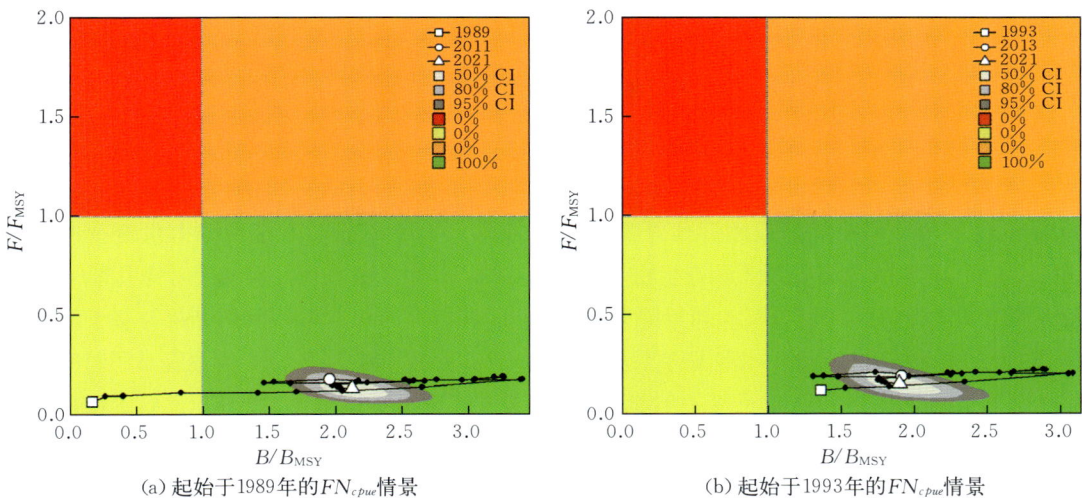

(a) 起始于1989年的FN_{cpue}情景　　　　(b) 起始于1993年的FN_{cpue}情景

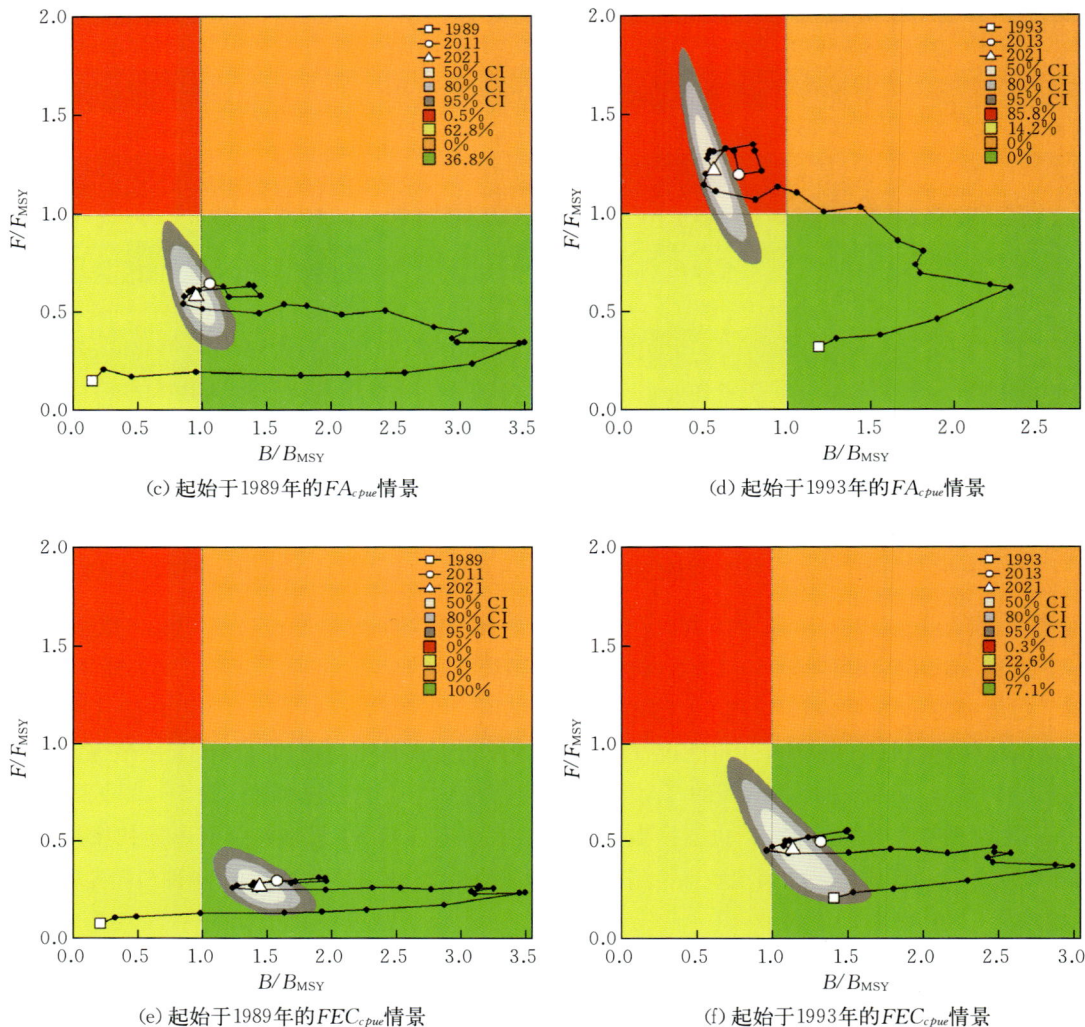

(c) 起始于1989年的 FA_{cpue} 情景

(d) 起始于1993年的 FA_{cpue} 情景

(e) 起始于1989年的 FEC_{cpue} 情景

(f) 起始于1993年的 FEC_{cpue} 情景

图 5 - 19　基于渔业统计数据的鳀 JABBA Kobe 相图

综上，基于1993年开始的CPUE时间序列（情景♯5、♯6、♯7）的鳀JABBA估计的种群状况和渔业参考点（图 5 - 19）比情景♯2、♯3和♯4的输出更为保守，而情景♯2、♯3和♯4的时间序列开始自1989年，那时鳀渔业刚开始开发。基于名义CPUE和基于考虑到努力量蠕变的CPUE（FEC_{cpue}）的JABBA情景比基于调查生物量指数的JABBA情景更乐观，而基于考虑每船平均功率的渔业CPUE（FA_{cpue_y}）的JABBA情景则更保守。基于调整后的CPUE得到的结果与基于调查生物量指数的JABBA结果较接近，表明调整后的2种CPUE（FA_{cpue_y} 和 FEC_{cpue_y}）明显提高了时间序列的可靠性。基于调查的JABBA的最后一年资源状况结果介于两种重建渔业CPUE（FA_{cpue_y} 和 FEC_{cpue_y}）的JABBA估计之间。因此，在缺乏科学调查生物量指数的情况下，两个改进的渔业CPUE（FA_{cpue_y} 和 FEC_{cpue_y}）的评估结果组合（平均值）可用于指导渔业管理。

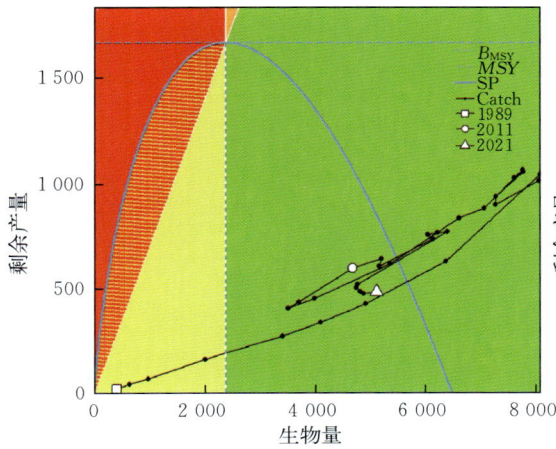

(a) 起始于1989年的FN_{cpue}情景

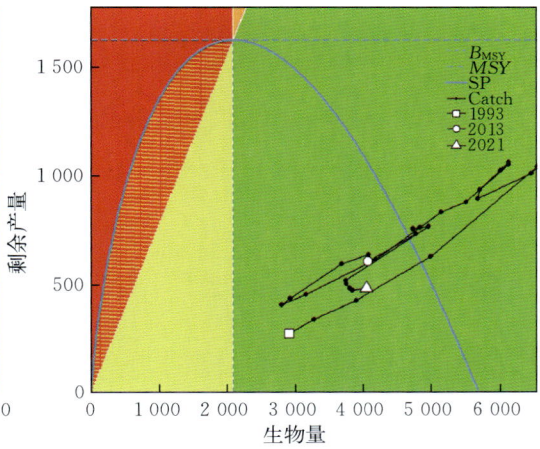

(b) 起始于1993年的FN_{cpue}情景

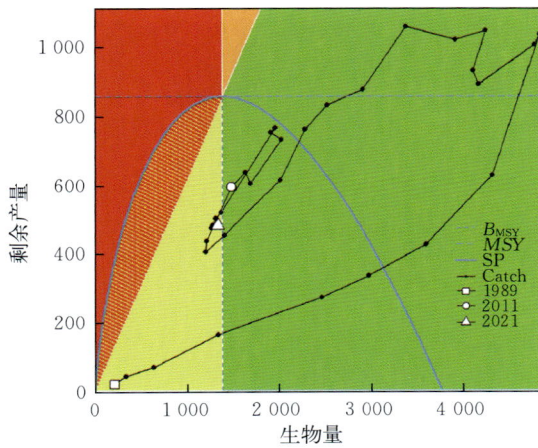

(c) 起始于1989年的FA_{cpue}情景

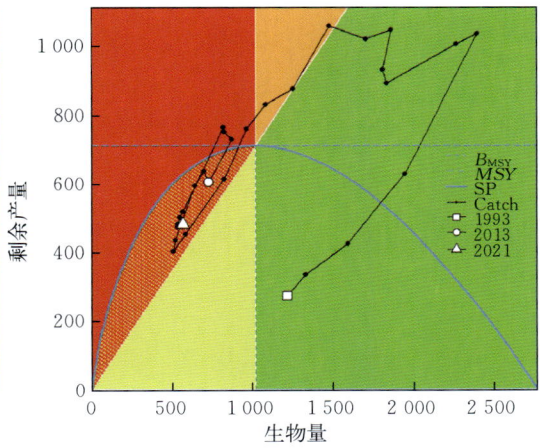

(d) 起始于1993年的FA_{cpue}情景

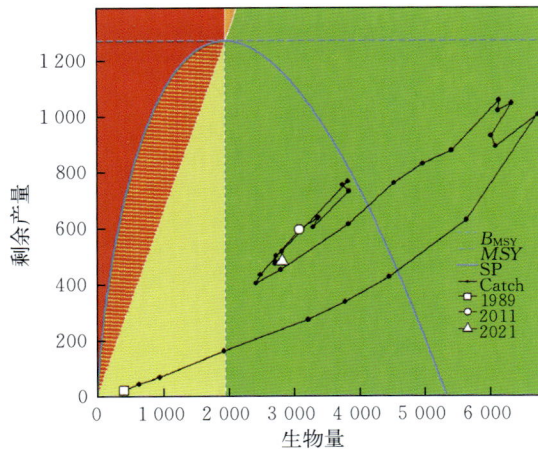

(e) 起始于1989年的FEC_{cpue}情景

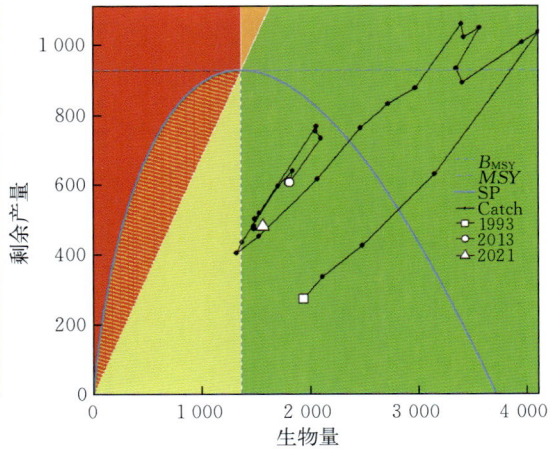

(f) 起始于1993年的FEC_{cpue}情景

图 5-20 基于渔业统计数据的鳀 JABBA 的 SP 相图

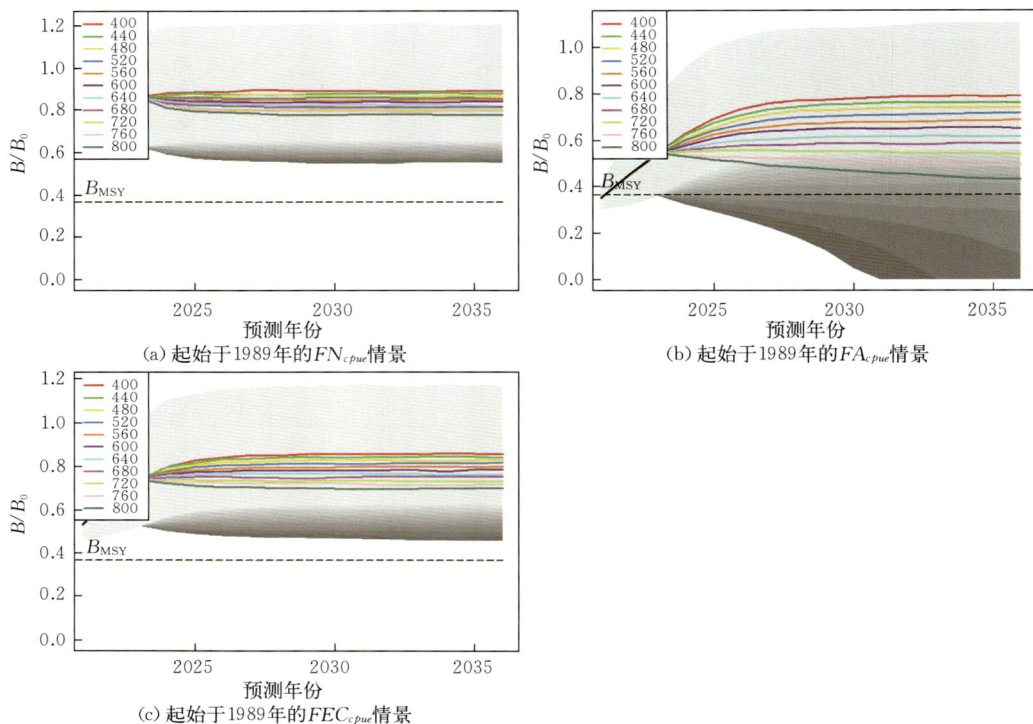

(a) 起始于1989年的FN_{cpue}情景

(b) 起始于1989年的FA_{cpue}情景

(c) 起始于1989年的FEC_{cpue}情景

图 5-21　基于起始于 1989 年渔业统计数据情景的鳀 JABBA 的预测（$B_0 = K$）

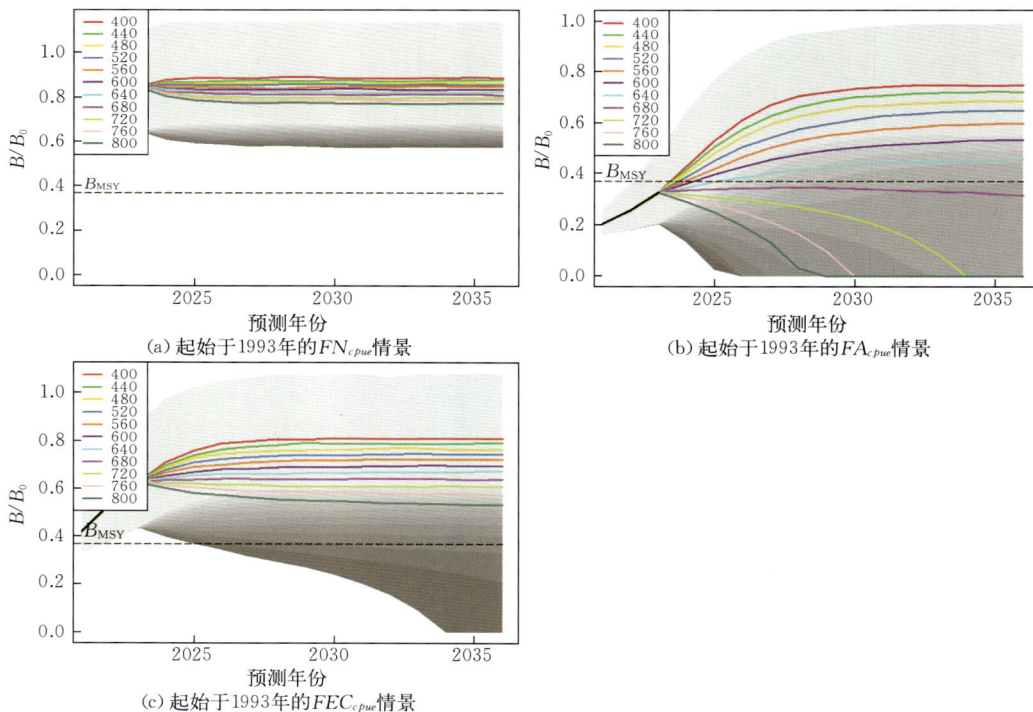

(a) 起始于1993年的FN_{cpue}情景

(b) 起始于1993年的FA_{cpue}情景

(c) 起始于1993年的FEC_{cpue}情景

图 5-22　基于起始于 1993 年渔业统计数据情景的鳀 JABBA 的预测（$B_0 = K$）

表 5－5　鳀 JABBA 对不同初始消耗的敏感性分析（增加/减少 5% 的先验值）

情景	初始消耗先验	K（×10³ t）	r	B_{MSY}（×10³ t）	MSY（×10³ t）	B_{2021}/B_{MSY}	F_{2021}/F_{MSY}
FN_{cpue}	0.875＋0.050	6 882.58	0.70	2 533.23	1 762.88	2.15	0.13
起始于 1989	0.875～0.050	6 696.69	0.70	2 464.81	1 709.80	2.12	0.13
FA_{cpue}	0.875＋0.050	3 808.64	0.61	1 401.82	859.82	0.97	0.58
起始于 1989	0.875～0.050	3 834.43	0.61	1 411.31	863.63	0.96	0.58
FEC_{cpue}	0.875＋0.050	5 367.04	0.65	1 975.41	1 277.63	1.45	0.26
起始于 1989	0.875～0.050	5 351.72	0.65	1 969.77	1 274.27	1.45	0.26
FN_{cpue}	0.875＋0.050	5 807.90	0.77	2 137.68	1 650.22	1.94	0.15
起始于 1993	0.875～0.050	5 485.32	0.77	2 018.95	1 559.37	1.90	0.16
FA_{cpue}	0.875＋0.050	2 794.15	0.70	1 028.42	715.98	0.57	1.19
起始于 1993	0.875～0.050	2 765.28	0.70	1 017.80	715.87	0.54	1.25
FEC_{cpue}	0.875＋0.050	4 029.44	0.68	1 483.09	998.36	1.20	0.40
起始于 1993	0.875～0.050	3 859.11	0.67	1 420.40	948.37	1.16	0.43

注：其他信息见表 5－4。

第三节　讨　　论

　　渔业资源的过度开发是一个全球范围内的普遍现象。过度捕捞和产能过剩使渔业付出了沉重代价，导致净利润和资源租金每年减少约 500 亿美元（Srinivasan et al.，2012）。渔业重建有可能弥补这些损失，其前提是进行可靠的科学评估和渔业管理（Hilborn et al.，2020）。自 20 世纪 70 年代以来，我国海洋渔业随着技术进步而迅速发展（FAO，2018；Fu et al.，2018）。1989 年开始，我国海洋渔业已成为世界上最大的渔业，产量在 1999 年达到顶峰，随后稳定在高位（Ding et al.，2021）。密集的捕捞活动给渔业资源带来了巨大压力，有证据表明，我国渔业资源以及其他海洋生物资源正在减少（韩秋影等，2007；Fu et al.，2018）。

　　自 20 世纪 80 年代末以来，黄渤海小黄鱼产量呈快速上升趋势，在 2010 年达到峰值，随后迅速下降。本书第二章显示，自 2002 年以来冬季丰度呈快速下降趋势，而种群空间分布的密度热点在 2016—2017 年已严重收缩。本章的研究也显示了类似的生物量变化，在 2017 年达到一个低谷。迫切需要严格的禁渔和基于科学的预防性捕捞限额，以避免种群规模进一步急剧下降，并促进种群恢复。自 20 世纪 70 年代末以来，我国渔业管理部门制定了一系列海洋渔业资源管理措施，以促进种群的重建和确保渔业的可持续性（Shen et al.，2014；Su et al.，2020）。金显仕等（2005）认为，小黄鱼在 20 世纪 90 年代已显著恢复，1999 年黄海越冬群体规模是 1985 年的 3.9 倍。自 2016 年以来，我国加强了对休渔期渔船的监管，并从 2017 年起将休渔期从 3 个月延长到 4 个月。这促进了种群的恢复，并反映在本章的结果中。基于调查 CPUE 情景♯1 的 JABBA（图 5－7a）显示，从 2016 年开始，捕捞压力开始迅速下降。2017 年捕捞量开始低于小黄鱼种群的剩余产量，生物量进入恢复的状态（图 5－7b，图 5－6a）。保持目前的管理措施和渔获量水平，可能使小黄鱼在 2027 年左右恢复到健康状态（图5-8）。

　　相比之下，来自渔业CPUE情景♯2的预测（图5-10a）通常不利于小黄鱼种群的恢复和可持续利用，尤其是在气候变化的不利影响下。而两个重建的渔业CPUE情景的预测明显改善了这种情况（图5-10b、c）。通过调查的CPUE和3种形式的渔业CPUE趋势图，可以对此作出更充分的解释（图5-2）。两种重建的渔业CPUE趋势比名义渔业CPUE趋势更接近调查的CPUE趋势。

　　对不同水域的小黄鱼渔业的比较显示，2010—2011年期间，所有水域的渔获量最高（表5-6）。然而，韩国水域的小黄鱼种群的内禀增长率却略低，其种群规模远低于我国水域的种群规模。据估计，黄渤海水域小黄鱼种群的环境承载力和最大可持续产量约为我国水域（黄渤海和其他中国海域）该种类对应数值的一半。由此可见，黄渤海渔业在我国海洋环境中占有举足轻重的地位。本研究结果显示，小黄鱼目前有54.4%的可能性处于过度捕捞状态。TAC可促进鱼类数量的恢复和渔业的可持续性。然而，气候变化可能对种群动态产生复杂的影响，并可能降低物种恢复的可能性（Reum et al.，2020）。本书第二章显示，气候变化是小黄鱼时空分布格局的重要影响因素。此外，气候变化还会影响YSLME中小黄鱼的繁殖和种群补充（刘笑笑等，2017）。综合考虑到这些因素，本研究的结果表明，黄渤海小黄鱼总可捕量（TAC）不应超过150 000 t（图5-8）。预防性捕捞限额应比目前更保守（图5-7b），以抵消气候变化的不利影响，从而增加种群恢复的可能性。

表5-6　本研究与其他小黄鱼种群评估研究的比较

指标	本研究	Choi and Kim（2020）	Zhai et al.（2020）
研究区域	黄渤海	韩国西海岸	我国水域
产量序列	1985—2020	1998—2018	1956—2014
最高产量（×10^3 t）（年份）	267.054（2010）	59.226（2011）	406.989（2010）
最低产量（×10^3 t）（年份）	12.587（1985）	7.098（2003）	17.258（1972）
模型	JABBA	Bayesian state-space model _ Millar and Meyer（2000）	BSM
r	0.457	0.374	0.440
K（×10^3 t）	1 681.13	154.90	3 348.00
MSY（×10^3 t）	191.819	21.301	372.000
B_{MSY}（×10^3 t）	840.565	56.985	1 975.320
B_{2014}/B_{MSY}	0.752		1.190
B_{2018}/B_{MSY}	0.590	1.210	
B_{2020}/B_{MSY}	0.649		
TAC（×10^3 t）	150.000	21.301	
资源状况	完全开发/过度捕捞		健康状态

　　相比将调查CPUE作为生物量指数输入的情景♯1，基于渔业统计数据的结果（情景♯2、♯3和♯4）高估了小黄鱼种群状况。然而，与情景♯1相比，情景♯3和♯4显著缩小了与情景♯1的差距。在情景♯2、♯3和♯4中估计的B_{2020}/B_{MSY}分别比情景♯1高103.54%、35.59%和47.77%；而F_{2020}/F_{MSY}则分别低62.75%、38.10%和33.96%。造成这种情况的原因是，产量除以总渔船功率得

到的渔业 CPUE 不能充分反映种群生物量的变化。这种常用的名义渔业 CPUE 形式明显忽视了单个渔船功率和体积的增加、续航能力和单次捕捞时长的增加，以及捕鱼设备和渔具技术的进步。其明显高估了 2002 年后的生物量趋势（图 5-2）。正如 Palomares 和 Pauly（2019）所说："新的技术有深刻的不同，它们对环境的影响比旧技术大得多。"因此，如果不考虑 21 世纪前后技术的巨大进步，研究人员对小黄鱼种群动态的理解和保护就会陷入困境。本研究中测试的两种重建的渔业 CPUE，即基于考虑每船平均功率的渔业 CPUE 和考虑努力量蠕变（按 2%/a 校正）的渔业 CPUE，显著改善了这一不足，并明显减小了与基于科学调查数据的资源状况估计的差异。

对于小黄鱼而言，值得注意的是，与科学调查数据相比，基于名义渔业 CPUE 的 JABBA 情景的 Kobe 图呈现出明显的陡峭轨迹，表明在 1985—2010 年期间，B/B_{MSY} 的增加与 F/F_{MSY} 的增加相关。1985—2010 年期间在情景♯2 中观察到的渔业 CPUE 的增加趋势与渔获量的大幅增加挑战了生物学上合理性的极限（Parker et al.，2018）。因此，名义渔业 CPUE 情景的 SPM 高估了环境承载能力（K）。情景♯2 中评估的渔业管理参考点不应被用来为管理决策提供信息。基于两个重建的渔业 CPUE 情景的 Kobe 图明显降低了轨迹的陡峭程度。估计的种群状况结果更接近于基于科学调查数据的 JABBA 模型结果。因此，本研究的结论是，情景♯3 和情景♯4 方案评估的渔业管理参考点可用于为管理决策提供信息。

对于鳀，1989—1992 年期间科学调查的生物量指数具有较高的值，而依赖渔业的 CPUE 处于低谷。1996—2003 年期间的调查生物量指数表明，鳀资源已经崩溃，其中渔业 CPUE 显示出较高的生物量值和相对缓慢的下降速度。重新配置的渔业 CPUE 显著改善了这一情况，即减小了渔业导出的 CPUE 趋势和科学调查之间的差异。3 种形式的渔业 CPUE（名义和重建的）的 Pearson 相关系数在 0.78~0.99，其中 FN_{cpue} 的相关性相对较弱。两个调查指数（拖网指数和声学指数）的重叠趋势相似，相关度相对较高（0.77）。拖网指数与 3 种形式的渔业 CPUE（FN_{cpue}、FA_{cpue}、FEC_{cpue}）的相关系数分别为 0.28、0.45 和 0.34。声学指数与 3 种形式的渔业 CPUE 之间的相关系数分别为 -0.57、-0.24 和 -0.48。与调查指数相比，渔业 CPUE 的趋势变化推迟了约 3 年（图 5-2）。

越冬场调查的生物量指数及基于该指数的 SPM 显示，鳀自 1996 年经历了迅速的资源衰退，在 21 世纪初处于最低生物量水平（金显仕等，2001；Zhao et al.，2003；Wang et al.，2006）。鳀作为黄渤海生态系统的中枢鱼类，是食物网中关键的一环（张波，2018），其资源衰退使众多鱼类摄食鳀的比例大幅降低，转为摄食其他种类（单秀娟等，2011；张波，2018）。如，蓝点马鲛的优势饵料从鳀转为其他种类（牟秀霞等，2018），其生长也受到负面影响（金显仕，2001）；在细纹狮子鱼的饵料中鳀占比也逐渐减少；鳀在小黄鱼的食物中的占比，由 1985—1986 年的 45.18% 降低为 2000—2010 年的 4.67%~10.64%（单秀娟等，2011）。这一变化使得黄海生态系统整体营养水平下降（张波等，2004；Zhang et al.，2007）。21 世纪第二个十年初期，渤海食物网"浮游动物→鳀→大型肉食性鱼类"的食物链基本被破坏（张波，2018）。这导致了浮游食物链被削弱，对海洋固碳、食物网的物质和能量流动产生不利影响，进而降低了生态系统的生产力（张波等，2015）。因此，鳀种群的崩溃对黄渤海中其他重要渔业种群的可持续利用产生了严重影响。利用资源评估模型快速捕捉到鳀资源状况的变动并及时采取管理行动对避免负面的生态影响具有重要意义。然而，情景♯2、情景♯4 和情景♯5 没有反映出鳀的生物量下降，不能及时为管理政策的调整提供信息。情景♯3、情景♯6 和情景♯7 则显著改善了这个情况，其中情景♯6 对资源衰退的追踪更为有效。本研究对渔业 CPUE 的重新配置/重建对于纠正上述所存在的主要问题具有良好效果。

此外，本研究建议从 1993 年开始使用改进的渔业 CPUE 序列，因为在 1993 年以前的渔业 CPUE 序列及其改进版与调查生物量指数和理论上的真实生物量指数都存在显著差异。从 1989 年开始的基于渔业的 CPUE 序列的 JABBA 情景（名义上的和改进的）在 1993 年之前也显示很低的生物量并处于迅速恢复阶段，这对于处于初级开发阶段的渔业来说是不合理的。基于 1993 年开始的改进渔业 CPUE 序列和调查生物量指数的 JABBA 情景，虽然发现鳀种群近年来一直在恢复，但结果是谨慎的，并不过于乐观，与其他基于渔业 CPUE 的 SPM 更一致（Zhai et al.，2020）。基于调查生物量指数的 JABBA 种群评估结果介于两个改进的渔业 CPUE（FA_{cpue_y} 和 FEC_{cpue_y}）的估计值之间，在没有调查生物量指数的情况下，本研究建议将这两个备选方案的评价结果（平均值）结合使用，以指导鳀资源管理。

鳀的生命周期短，对不同环境条件的适应范围很广，因此这种资源在不断变化的环境下具有很强的恢复力（唐启升和叶懋中，1990；金显仕等，2005），并且对养护措施的种群响应更快（Lichter et al.，2006；Stevens，2019；Scherelis et al.，2020；Leach et al.，2022）。金显仕等（2005）认为，在黄渤海中没有任何鱼种通过种间竞争对鳀构成威胁，从环境变化来看，鳀种群状态变化的周期相当长。鳀资源的衰退主要是由捕捞压力造成的（金显仕等，2001；赵宪勇，2006）。本书的第二章和第四章发现，捕捞是影响鳀时空分布和种群补充的重要因素，证明了上述观点。因此，基于科学证据的适应性管理策略对于鳀资源的恢复和未来的可持续利用至关重要。近年来，鳀种群中高龄鱼比例有所下降，近岸产卵群体也有所减少。金显仕等（2001，2005）建议引入配额管理和对渔船限制，以控制捕捞死亡率的急剧增长。2017 年鳀的产量得到了明显的控制，使得种群自 2018 年起逐渐开始恢复。

对可持续 TAC 的科学估计是实施任何捕捞配额制度的必要条件。本研究中最保守的方案（情景 #6）预测 TAC 不超过 640 000 t。另一项研究建议将预防性总可捕量控制在 50 万 t（Iversen et al.，2001），考虑到该生态系统中其他重要经济鱼类的食物供应（Zhao et al.，2003）和上述鳀资源衰退的负面生态影响，以及鳀对管理干预的延迟反应，本研究倾向于保守的估计，建议将预防性总可捕量设定为 50 万 t。目前的渔获量在这个预防性总可捕量之内。

扩大新信息的收集和加强对现有数据的有效利用，有助于实质性地改进已开发鱼类种群状况的估计（Ovando et al.，2021）。本研究紧随其后，发现在 JABBA 模型分析的情景 #2 中应用的最常用的渔业观测数据，即名义渔业 CPUE，未能充分反映实际生物量的变化，这是由船队运行动态的变化和数据的不确定性等各种因素造成的（Choi et al.，2021）。如果在种群评估中应用反映实际生物量变化的数据变量，可以得到更真实的结果（Rousseau et al.，2019）。本研究的主要启示是，重建的捕捞努力量衍生的渔业 CPUE 产生的种群状况估计值，比未调整的名义渔业 CPUE 更接近于从调查 CPUE 得到的估计值。尽管在替代指标和更直接的测量之间仍有差距，但这是在有效利用现有信息的道路上迈出的重要一步。未来的研究和渔业管理应检查并在必要时调整输入数据（如捕捞努力量或渔业 CPUE），以提高现有种群评估信息的有效性（Rousseau et al.，2019），更好地确定我国渔业种群的状况。这将为实现联合国（UN）可持续发展目标 14（SDG14）奠定重要基础（Hilborn et al.，2020；Ovando et al.，2021）。

第六章　有限数据渔业资源评估集成模型构建及应用

种群评估旨在提供科学的、定量的资源状况评价，为渔业管理提供客观信息（Hilborn and Walters，1992）。在全球范围内，由于传统或常规种群评估方法对数据需求较高，因此只有约50％的已开发鱼类得到了评估（Ricard et al.，2012；RAM Legacy Stock Assessment Database，2018）。种群评估提供了鱼类种群和渔业状况的准确信息，是科学渔业管理的决策基础。由于对数据有限渔业的管理需求日益增加，近年来，估计种群状况和开发率的有限数据方法得到了迅速发展（MacCall，2009；Dick and MacCall，2011；Free et al.，2017）。如本书第一章所述，这些方法中被常用到的一般是基于产量的方法和基于长度的方法。

并非所有鱼类的捕捞产量都可以从渔业统计记录中获得。在许多监测能力有限的渔业中，从科学调查或渔获物抽样中收集鱼体长度测量值通常比量化总渔获量更容易，例如我国黄渤海的银鲳和黄鲫。银鲳是一种暖水鱼类，呈空间集群分布，是我国近海的主要商业鱼类之一（刘效舜等，1990）。银鲳种群可分为渤海-黄海种群和东海种群（刘效舜等，1990）。多年来，渤海-黄海种群一直是拖网和流刺网捕捞的主要目标（金显仕等，2005，2006；唐启升，2006）。黄鲫是在我国沿海呈集群分布的饵料和经济鱼类（刘效舜等，1990；金显仕等，2006，2015）。近年来，随着传统经济鱼类资源的减少，黄鲫已成为渤海、黄海沿岸各类商业性网具捕捞的主要目标之一（金显仕等，2006，2015）。基于长度的评估方法，仅需要渔获物的平均长度或长度组成以及生活史参数，在评估数据有限的鱼类种群状况方面变得越来越普遍（Thorson and Cope，2014；Hordyk et al.，2015；Then et al.，2015），并且在无产量统计数据的鱼种评估中具有巨大的应用潜力。

对现有数据的探索性分析和一些模型比较研究（Rudd and Thorson，2018；Pons et al.，2019）发现，在应用不同种群评估模型时，结果存在很大差异。管理策略的合理设计必须考虑模型输出的不确定性（Schnute and Hilborn，1993），渔业管理者经常需要处理对种群状况和趋势存在很大差异的估计。取几个模型预测的平均值或加权平均值，是一种常用的解决方案（例如，Burnham and Anderson，2002；Anderson et al.，2017）。在输入数据和误差假设相容的种群评估中，有许多成功的例子，其中模型平均方法客观地结合了不同模型的结果（Brodziak and Piner，2010；Millar et al.，2015）。然而，一些研究（Schnute and Hilborn，1993；Anderson et al.，2017）表明，当模型或数据误差不相同时，最适合的参数值并非处于几个冲突值的中间位置；相反，它发生在一个极端位置。

超集成建模（superensemble modeling），通常简称为集成建模（ensemble modeling），已成功地应用于气候研究和天气预报。它提供了一个技术框架，用于从一组模型中提取预测值作为一个统计模型的输入数据（Krishnamurti et al.，1999；Hamill et al.，2012）。该技术已用于通过优化多个基于产量的模型预测值来改进种群状况估计（Anderson et al.，2017）。这种方法可以克服模型平均方法的缺点，并为减少多个模型结果中出现的不确定性提供有效的解决方案，以确定最合理的模型参数。

在没有产量数据或丰度信息的渔业中，种群评估通常使用产卵潜力比（SPR）作为最大可持续产量生物量（B_{MSY}）的替代参考点（ICCAT，2017；Pons et al.，2019）。本研究开发的集成建模框架将为无法获得渔获量数据（或产量数据与其他种类一起被统计）的黄渤海银鲳和黄鲫种群管理提供信息。

第一节　材料与方法

为了验证集成方法改进种群状况估计的潜力，本章使用基于长度的综合混合效应模型（length-based integrated mixed effects model，LIME）（Rudd and Thorson，2018）和基于长度的产卵潜力比模型（length-based spawning potential ratio model；LB-SPR）（Hordyk et al.，2015），拟合了黄渤海银鲳和黄鲫种群的模拟数据，所获得的预测值作为本章开发的超集成模型的协变量，并将集成模型的预测性能与各个组件模型（LIME 和 LB-SPR）的性能进行比较。LIME 和 LB-SPR 是当代种群评估中常用的基于长度的方法，分别基于非平衡和平衡原则。两种模型都需要至少 1 年的长度组成数据以及关于生长、自然死亡和性成熟的假设，以估计生物参考点产卵潜力比（SPR），其定义为给定捕捞水平下繁殖潜力相对未捕捞时繁殖潜力的比率（Goodyear，1993；Hordyk et al.，2015；Rudd and Thorson，2018）。

首先，在 3 种捕捞死亡和补充变化组合情景下，使用操作模型（operating model）生成的模拟种群（黄渤海的银鲳和黄鲫，图 6-1）的长度组成数据。基于模拟数据对两种基于长度方法（LIME 和 LB-SPR）进行了比较。这两个鱼类的所有种群模拟建模均使用 R 包 LIME 中包含的操作模型进行，从中获得了每个情景的 SPR 估计值。通过使用 80% 模拟数据进行训练，剩余 20% 数据用于测

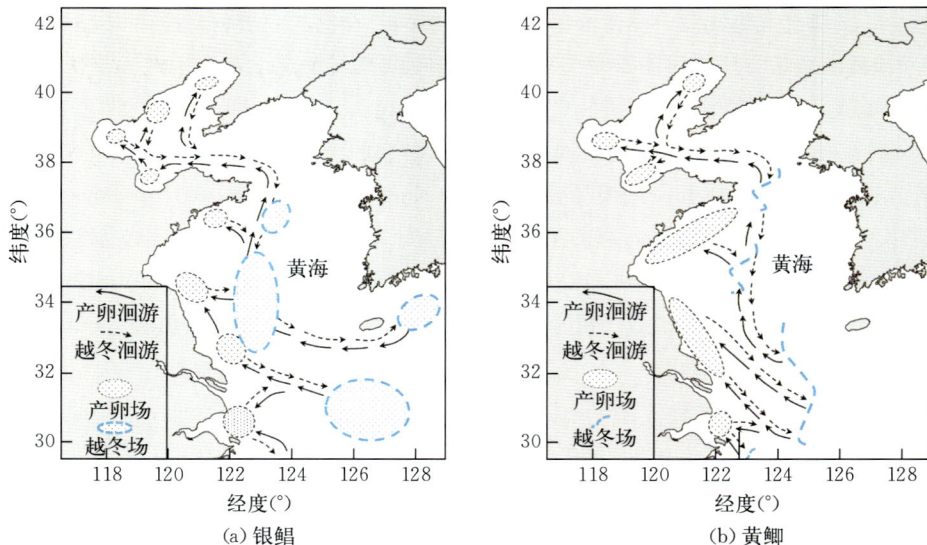

图 6-1　黄渤海银鲳（a）和黄鲫（b）的洄游路线

[参考自本书的第二章和刘效舜等（1990）]

试，评估了使用模拟数据集构建的集成模型的性能（图 6 - 2）。最后，基于对这些方法稳健性的洞察，估计了黄渤海银鲳和黄鲫的资源状况。

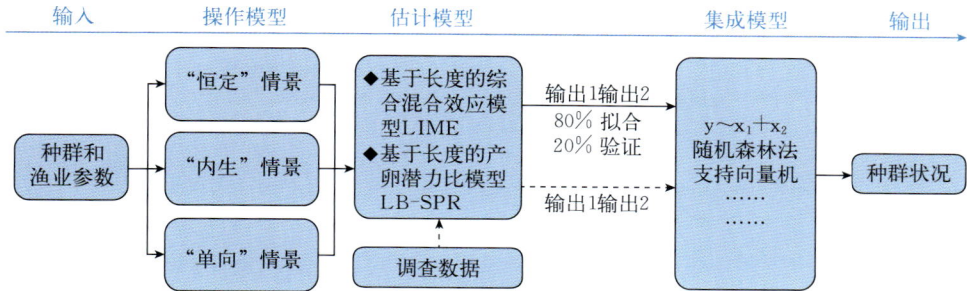

图 6-2 种群模拟、集成建模过程和资源评估的流程

一、种群数据模拟

模拟的种群是在统计软件 R（R Development Core Team，2019）中的 LIME 包（Rudd and Thorson，2018）内开发的操作模型生成的（所有估计都是通过 R 包 TMB 完成的）（Kristensen et al.，2016）。Rudd 和 Thorson（2018，其论文中的表 2 和表 3）描述了操作模型中使用的种群动态方程和用于生成数据的函数。使用 Barefoot Ecologist's Toolbox（Cope，2017）计算获得黄渤海银鲳和黄鲫的自然死亡系数（表 6 - 1）。银鲳和黄鲫的其他生物和渔业参数数值取自相关研究（农牧渔业部水产局农牧渔业部东海区渔业指挥部，1987；刘效舜等，1990；唐启升和叶懋中，1990；陈大刚，1991；金显仕等，2005；陈仁杰等，2018；许庆昌等，2019）。

表 6 - 1 银鲳和黄鲫生活参数

物种	最大年龄（龄）	渐进叉长 L_∞（cm）	生长系数 K	自然死亡系数 M	50% 的性成熟叉长 L_{50}（cm）
银鲳	6	30.4	0.25	0.817	12
黄鲫	4	20.0	0.62	1.350	9

每个模拟种群的初始生物量消耗水平取自 0.35 和 0.95 之间的均匀分布，并探讨了涉及捕捞死亡系数和补充变化组合的 3 种情景（图 6 - 3）：

（1）"恒定"情景（constant）：恒定的开发率和补充假设。

（2）"内生"情景（endogenous）：与生物量相结合的开发率，以及 Beverton - Holt 的亲体-补充函数（Beverton and Holt，1957）。

（3）"单向"情景（one - way）：Beverton - Holt 亲体-补充函数和与捕捞死亡系数相结合的开发率。捕捞死亡系数从随机选择的初始消耗率线性变化到 $F_{20\%}$（导致 20% SPR 的捕捞死亡）。根据生物学信息和与每种生活史类型相关的选择性计算 $F_{20\%}$（Rudd and Thorson，2018）。

情景（2）和（3）中捕捞死亡的标准差等于 0.2（Rudd and Thorson，2018），补充残差的标准差等于 0.737，一阶自回归系数等于 0.426，该值来自全球鱼类补充变异性荟萃分析的预测分布均值（Thorson et al.，2014b）。假定长度选择性遵循双参数逻辑斯蒂模型（Rudd and Thorson，2018 中的

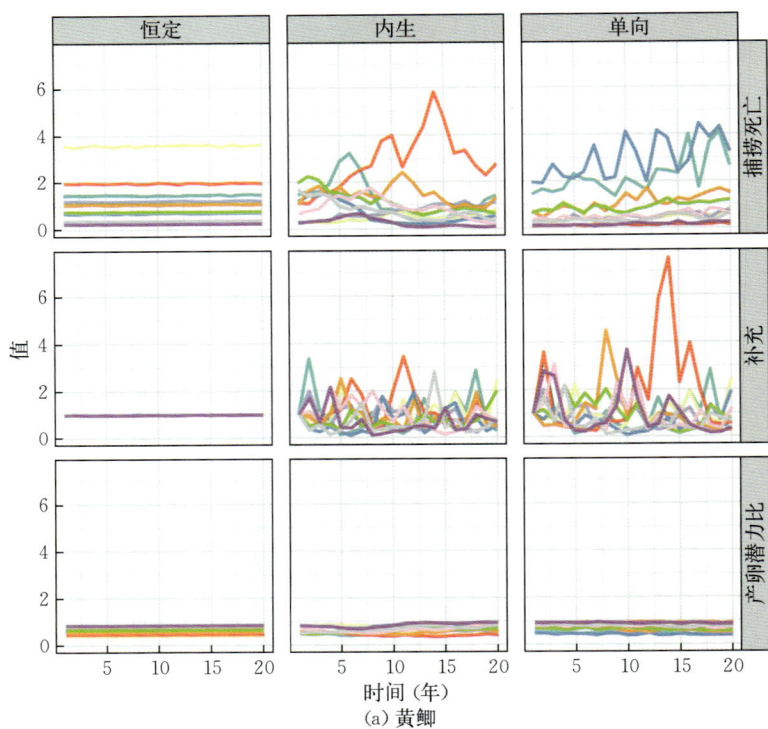

(a) 黄鲫

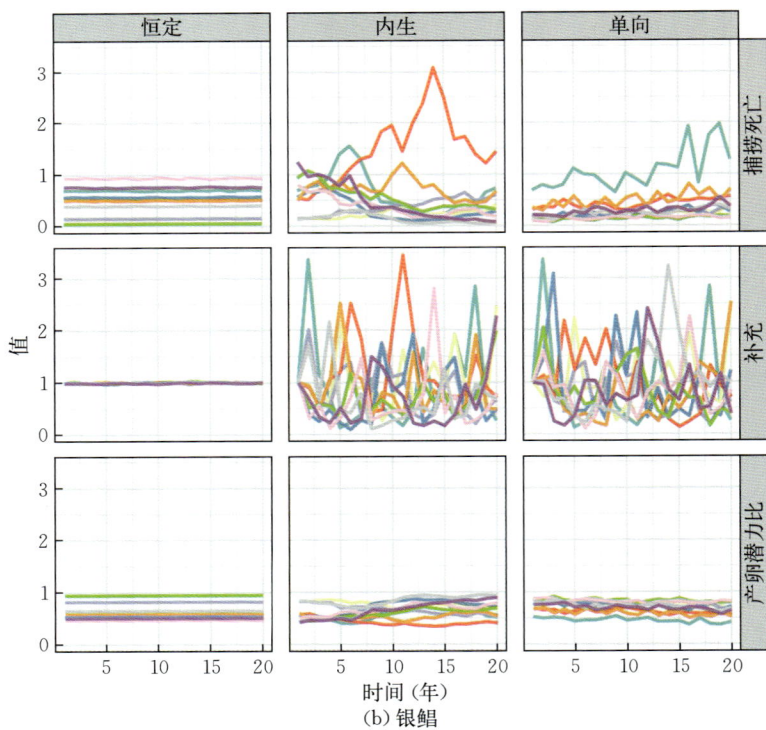

(b) 银鲳

图 6-3 3 种生活史类型的捕捞死亡和补充情景（100 次迭代中随机选择的 10 次迭代作为示例）

公式 4）。本章重复此过程，针对每个种群的每种情景运行 100 次迭代，以生成模拟数据。更多信息参见指导手册（https://github. com/merrillrudd/LIME）。

假设样本量为 250，这接近于每年测量的银鲳/黄鲫的样本量。尽管集成模型仅将基于长度的模型中获得的估计值作为唯一输入，但本研究仍然测试了在丰富数据假设下的 LIME 模型的性能。因此，LIME 共设置了 13 个数据可用性情景：① "Rich20"，具有 20 年的产量、丰度指数和长度数据；② "Rich10"，具有 10 年产量、丰度指数、长度数据；③ "Rich5"，具有 5 年产量、丰度指数、长度数据；④ "I_LC20"，具有 20 年丰度指数、长度数据；⑤ "I_LC10"，具有 10 年丰度指数、长度数据；⑥ "I_LC5"，具有 5 年丰度指数、长度数据；⑦ "C_LC20"，具有 20 年产量、长度数据；⑧ "C_LC10"，具有 10 年产量和长度数据；⑨ "C_LC5"，具有 5 年产量、长度数据；⑩ "LC20"，具有 20 年长度数据；⑪ "LC10"，具有 10 年长度数据；⑫ "LC5"，具有 5 年长度数据；⑬ "LC1"，具有 1 年长度数据。只为 LB-SPR 设置了一个数据可用性场景：具有 1 年长度数据的 "LBSPR"。

分别拟合了两个基于长度的模型（LIME 和 LB-SPR），使用模拟数据和基本生活史和/或渔业参数来估计 SPR。LIME 和 LB-SPR 适用于世界各地的大多数渔业，在文献中得到了很好的证实，并已进行了广泛的模拟测试（Rudd and Thorson，2018；Chong et al.，2019；Pons et al.，2019，2020；Halim et al.，2020）。

基于长度的产卵潜力比模型（LB-SPR）是数据有限渔业中估算参考点的主要方法之一，它能够快速评估相对于未捕捞时的种群状况。该模型通过使用静态的、基于平衡的相对年龄结构模型来假设平衡条件（即恒定的补充和死亡，Hordyk et al.，2015；Prince et al.，2015）。虽然 LB-SPR 可以使用多年的长度数据，但仅基于每年的数据估计种群状况（即对某一年种群状况的估计仅基于该年的长度组成），本章只使用最后一年的长度数据来计算 SPR。LB-SPR 的输入包括自然死亡系数与 von Bertalanffy（冯-贝塔朗菲）生长系数的比率（M/K）、每年的长度组成数据、von Bertalanffy 渐进长度参数（L_∞）、50% 和 95% 的性成熟长度参数（L_{50} 和 L_{95}）。LB-SPR 估计捕捞死亡系数与自然死亡系数的比率（F/M）以及 50% 和 95% 渔具选择性长度（S_{50} 和 S_{95}），来拟合预测和观测到的长度组成数据，并推导出 SPR（Hordyk et al.，2015）。LB-SPR 模型由 R 包 LB-SPR 实现（0.1.5 版本）（Hordyk，2017）。

基于长度的综合混合效应模型（LIME）是一种年龄结构的种群动态混合模型，在仅有长度数据和假设的生活史参数的情况下，可以考虑可变的捕捞死亡系数和种群补充量。所需的生活史参数包括长度-年龄关系、von Bertalanffy 生长参数、长度-体重参数、自然死亡系数和 50% 性成熟长度（Rudd and Thorson，2018）。该模型还可以综合多年和多种类型的数据，包括长度数据和丰度数据与/或渔获量数据，以改进对捕捞死亡系数随时间变化的估计（Rudd and Thorson，2018）。LIME 估计 50% 和 95% 渔具选择性长度（S_{50} 和 S_{95}）、狄利克雷多项式参数，作为固定效应的补充标准偏差和捕捞死亡系数以及随机效应的补充估计。与 LB-SPR 相比，当拟合 1 年以上的长度数据时，LIME 在估计补充和捕捞死亡系数时不假设平衡条件。在模型运行中，当所有参数的最终梯度小于 0.001 时，模型判定为收敛。对于生活史类型、数据可用性情景、捕捞死亡模式和补充动态的每种组合，获得了 100 次迭代生成的数据，并对每组数据运行了估计模型（LIME 和 LB-SPR）运算。LIME 模型由 R 包 LIME 2.1.3 版本实现（Rudd and Thorson，2018）。

为了评估 LIME 和 LB-SPR 模型在不同情景下的性能，本研究将结果输出与操作模型的模拟"真实"值进行了比较，并使用相对误差［RE，(estimated-true)/true］作为评估指标。

二、集成模型构建和验证

两个独立的组分模型（LIME 和 LB-SPR）组合而成的集成建模（ensemble modeling，EM）旨在提供对近期种群状况（SPR）的估计。因此，这些集成模型被用于估计数据序列最后一年的 SPR。最后一年的 SPR 被用作响应变量，两个独立的组分模型（LIME 和 LB-SPR）的预测值被用作集成模型的解释变量（图 6-2）。

对每个种群的平均模型和 4 个不同复杂度的集成模型进行了比较：随机森林（random forest，RF）、支持向量机（support vector machine，SVM）、线性模型（linear model，LM）和提升回归树（generalized boosted regression modeling，广义提升回归模型，GBM）分别作为集成模型的统计链接。4 个集成模型分别对每个种群进行了拟合（例如，RF_PA 仅拟合银鲳，RF_ST 仅拟合黄鲫），并对包含这两个鱼类种群数据的集合进行了拟合（例如，RF 对银鲳和黄鲫都进行了拟合）。

这些模型中集成估计的 SPR 可以描述为 $\hat{\theta}$。单个组分模型估计的 SPR 表示为 $\hat{x}$。每个种群的模型平均计算如下：

$$\hat{\theta}=(\hat{x}_{LIME}+\hat{x}_{LB\text{-}SPR})/2 \qquad (6-1)$$

线性模型链接的集成模型计算如下：

$$\hat{\theta}=\beta_0+\beta_1\hat{x}_{LIME}+\beta_2\hat{x}_{LB\text{-}SPR}+\epsilon, \epsilon\sim N(0,\sigma^2) \qquad (6-2)$$

支持向量机（support vector machine，SVM）是一种流行的机器学习方法，常用于广义（非线性）分类、回归和异常值检测，具有直观的模型表示（Cortes and Vapnik，1995；Bennett and Campbell，2000；Chang and Lin，2011）。首先，SVM 被用来训练一个数据集（在所有捕捞和补充情景下，拟合基于 80% 模拟数据的组分模型 SPR 估计值），以构建集成模型。然后，构建的集成模型用于预测来自测试数据集的信息（在所有捕鱼和补充情景下，拟合基于剩余 20% 模拟数据的组分模型 SPR 估计值）。基于机器学习中的预处理策略，SVM 通过将输入空间映射到高维特征空间，用来寻找一个最佳的超平面，使其在新的高维空间中与最近的训练实例之间的边际最大化，并使预期泛化误差最小化（Seo，2007）。用 R 中的 e1071 包（Meyer et al.，2015）来拟合 SVMs。

基于回归树的广义提升回归模型（GBM）是一种高度灵活的回归模型，通过保持响应和每个预测因子之间的单调关系，在预测准确性方面取得了不错的效果（Friedman and Tibshirani，2000；Ridgeway，2007；Al-Mudhafar et al.，2016）。通过 R 包 gbm（Ridgeway，2007）的 GBM 使用默认参数值对训练数据进行了拟合，以构建集成模型。

随机森林（random forest，RF）建模同样以回归树为基础。在 RF 中，每棵树都取决于独立采样的随机向量的值，并且森林中的所有树都具有相同的分布（Breiman，2001）。本章使用 R 包 randomforest（Liaw and Wiener，2002）来拟合 RF，以构建集成模型。

使用单倍交叉验证来评估集成模型的性能：将数据集随机分成两组，然后在 80% 的数据上构建集成模型，并在剩余的 20% 数据上评估其预测性能。为了评估集成模型准确和精确地估计管理参考点的能力，使用绝对相对误差中值（MARE）作为评价指标，以量化在模拟数据的 20% 迭代中最后一年的估计和"真实"SPR 之间的精度。

三、集成模型应用

将 LIME 和 LB‐SPR 应用于黄渤海的银鲳和黄鲫种群，得到的种群状况 SPR 估计值作为输入数据，用于先前建立的集成模型（即 RF、RF＿PA、RF＿ST、SVM、SVM＿PA、SVM＿ST、GBM、GBM＿PA、GBM＿ST、LM、LM＿PA、LM＿ST、Model average）。渤海是银鲳和黄鲫的渤海-黄海种群的重要产卵场，对未来几年的种群补充具有重要作用（刘效舜等，1990；金显仕等，2005，2006，2015）。5—7 月是渤海-黄海种群的产卵期，7—11 月是主要索饵期。11 月底，种群逐渐返回黄海越冬。自 20 世纪 80 年代以来，在渤海海域，黄鲫一直是优势种，在近海鱼类群落中发挥着重要作用（金显仕等，2006）。该种群于 5 月中旬至 6 月在渤海产卵，11 月底返回黄海越冬场（刘效舜等，1990；金显仕等，2006，2015）。

数据来源为 YSFRI 在 2016—2021 年春季（5 月）、夏季（8 月）、秋季（10—11 月）和冬季（1 月）在黄渤海进行的固定站位拖网调查所采集的银鲳和黄鲫长度数据。渤海拖网调查的调查船为当地渔船（2019 年之前）和渔业调查船"中渔科 102"（2019—2021 年）。黄海拖网调查的调查船为渔业调查船"北斗号"（2020 年之前）和"蓝海 101 号"（2020—2021 年），详见本书第三章和第二章。

建模结果可为捕捞策略提供信息，该策略的目标是实现预期产卵量为未捕捞时产卵量的 40％ 的捕捞死亡率（称为"$SPR_{40\%}$"），这被认为是许多恢复力非常低的种群风险规避界限（Clark，2002）。$SPR_{30\%}$ 被视为一个阈值，低于该阈值的种群被认为已被过度捕捞（Clark，2002；Nadon et al.，2015；Rudd and Thorson，2018）。因此，这些值被视为渔业管理参考点，以评估黄渤海银鲳和黄鲫的资源状况，为未来的渔业管理决策提供信息。

第二节　结　　果

一、模型验证结果

模拟测试表明，与平衡条件下相比，LIME 和 LB‐SPR 方法在可变条件下的相对误差 RE 分布较为分散（图 6‐4）。此外，与黄鲫相比，银鲳的 RE 分布也相对分散。当数据的时间序列变短时，两个鱼种的 LIME 估计量的偏差（偏差以相对误差中值 MRE 衡量）会增大。

结果表明，对于银鲳，当生物学特性在捕捞死亡和补充模式的各种情景中正确指定时，LIME 和 LB‐SPR 都能估计出无偏 SPR（图 6‐4）。与银鲳相比，LIME 和 LB‐SPR 估计的黄鲫 SPR 具有较大的相对误差。

对于银鲳，在平衡条件下（恒定情景）的所有数据情景中，LIME 和 LB‐SPR 的 SPR 平均偏差为 0.008（从－0.005 到 0.017）。在内生情景下的所有数据情景中，LIME 和 LB‐SPR 的 SPR 平均偏差为 0.014（从－0.026 到 0.085），其中 LIME 的 SPR 在只有长度和产量数据（C＿LC）的情景下，表现出相对较大的偏差。在单向情景下，所有数据情景中 LIME 和 LB‐SPR 的 SPR 平均偏差为 0.088（从 0.039 到 0.163），并且 LIME 的 SPR 在只有长度和产量数据（C＿LC）的情景下，也表现出相对较大的偏差。

对于黄鲫，在平衡条件（恒定情景）下的所有数据情景中，LIME 和 LB‐SPR 的 SPR 平均偏差

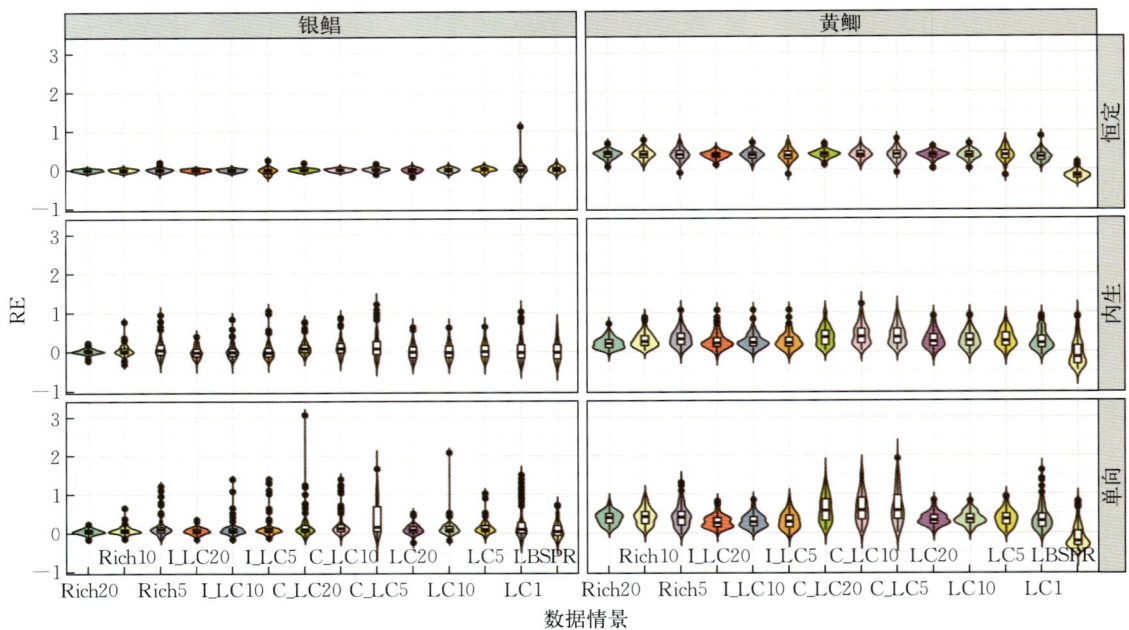

图 6-4 不同情景下模拟种群的 SPR 的 LIME 和 LB-SPR 估计值相对误差分布

为 0.331（从-0.176 到 0.405）。在内生情景下，LIME 和 LB-SPR 在所有数据情景中的 SPR 平均偏差为 0.243（从-0.146 到 0.379）。在单向情景下，LIME 和 LB-SPR 在所有数据可用性情景中的 SPR 平均偏差为 0.348（从-0.217 到 0.576）。总体上，对于黄鲫，LB-SPR 模型的 SPR 估计值低于其"真实值"，而 LIME 估计值高于其"真实值"。与"真实值"相比，这两种基于长度的评估方法似乎都存在偏差。

集成方法，尤其是机器学习集成模型（支持向量机，SVM），普遍提升了对种群状况的估计的准确性，性能超过了任何单个模型（表 6-2）。在数据可用性 LC20、LC10、LC5、LC1 情景下，与 LIME 相比，SVM 集成（SVM20、SVM10、SVM5 和 SVM1）使黄鲫的 MARE（量化精度的绝对相对误差中值）分别降低了 0.257、0.252、0.243 和 0.130，使银鲳的 MARE 分别降低了-0.014、0.004、0.011 和 0.036。与 LB-SPR 相比，SVM 集成（SVM20、SVM10、SVM5 和 SVM1）使黄鲫的 MARE 分别降低了 0.161、0.150、0.148 和 0.136，使银鲳的 MARE 分别降低了 0.021、0.019、0.011 和-0.006。相比于两个鱼种数据共同构建的集成模型，单鱼种数据构建的集成模型具有更高的精度。

表 6-2　与 LB-SPR 和 LIME 相比，集成模型在种群状况估计中的性能

MARE	黄鲫			银鲳		
	恒定	内生	单向	恒定	内生	单向
LC20	0.341	0.298	0.376	0.041	0.092	0.078
LC10	0.327	0.317	0.389	0.040	0.147	0.083
LC5	0.293	0.304	0.414	0.043	0.168	0.104
LC1	0.247	0.169	0.293	30.070	0.168	0.202

MARE	黄鲫			银鲳		
	恒定	内生	单向	恒定	内生	单向
LBSPR	0.186	0.256	0.286	0.043	0.141	0.131
Average20	0.068	0.109	0.124	0.035	0.150	0.094
Average10	0.069	0.103	0.126	0.036	0.172	0.090
Average5	0.070	0.145	0.120	0.034	0.175	0.088
Average1	0.056	0.114	0.169	0.053	0.174	0.206
RF20	0.072	0.119	0.125	0.093	0.181	0.062
RF10	0.089	0.141	0.144	0.080	0.177	0.084
RF5	0.096	0.169	0.109	0.079	0.173	0.077
RF1	0.093	0.157	0.139	0.061	0.149	0.057
RF_ST20/RF_PA20	0.064	0.141	0.122	0.101	0.170	0.063
RF_ST10/RF_PA10	0.097	0.148	0.119	0.077	0.166	0.063
RF_ST5/RF_PA5	0.090	0.188	0.133	0.077	0.184	0.086
RF_ST1/RF_PA1	0.084	0.180	0.146	0.069	0.135	0.069
SVM20	0.052	0.106	0.086	0.043	0.131	0.078
SVM10	0.057	0.124	0.097	0.039	0.148	0.072
SVM5	0.061	0.115	0.106	0.032	0.161	0.089
SVM1	0.075	0.143	0.102	0.054	0.171	0.109
SVM_ST20/SVM_PA20	0.040	0.106	0.080	0.035	0.128	0.072
SVM_ST10/SVM_PA10	0.052	0.131	0.084	0.037	0.131	0.062
SVM_ST5/SVM_PA5	0.061	0.126	0.096	0.029	0.177	0.074
SVM_ST1/SVM_PA1	0.084	0.159	0.081	0.056	0.153	0.097
LM20	0.088	0.109	0.125	0.074	0.159	0.099
LM10	0.084	0.110	0.124	0.078	0.187	0.096
LM5	0.085	0.109	0.131	0.074	0.154	0.100
LM1	0.088	0.114	0.121	0.072	0.202	0.163
LM_ST20/LM_PA20	0.061	0.099	0.083	0.081	0.134	0.089
LM_ST10/LM_PA10	0.066	0.116	0.088	0.074	0.142	0.084
LM_ST5/LM_PA5	0.074	0.121	0.114	0.076	0.148	0.118
LM_ST1/LM_PA1	0.081	0.151	0.095	0.076	0.176	0.186
GBM20	0.078	0.137	0.104	0.054	0.162	0.080
GBM10	0.078	0.134	0.100	0.054	0.168	0.080
GBM5	0.081	0.136	0.119	0.063	0.167	0.078
GBM1	0.093	0.146	0.115	0.075	0.175	0.126
GBM_ST20/GBM_PA20	0.051	0.114	0.110	0.052	0.137	0.086
GBM_ST10/GBM_PA10	0.053	0.117	0.113	0.046	0.145	0.078
GBM_ST5/GBM_PA5	0.060	0.123	0.125	0.053	0.164	0.092
GBM_ST1/GBM_PA1	0.081	0.164	0.130	0.071	0.165	0.105

二、集成模型应用结果：银鲳和黄鲫资源评价

最优集成模型（以 SVM 为链接函数）显示（表 6-3），2021 年银鲳和黄鲫的 SPR 估计值分别为 0.393 和 0.469。这些结果（＞$SPR_{30\%}$）表明，没有证据表明渤海银鲳和黄鲫被过度捕捞。大多数集成模型均得出了上述结论。近几年，黄鲫资源状况无明显变化趋势（图 6-5），均保持在健康状态；但银鲳的 SPR（0.393＜$SPR_{40\%}$）近 4 年明显低于 2016—2017 年，这表明其需要额外的监测关注，并需要进一步保护，以降低该资源被过度捕捞的风险。

表 6-3　2021 年渤海银鲳和黄鲫的集成模型 SPR 估计值

集成模型	银鲳	黄鲫
模型平均	0.404（0.087～0.631）	0.502（0.435～0.611）
基于随机森林构建的集成模型 RF	0.377（0.346～0.527）	0.512（0.423～0.604）
仅拟合银鲳 RF_PA	0.431（0.365～0.456）	
仅拟合黄鲫 RF_ST		0.492（0.434～0.523）
基于支持向量机构建的集成模型 SVM	0.394（0.365～0.636）	0.536（0.436～0.615）
仅拟合银鲳 SVM_PA	0.393（0.390～0.497）	
仅拟合黄鲫 SVM_ST		0.469（0.413～0.514）
基于线性模型构建的集成模型 LM	0.421（0.218～0.620）	0.520（0.461～0.581）
仅拟合银鲳 LM_PA	0.461（0.120～0.726）	
仅拟合黄鲫 LM_ST		0.469（0.408～0.534）
基于广义提升回归树构建的集成模型 GBM	0.414（0.367～0.620）	0.548（0.461～0.581）
仅拟合银鲳 GBM_PA	0.436（0.372～0.726）	
仅拟合黄鲫 GBM_ST		0.488（0.408～0.534）

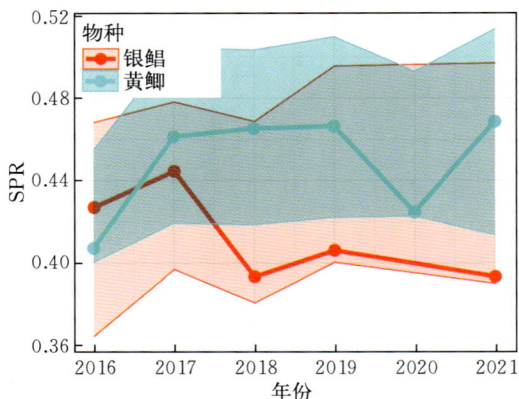

图 6-5　基于最优集成模型的 2016—2021 年渤海银鲳和黄鲫的 SPR 变化

最优集成模型（以 SVM 为链接函数）显示（表 6-4），2021 年银鲳和黄鲫的 SPR 估计值分别为 0.345 和 0.488。这些结果（＞$SPR_{30\%}$）显示，没有证据表明黄海银鲳和黄鲫存在过度捕捞。大多数

集成模型均得出了上述结论。2016—2021 年的黄鲫资源状况相对稳定（图 6-6），均处于健康状态；银鲳 SPR 均高于过度捕捞的阈值（$SPR_{30\%}$），但近几年呈缓慢下降趋势，这表明其需要额外的监测关注，并需要进一步保护，以降低该资源被过度捕捞的风险。

表 6-4　2021 年黄海银鲳和黄鲫的集成模型 SPR 估计值

集成模型	银鲳	黄鲫
模型平均	0.319（0.262～0.390）	0.632（0.454～0.820）
基于随机森林构建的集成模型 RF	0.358（0.346～0.433）	0.656（0.435～0.810）
仅拟合银鲳 RF_PA	0.352（0.345～0.424）	
仅拟合黄鲫 RF_ST		0.662（0.426～0.791）
基于支持向量机构建的集成模型 SVM	0.352（0.347～0.392）	0.642（0.444～0.810）
仅拟合银鲳 SVM_PA	0.345（0.339～0.402）	
仅拟合黄鲫 SVM_ST		0.488（0.448～0.578）
基于线性模型构建的集成模型 LM	0.384（0.344～0.433）	0.592（0.482～0.708）
仅拟合银鲳 LM_PA	0.398（0.351～0.456）	
仅拟合黄鲫 LM_ST		0.529（0.460～0.604）
基于广义提升回归树构建的集成模型 GBM	0.367（0.366～0.386）	0.642（0.472～0.734）
仅拟合银鲳 GBM_PA	0.372（0.365～0.525）	
仅拟合黄鲫 GBM_ST		0.488（0.447～0.606）

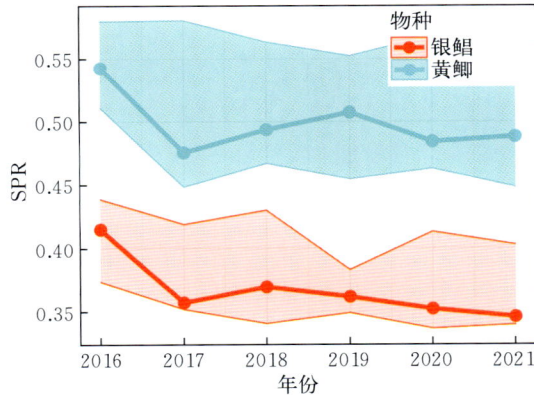

图 6-6　基于最优集成模型的 2016—2021 年黄海银鲳和黄鲫的 SPR 变化

第三节　讨　　论

本研究基于银鲳和黄鲫的种群模拟和两个基于长度方法（LB-SPR 和 LIME）构建了集成模型。该模型提供了一种有效的方法，旨在估计存在显著差异的状况下为资源管理决策提供参考。作为一个混合效应模型，LIME 将长度组成数据的变化归因于补充的变化，且渔具选择性随时间保持不变

（Rudd and Thorson，2018）；而 LB－SPR 允许选择性在不同年份之间发生变化，但假设种群补充随时间的推移保持不变（Hordyk et al.，2015）。模型验证和应用案例显示，本章构建的集成方法为数据有限、没有渔获量数据记录的渔业种群评估提供了一个可行途径。

基于模拟数据集的模型测试表明，LIME 和 LB－SPR 模型在估计 SPR 方面存在较大偏差。在一系列生活史、捕捞死亡和补充情景中，LIME 和 LB－SPR 方法对银鲳（最大年龄 6 龄，渐近长度 30.4 cm，生长系数 0.25，自然死亡系数 0.817）的评估性能优于对黄鲫（最大年龄 4 龄，渐近长度 20 cm，生长系数 0.62，自然死亡率 1.35）的评估。单个组分模型对快速生长、寿命短的小型鳀科鱼类黄鲫的种群状况的估计能力较差，LIME 和 LB－SPR 分别高估和低估了黄鲫的 SPR。因此，Rudd 和 Thorson（2018）只通过研究一种短生命鱼类就得出的"LIME 对寿命较短的鱼类资源评估性能良好"的结论，需要进一步研究验证。

针对同一资源，多个方法获得的结果可能存在很大差异，在这种情况下，集成方法为渔业资源管理决策提供了一种有用的方法（Anderson et al.，2017）。本章的结果表明，支持向量机集成模型可以提供对单个组件模型行为的额外洞察（允许非线性关系），并且通常在所有模型测试中表现最好。然而，并不是所有的集成模型在各种情况下都表现最佳。包含的模型数量以及这些单个组件模型的结构形式，可以极大地影响集成模型的性能（Ali and Pazzani，1996；Dietterich，2000；Tebaldi and Knutti，2007）。每个组件模型在各自特定条件下表现良好，集成模型可以利用这些组件模型的最佳预测性能（Anderson et al.，2017）。训练数据集是否具有代表性将影响集成模型的性能（Knutti et al.，2009；Weigel et al.，2010），这是本研究用各种情景产生的数据集来训练集成模型的原因。训练数据集中包含具有代表性的数据集，提高了模型在验证过程中预测性能的客观性（Hastie et al.，2009）。

集成方法可通过已知数据调整的非线性函数来组合不同类型的模型（Stewart and Martell，2015；Anderson et al.，2017）。本章模拟测试表明，在无法获得渔获量数据的情况下，集成模型可以改善鱼类种群状况的估计性能。这与基于渔获量模型的集成建模的结论一致（Anderson et al.，2017）。集成方法可以提供一个框架，使管理人员能够专注于决策制定，而不是从评估模型中或这些模型中的假设中进行选择（Stewart and Martell，2015）。本研究表明，这种方法可以包括差异较大的种群评估模型 LIME 和 LB－SPR，并且在没有产量数据的情况下评估鱼类的种群状况比尝试选择单个基于长度的最佳模型更加稳健和便捷。诊断 LIME 和 LB－SPR 产生不同结果的原因以及这些差异对管理决策的影响，是本章构建和推荐集成模型的原因。

30 多年来，许多学者关注黄渤海黄鲫和银鲳的种群状况（例如，唐启升和叶懋中，1990；金显仕等，2006，2014）。唐启升和叶懋中（1990）根据 1983—1985 年黄鲫叉长组成数据，采用世代分析（Jones，1981）估算了黄渤海黄鲫的资源利用率，判断其处于中等利用水平。与 20 世纪 80 年代相比，扫海面积法和声学调查方法估计的 21 世纪初银鲳和黄鲫的生物量已大大减少（金显仕等，2006，2014）。随之而来的有限可用数据阻碍了这两个鱼种的资源评估和渔业管理的发展。缺乏黄鲫的产量记录限制了传统评估方法的使用，因此无法快速准确地评估该鱼种。银鲳的产量记录通常包括几个相关鱼种，从而之前对其种群状况的评估可能存在偏差（Liu et al.，2013）。本研究通过基于长度模型的集成方法，提供了一种解决方案。基于调查数据，集成模型的结果表明，2016—2021 年渤海和黄海黄鲫和银鲳均未处于过度捕捞水平，其中黄鲫资源在两个海域均处于中等利用水平。但近年来两个海域的银鲳种群状况均显示 SPR<40%，这表明该鱼种已被充分开发，其保护值得特别关注，以确保其资源状况不会走向恶化。然而，据金显仕等（2006，2014）报道，银鲳的种群结构趋向低龄化。综合考虑，管理者应采取措施保护黄渤海的银鲳种群（即将银鲳的 SPR 提高到 40% 以上），以确保其渔业的可持续利用及其在生态系统中的作用正常发挥。

集成模型提供了将更多具有不同结构和假设的模型相结合的空间（Stewart and Martell，2015），以探索这些组合是否能进一步提高集成模型的估计性能。很多学者指出并讨论了模型平均法在很多情况下的非稳健性（Schnute and Hilborn，1993；Stewart and Martell，2015；Anderson et al.，2017）。对于内生和恒定情景下的黄鲫和恒定情景下的银鲳，模型平均运行良好的一个重要原因可能是 LBSPR 和 LIME 确实表现出相反的偏差，并相互抵消（图 6-4）。在这两个模型没有表现出相反的偏差（图 6-4）或有更多的模型时（例如，Anderson et al.，2017），模型平均的效果并不理想。然而，在本章中，由 SVMs 构建的机器学习集成模型在各种情况下都有相对稳定和良好的表现。本研究建议在未来的研究和应用中应谨慎使用模型平均法，并探索更多的机器学习方法，以开发集成模型。

集成模型的性能可以通过优化其各个组件模型的估计性能来提高。对于 LIME，这意味需要收集更长时间序列的长度数据；在每一年中进行更多数量的长度测量；开展更多调查以获取监测指数数据，从中推导出捕捞死亡系数和补充量变异性的估计值。此外，可以根据模型性能权衡采样成本，以确定适当数量的长度测量值。

在这些模型的未来应用过程中，还应考虑错误指定参数的影响。集成模型的下一步是将贝叶斯先验应用于生物参数，以分析与管理相关的种群参数估计的不确定性（例如，来自 FishLife，Thorson et al.，2017）。应在不同的选择性形状上进行敏感性测试，以了解错误指定模型结构时 SPR 估计的准确性。

第七章　总结与展望

▷

第一节　总　　结

本书基于黄渤海渔业资源调查数据，阐述了重要鱼类鳀、小黄鱼、黄鲫和银鲳在时空分布和种群补充方面对捕捞压力、气候变化、海洋学条件、生物驱动因素的响应，构建了适用于黄渤海重要鱼类的资源评估模型，分析了多重压力下的资源动态，为我国近海渔业资源可持续利用与管理提供依据。

（1）近 20 年来黄海越冬场重要鱼类种群的时空分布变化受到多重压力的影响。鳀时空分布主要受到当地温度（SST）和区域气候指数（AMO）驱动，此外，捕捞压力（FI）对鳀正渔获率（非零渔获率）有一定的影响；小黄鱼时空分布主要受到 PDO（具有时滞效应）和 FI 的驱动，SST 对小黄鱼相遇概率有一定的影响；黄鲫时空分布主要受到 SST、NAO（具有时滞效应）和 FI 的驱动；银鲳时空分布主要受到 SST、AOI 和捕捞压力的驱动。

鳀核心越冬场位于黄海中部海域及其周围海域（32.75°～37.5°N，122.25°～124.75°E）。小黄鱼核心越冬场位于黄海中部海域（33.75°～36.0°N，123.25°～124.75°E）、黄海中北部海域（36.0°～37.625°N，123.25°～124.25°E）和东南部海域（32.0°～33.75°N，124°～125.25°E）。黄鲫核心越冬场位于黄海南部海域（32°～33.25°N，122.25°～125°E）、黄海中部海域（34.25°～35.75°N，122.5°～123.5°E）和黄海中北部海域（36.5°～37.75°N，122.875°～124.125°E）。银鲳核心越冬场位于黄海西部海域（32.5°～35.25°N，120.5°～123.25°E）和黄海中北部（35.5°～36.75°N，123.25°～124.25°E）海域。在长期变化中，小黄鱼生物量向我国一侧显著转移。鳀分布变化符合理想自由分布理论（IFD）。黄鲫分布变化在 2010 年之前符合密度依赖的栖息地选择理论（DDHS），2010 年之后受区域气候变化影响显著，种群分布变得复杂，相对应的是密度热点区北移和种群北部边界北扩。银鲳和小黄鱼生物量升高时，核心区密度上升幅度更大，这难以用 DDHS 或 IFD 来解释，在渔业管理中也需要谨慎对待，以防对种群恢复的认知过于乐观。

（2）2010—2019 年，渤海鳀、小黄鱼、虾虎鱼和黄鲫核心栖息地分化，它们均处于食物链的中间环节，承担了部分营养中枢功能。鳀分布热点在辽东湾南部水域和渤海湾口至渤海中部水域（即热点多出现在水深 18～30 m 的水域）。小黄鱼主要分布在黄河口水域、渤海口水域和辽东湾北部水域。黄鲫主要分布在渤海湾、黄河口水域和辽东湾北部水域。虾虎鱼分布热点较多分布在水深小于 25 m，底质类型为粉砂质黏土软泥、细粉砂、黏土质软泥的近岸水域。

捕食者细纹狮子鱼和黄鮟鱇多出现在鳀热点分布区，反映了鳀是两者的重要食物来源。在时空动态上，细纹狮子鱼和黄鮟鱇与其他鱼类（包括小黄鱼、黄鲫和银鲳）时空密度呈负相关关系，反映了它们捕食和竞争交互作用。出于"食物捕食风险权衡"，小黄鱼与鳀（常伴有顶级捕食者出现）

密度热点区呈现时空分布分化。银鲳与黄鲫环境需求相似（分布热点区域相似），但在研究期间无明显的竞争相互作用。它们与鳀在空间变化上呈负相关关系，并在渔获率时空变化因子 2 上具有相反的载荷，反映了由竞争相互作用驱动的部分密度热点区分化和自然死亡率波动。

（3）鳀产卵群体生物量（SSB）和种群补充量（R）之间存在很强的双向因果关系，即产卵群体对补充具有生物学效应，反之亦然。除受 SSB 的影响外，R 还受到了生态系统中多重压力的影响。捕捞压力对黄渤海鳀种群补充具有很强的直接随机效应，其在黄渤海鳀种群补充中起着关键作用，是鳀种群补充下降的主要因素，而海温、PDO 等因子对鳀种群补充的局部效应明显。当前气候条件下，减少捕捞压力将有效促进种群补充和生物量增长。

（4）基于科学调查数据和产量数据的剩余产量模型评估结果发现，近年来，捕捞压力下降，小黄鱼和鳀生物量和资源状况均呈缓慢增加趋势。目前鳀种群处于健康状况的概率为 56.7%；小黄鱼有 54.4% 的概率处于过度捕捞的状态，有 45.6% 的概率处于正在恢复/健康的状态。基于评估结果，小黄鱼和鳀的 TAC 分别不应超过 15 万 t 和 50 万 t，预防性的 TAC 应更低。通过对比分析，两种重建的渔业产量统计数据 CPUE 能产生接近于调查数据的结果，这主要是由于重建的渔业产量统计数据 CPUE 时间序列考虑了渔船和设备性能的提升。因此，在无法获得种群调查数据的情况下，可使用两种重建渔业产量统计数据 CPUEs 来评估其资源状况。

（5）在有限数据资源评估集成模型构建及黄鲫和银鲳资源状况分析中，构建的模型大大改善了对黄鲫和银鲳资源状况评估精度。最佳集成模型应用于 2016—2021 年黄渤海黄鲫和银鲳调查数据，结果表明，黄鲫和银鲳资源分别处于适度利用和充分利用的水平。

基于上述研究结果，黄渤海渔业资源科学管理除利用产量控制手段（如 TAC）外，还需要加强鱼类关键栖息地空间管理。在不同压力水平下制定重要鱼类种群空间保护措施，如小黄鱼冬季分布热点仅剩下黄海中部 1 处，使之更容易遭到过度捕捞，进而影响翌年种群补充。生物驱动影响也应是黄渤海渔业资源科学管理的重要考虑因素。例如，管理者需要关注关键栖息地鱼类种群生产力受鱼类种间关系的影响，2010—2019 年期间捕食者细纹狮子鱼和黄鮟鱇生物量呈增长趋势，通过捕食和竞争相互作用影响了其他鱼类（包括小黄鱼、黄鲫和银鲳）的时空密度。因此，对资源补充过程的保护也是有效渔业管理的重要一环。

第二节　展　　望

本书考虑了气候变化、温度、捕捞压力、种间相互作用 4 个压力源对渔业种群的影响，而影响生态系统和种群动态的压力源众多，如敌害生物（如水母的暴发）、浮游生物、涉海工程、溢油污染、营养物质和盐度等。研究和识别更多压力源对种群时空分布和种群补充的影响，将成为今后完善种群适应性响应和资源补充机制研究的重要方面。

有效的空间管理需要科学认识目标物种的空间分布及其环境驱动因素。本书对黄渤海重要鱼类种群在关键栖息地的时空分布模式进行了研究，为渔业空间管理奠定了坚实的基础。今后的研究应强调有效渔业空间管理，提出科学有效的管理措施，如针对特定时间、特定海域设立保护区（或禁捕区），或在特定时对某些鱼种进行捕捞，以达到促进其他渔业种群恢复的目的。

本书基于现有生态系统知识和多物种 VAST 模型，研究了渔业生态系统中鱼种间的相互作用和空间重叠。未来应继续加大多重压力背景下，食物网以及物种相互作用对鱼类种群时空动态和生产力的影响研究，这对于发展基于生态系统的渔业管理，促进重要渔业种群的恢复至关重要。比如，本书发现渤海渔业生态系统中，黄鮟鱇和细纹狮子鱼生物量的逐渐增长对其他重要经济鱼类的时空密度具有消极影响，不利于它们资源恢复。应通过厘清相关机制，对低质顶级捕食者实施适量捕捞等动态管理措施，促进渔业生态系统健康发展。

收集新数据和合理利用现有数据是目前阶段提高渔业资源评估准确性的重要方向。通过增加新的信息来改进现有数据，可以提高种群评估和可持续利用的准确性和客观性。本书通过对比基于调查生物量指数的模型结果，重建了渔业统计 CPUE 数据，对重建数据指导渔业管理方面提出了可行性建议。集成建模技术是合理利用现有数据和现有众多资源评估模型的一个重要方法。今后应开展集成建模研究，同时，完善数据收集机制，提高渔业数据准确性、完整性、系统性，这对我国渔业资源评估与科学管理至关重要。

卞晓东，万瑞景，单秀娟，等，2022. 莱州湾中上层小型鱼类早期资源量动态及其外在驱动因素 ［J］. 中国水产科学，29（3）：446-468.

卞晓东，万瑞景，金显仕，等，2018. 近 30 年渤海鱼类种群早期补充群体群聚特性和结构更替 ［J］. 渔业科学进展，39（2）：1-15.

曹亮，2010. 铜、镉对褐牙鲆（*Paralichthys olivaceus*）早期发育阶段的毒理效应研究 ［D］. 北京：中国科学院研究生院（青岛：中国科学院海洋研究所）.

陈大刚，1991. 黄渤海渔业生态学 ［M］. 北京：海洋出版社：2-135.

陈仁杰，2018. 黄海双船有翼单囊拖网的最小网目尺寸研究 ［D］. 大连：大连海洋大学.

崔毅，马绍赛，李云平，等，2003. 莱州湾污染及其对渔业资源的影响 ［J］. 海洋水产研究，24（1）：35-41.

邓景耀，姜卫民，杨纪明，等，1997. 渤海主要生物种间关系及食物网研究 ［J］. 中国水产科学（4）：1-7.

邓景耀，孟田湘，任胜民，1986. 渤海鱼类食物关系的初步研究 ［J］. 生态学报，6（4）：70-78.

邓景耀，孟田湘，任胜民，等，1988. 渤海鱼类种类组成及数量分布 ［J］. 海洋水产研究（9）：11-90.

杜玉雯，2016. 我国鱼粉市场供求分析 ［D］. 上海：上海海洋大学.

冯立民，杨月安，1955. 小黄鱼和带鱼的洄游 ［J］. 生物学通报，8：21-25.

高文斌，刘修泽，段有洋，等，2009. 围填海工程对辽宁省近海渔业资源的影响及对策 ［J］. 大连水产学院学报，24（S1）：163-166.

郭斌，张波，戴芳群，等，2011. 海州湾小黄鱼幼鱼和黄鲫幼鱼的食物竞争 ［J］. 渔业科学进展，32（1）：8-15.

国家海洋信息中心，2021. 中国气候变化海洋蓝皮书 ［M］. 北京：科学出版社.

韩青鹏，单秀娟，陈云龙，等，2022. 山东近海产卵场健康状况评价体系 ［J］. 中国水产科学，29（1）：79-90.

韩青鹏，单秀娟，金显仕，等，2019. 多目标资源调查站位优化设计——以渤海为例 ［J］. 渔业科学进展，40（1）：1-11.

金显仕，2001. 渤海主要渔业生物资源变动的研究 ［J］. 中国水产科学，7（4）：22-26.

金显仕，2020. 渤海渔业种群对环境变化的适应性响应及资源效应 ［M］. 北京：中国农业出版社：7-280.

金显仕，Johannes Hamre，赵宪勇，等，2001. 黄海鳀限额捕捞的研究 ［J］. 中国水产科学，3：27-30.

金显仕，程济生，邱盛尧，等，2006. 黄渤海渔业资源综合研究与评价 ［M］. 北京：海洋出版社：1-395.

金显仕，窦硕增，单秀娟，等，2015. 我国近海渔业资源可持续产出基础研究的热点问题 ［J］. 渔业科学进展，36（1）：124-131.

金显仕，邱盛尧，柳学周，等，2014. 黄渤海渔业资源增殖基础与前景［M］. 北京：科学出版社：
    105-175.

金显仕，唐启升，1998. 渤海渔业资源结构、数量分布及其变化［J］. 中国水产科学，3：18-24.

金显仕，赵宪勇，孟田湘，等，2005. 黄、渤海生物资源与栖息环境［M］. 北京：科学出版社：405.

李显森，牛明香，戴芳群，2008. 渤海渔业生物生殖群体结构及其分布特征［J］. 海洋水产研究，4：15-21.

李显森，赵宪勇，李凡，等，2006. 山东半岛南部产卵场鳀生殖群体结构及其变化［J］. 海洋水产研究，1：
    46-53.

李忠炉，2011. 黄渤海小黄鱼、大头鳕和黄鮟鱇种群生物学特征的年际变化［D］. 北京：中国科学院研究生
    院（青岛：中国科学院海洋研究所）.

李忠炉，金显仕，张波，等，2012. 黄海大头鳕（*Gadus macrocephalus*）种群特征的年际变化［J］. 海洋与
    湖沼，43（5）：924-931.

李忠义，吴强，单秀娟，等，2018. 渤海鱼类群落结构关键种［J］. 中国水产科学，25（2）：229-236.

林群，王俊，袁伟，等，2016. 捕捞和环境变化对渤海生态系统的影响［J］. 中国水产科学，23（3）：
    619-629.

刘笑笑，王晶，徐宾铎，等，2017. 捕捞压力和气候变化对黄渤海小黄鱼渔获量的影响［J］. 中国海洋大学
    学报（自然科学版），47（8）：58-64.

刘效舜，吴敬南，韩祖光，等，1990. 黄、渤区渔业资源调查和区划［M］. 北京：海洋出版社.

刘阳，田永军，于佳，等，2021. 中日海洋环境领域研究合作与展望［J］. 海洋学报，43（8）：160-162.

马伟伟，万修全，万凯，2016. 渤海冬季风生环流的年际变化特征及机制分析［J］. 海洋与湖沼，47（2）：
    295-302.

牟秀霞，张弛，张崇良，等，2018. 黄渤海蓝点马鲛繁殖群体渔业生物学特征研究［J］. 中国水产科学，25
    （6）：1308-1316.

农牧渔业部水产局农牧渔业部东海区渔业指挥部，1987. 东海区渔业资源调查与区划［M］. 上海：华东师范
    大学出版社：1-300.

单秀娟，李忠炉，戴芳群，等，2011. 黄海中南部小黄鱼种群生物学特征的季节变化和年际变化［J］. 渔业
    科学进展，32（6）：7-16.

沈晓琳，2012. 北极涛动与 ENSO 对华北极端气候事件的影响［D］. 北京：中国气象科学研究院.

史磊，李泰民，刘龙腾，2019. 新中国成立 70 年以来中国捕捞渔业政策回顾与展望［J］. 农业展望，1
    （12）：16-23，31.

苏程程，单秀娟，杨涛，2021a. 山东半岛南部海域渔业资源结构及关键种的年际变化［J］. 水产学报，45
    （12）：1983-1992.

苏程程，单秀娟，杨涛，等，2021b. 黄海秋季鱼类群落关键种的年代际变化［J］. 渔业科学进展，42（6）：
    1-14.

苏程程，韩青鹏，张琦，等，2022. 山东半岛北部海域渔业生物群落结构及健康评价［J］. 渔业科学进展，
    43：1-12.

苏杭，陈新军，汪金涛，2015. 海表水温变动对东、黄海鲐鱼栖息地分布的影响［J］. 海洋学报，37（6）：
    88-96.

苏纪兰，唐启升，2002. 中国海洋生态系统动力学研究Ⅱ：渤海生态系统动力学过程［M］. 北京：科学出版

社：5－241.

唐启升，2006. 中国专属经济区海洋生物资源与栖息环境［M］. 北京：科学出版社：1－400.

唐启升，苏纪兰，2000. 中国海洋生态系统动力学研究Ⅰ：关键科学问题与发展战略［M］. 北京：科学出版社：5－241.

唐启升，叶懋中，1990. 山东近海渔业资源开发与保护［M］. 北京：农业出版社：1－166.

万瑞景，魏皓，孙珊，等，2008. 山东半岛南部产卵场鳀的产卵生态Ⅰ. 鳀鱼卵和仔稚幼鱼的数量与分布特征［J］. 动物学报，54（5）：785－797.

万瑞景，曾定勇，卞晓东，等，2014. 东海生态系统中鱼卵、仔稚鱼种类组成、数量分布及其与环境因素的关系［J］. 水产学报，38（9）：1375－1398.

王跃中，孙典荣，林昭进，等，2012. 捕捞压力和气候因素对黄渤海带鱼渔获量变化的影响［J］. 中国水产科学，19（6）：1043－1050.

韦晟，姜卫民，1992. 黄海鱼类食物网的研究［J］. 海洋与湖沼（2）：182－192.

魏秀锦，张波，单秀娟，等，2019. 渤海银鲳的营养级及摄食习性［J］. 中国水产科学，26（5）：904－913.

沃佳，2022. 基于群落营养动力学的多鱼种混合渔业管理策略研究［D］. 青岛：中国海洋大学.

徐宾铎，金显仕，梁振林，2003. 秋季黄海底层鱼类群落结构的变化［J］. 中国水产科学，2：148－154.

杨涛，单秀娟，金显仕，等，2016. 莱州湾鱼类群落的关键种［J］. 水产学报，40（10）：1613－1623.

杨涛，单秀娟，金显仕，等，2018. 莱州湾春季鱼类群落关键种的长期变化［J］. 渔业科学进展，39（1）：1－11.

张波，2018. 渤海鱼类的食物关系［J］. 渔业科学进展，39（3）：11－22.

张波，唐启升，金显仕，2009. 黄海生态系统高营养层次生物群落功能群及其主要种类［J］. 生态学报，29（3）：1109－1111.

张波，唐启升，金显仕，等，2005. 东海和黄海主要鱼类的食物竞争［J］. 动物学报，51（4）：616－623.

张波，吴强，金显仕，2015.1959—2011 年间莱州湾渔业资源群落食物网结构的变化［J］. 中国水产科学，22（2）：278－287.

张清清，2021. 中国近海重要渔业资源的参考点估计研究［D］. 青岛：中国海洋大学.

赵宪勇，2006. 黄海鳀种群动力学特征及其资源可持续利用［D］. 青岛：中国海洋大学.

周波涛，崔绚，2014. 北大西洋涛动与西北太平洋热带气旋频数关系的年代际变化［J］. 中国科学：地球科学，44（5）：1026－1033.

朱德山，Iversen S A，1990. 黄、东海鳀及其他经济鱼类［J］. 中国水产研究，11：1－143.

朱元鼎，1963. 中国石首鱼类分类系统的研究和新属新种的叙述［M］. 上海：上海科学技术出版社.

Aalto E A，Dick E J，Maccall A D，2015. Separating recruitment and mortality time lags for a delay‐difference production model［J］. Can J Fish Aquat Sci，165：161－165.

Adams C F，Alade L A，Legault C M，et al.，2018. Relative importance of population size，fishing pressure and temperature on the spatial distribution of nine Northwest Atlantic groundfish stocks［J］. PLoS One，13（4）：e0196583.

Akaike H，1974. A new look at statistical‐model identification［J］. IEEE T Automat Contr，19：716－723.

Albo‐Puigserver M，Pennino M G，Bellido J M，et al.，2021. Changes in life history traits of small pelagic fish in the Western Mediterranean Sea［J］. Front Mar Sci，8.

Ali K M，Pazzani M J，1996. Error reduction through learning multiple descriptions［J］. Mach Learn，24：

173 – 202.

Al – Mudhafar W J，Jaber A K，Al – Mudhafar A，2016. Integrating probabilistic neural networks and generalized boosted regression modeling for lithofacies classification and formation permeability estimation ［C］. Offshore Technol Conference. Houston.

Anderson J，Gurarie E，Bracis C，et al.，2013. Modeling climate change impacts on phenology and population dynamics of migratory marine species ［J］. Ecol Model，264：83 – 97.

Anderson S C，Cooper A B，Jensen O P，et al.，2017. Improving estimates of population status and trend with superensemble models ［J］. Fish Fish，18：1 – 10.

Andrew N L，Béné C，Hall S J，et al.，2017. Diagnosis and management of small – scale fisheries in developing countries ［J］. Fish Fisher，8：227 – 240.

Arnold T W，2010. Uninformative parameters and model selection using Akaike's information criterion ［J］. J Wildl Manage，74：1175 – 1178.

Astarloa A，Louzao M，Andrade J，et al.，2021. The role of climate，oceanography，and prey in driving decadal spatio – temporal patterns of a highly mobile top predator ［J］. Front Mar Sci，8：665474.

Barnston A G，Livezey R E，1987. Classification，seasonality and persistence of low – frequency atmospheric circulation patterns ［J］. Month Weather Rev，115：1083 – 1126.

Bastardie F，Brown E J，Andonegi E，et al.，2021. A review characterizing 25 ecosystem challenges to be addressed by an ecosystem approach to fisheries management in Europe ［J］. Front Mar Sci，7：629186.

Beaugrand G，Brander K M，Alistair Lindley J，et al.，2003. Plankton effect on cod recruitment in the North Sea ［J］. Nature，426 (6967)：661 – 664.

Beddington J R，Agnew D J，Clark C W，2017. Current problems in the management of marine fisheries ［J］. Science，316：1713 – 1716.

Bell R J，Richardson D E，Hare J，et al.，2015. Disentangling the effects of climate，abundance，and size on the distribution of marine fish：an example based on four stocks from the Northeast US shelf ［J］. ICES J Mar Sci，72 (5)：1311 – 1322.

Bell R J，Wood A，Hare J，et al.，2018. Rebuilding in the face of climate change ［J］. Can J Fisher Aquat Sci，75 (9)：1405 – 1414.

Bennett K P，Campbell C，2000. Support vector machines：hype or hallelujah？ ［J］. ACM SIGKDD Explorations Newsletter，2：1 – 13.

Berkeley S A，Houde E D，1978. Biology of two exploited species of halfbeaks，*Hemiramphus brasiliensis* and *H. balao* from southeast Florida ［J］. Bull Mar Sci，28：624 – 644.

Berkson J，Barbieri L，Cadrin S，et al.，2011. Calculating acceptable biological catch for stocks that have reliable catch data only (Only Reliable Catch Stocks – ORCS) ［J］. NOAA tech memo NMFS – SEFSC – 616.

Berliner L M，Kim Y，2008. Bayesian design and analysis for superensemble – based climate forecasting ［J］. Climate，21：1891 – 1910.

Beverton R J H，Holt S J，1958. On the dynamics of exploited fish populations ［J］. Copeia (3)：242.

Bian X，Zhang X，Sakrai Y，et al.，2014. Temperature – mediated survival，development and hatching variation of Pacific cod Gadus macrocephalus eggs ［J］. J Fish Biol，84：85 – 105.

Blanchard J L，Maxwell D L，Jennings S，2008. Power of monitoring surveys to detect abundance trends in depleted populations：the effects of density-dependent habitat use，patchiness，and climate change ［J］. ICES J Mar Sci，65：111-120.

Blanchard J L，Mills C，Jennings S，et al. ，2005. Distribution abundance relationships for North Sea Atlantic cod （*Gadus morhua*）：observation versus theory ［J］. Cann J Fisher Aquat Sci，62：2001-2009.

Borja A，FontánA，Sáenz J O N，et al. ，2008. Climate，oceanography，and recruitment：the case of the Bay of Biscay anchovy （*Engraulis encrasicolus*）［J］. Fish Oceanogr，17：477-493.

Botsford L W，Castilla J C，Peterson C H，1997. The management of fisheries and marine ecosystems ［J］. Sci，277：509-515.

Branch T A，Jensen O P，Ricard D，et al. ，2011. Contrasting global trends in marine fishery status obtained from catches and from stock assessments ［J］. Conserv biol，25（4）：777-786.

Brander K M，Blom G，Borges M F，et al. ，2003. Changes in fish distribution in the eastern North Atlantic：are we seeing a coherent response to changing temperature? ［J］. ICES Mar Sci Sym，219：261-270.

Breiman L，2011. Random forests ［J］. Mach Learn，45：5-32.

Brodziak J，Piner K R，2010. Model averaging and probable status of North Pacific striped marlin，*Tetrapturus audax* ［J］. Can J Fish Aquat Sci，67：793-805.

Brooks EN，Deroba J J，2015. When "data" are not data：the pitfalls of post hoc analyses that use stock assessment model output ［J］. Can J Fisher Aquat Sci，72（4）：634-641.

Browman H I，Skiftesvik A B，2014. The early life history of fish—there is still a lot of work to do! ［J］. ICES. J Mar Sci，71：907-908.

Brown B F，Brennan J A，Palmer J E，1979. Linear programming simulations of the effects of bycatch on the management of mixed species fisheries off the northeastern coast of the United States ［J］. Fisher Bull，76：851-860.

Burnham K P，Anderson D R，2002. Model Selection and Multimodel Inference：A Practical Information Theoretic Approach ［M］. 2nd Edn. New York：Springer-Verlag.

Carvalho F，Ahrens R，Murie D，et al. 2014. Incorporating specific change points in catchability in fisheries stock assessment models：an alternative approach applied to the blue shark （*Prionace glauca*） stock in the south Atlantic ocean ［J］. Fish Res，154：135-146.

Chang C C，Lin C J，2011. Libsvm：a library for support vector machines ［J］. ACM Trans Intell Syst Technol，2（3）：1-27.

Chen Y L，Shan X J，Jin X S，et al. ，2021. Changes in fish diversity and community structure in the central and southern Yellow Sea from 2003 to 2015 ［J］. Chin J Oceanol Limnol，36：1-13.

Chen Y，Shan X，Han Q，et al. ，2022. Long-term changes in the spatio-temporal distribution of snailfish *Liparis tanakae* in the Yellow Sea under fishing and environmental changes ［J］. Front Mar Sci，9：1024986.

Cheung W W L，Lam V W Y，Sarmiento J L，et al. ，2009. Projecting global marine biodiversity impacts under climate change scenarios ［J］. Fish and Fisheries，10：235-251.

Cheung W W L，Pinnegar J，Merino G，et al. ，2012. Review of climate change impacts on marine fisheries in the UK and Ireland ［J］. Aquatic Conservation：Mar Freshw Ecosyst，22：368-388.

Cheung W W L，Watson R，Pauly D，2013. Signature of ocean warming in global fisheries catch ［J］. Nature，497：365-368.

Choi J H，Lee J B，Yoon S C，et al.，2021. Bioeconomic analysis of the sandfish（*Arctoscopus japonicus*）management policies of the eastern sea danish fishery in Korea [J]. Sustainability，13：7868.

Choi M J，Kim D H，2020. Assessment and management of small yellow croaker（*Larimichthys polyactis*）stocks in South Korea [J]. Sustainability，12（19）：8257.

Chong L S，Mildenberger T K，Rudd M B，et al.，2019. Performance evaluation of data-limited，length-based stock assessment methods [J]. ICES J Mar Sci，77：97-108.

Ciannelli L，Bailey K，Olsen E，2015. Ecological and evolutionary constraints of fish spawning habitats [J]. ICES J Mar Sci，72（2）：285-296.

Cinner J E，Graham N A J，Huchery C，et al.，2013. Global effects of local human population density and distance to markets on the condition of coral reef fisheries [J]. Conserv biol，27：453-8.

Clark W G，2002. $F_{35\%}$ revisited ten years later [J]. N Am J Fish Manag，22：251-257.

Cortes C，Vapnik V，1995. Support-vector network [J]. Mach Learn，20：1-25.

Costello C，Ovando D，Hilborn R，et al.，2012. Status and solutions for the world's unassessed fisheries [J]. Science，338：517-520.

Cressie N，Calder C A，Clark J S，et al.，2009. Accounting for uncertainty in ecological analysis：the strengths and limitations of hierarchical statistical modeling [J]. Ecol Appl，19：553-570.

Cressman R，Krivan V，Garay J，et al.，2004. Ideal free distributions，evolutionary games，and population dynamics in multiple-species environments [J]. Am Nat，164：473-489.

Curnick D J，Collen B，Koldewey H J，et al.，2020. Interactions between a large marine protected area，pelagic tuna and associated fisheries [J]. Frontiers Mar Sci，7：318.

Deroba J J，2014. Evaluating the consequences of adjusting fish stock assessment estimates of biomass for retrospective patterns using Mohn's Rho [J]. North Am. J Fish Manag，34：380-390.

Deyle E，Schueller A M，Ye H，et al.，2018. Ecosystem-based forecasts of recruitment in two menhaden species [J]. Fish and Fisheries，19：769-781.

Dichmont C M，Deng R A，Punt A E，et al.，2016. A review of stock assessment packages in the United States [J]. Fish Res，183：447-460.

Dick E J，Mac Call A D，2011. Depletion-based stock reduction analysis：a catch-based method for determining sustainable yields for data-poor fish stocks [J]. Fish Res，110：331-341.

Dietterich T G，2000. Ensemble methods in machine learning [M] //Kittler J，Roli F. Multiple Classifier Systems. MCS 2000. Berlin，Heidelberg：Springer，1857.

Ding Q，Shan X，Jin X，et al.，2021. A multidimensional analysis of marine capture fisheries in China's coastal provinces [J]. Fish Sci，87：297-309.

Dowling N A，Wilson J R，Rudd M B，et al.，2016. FishPath：A Decision Support System for Assessing and Managing Data-and Capacity-Limited Fisheries [M] //Quinn II T J，Armstrong J L，Baker M R，et al. Assessing and Managing Data-Limited Fish Stocks. Alaska Sea Grant，University of Alaska Fairbanks，59-96.

Dulvy N K，Rogers S I，Jennings S，et al.，2008. Climate change and deepening of the North Sea fish assemblage：A biotic indicator of warming seas [J]. J Appl Ecol，45：1029-1039.

Dupuis H，Michel D，Sottolichio A，2006. Wave climate evolution in the Bay of Biscay over two decades [J].

J Mar Syst，63：105 - 114.

Ebisuzaki W，1997. A method to estimate the statistical significance of a correlation when the data are serially correlated ［J］. J Clim, 10 (9)：2147 - 2153.

Enfield D B，Mestas - Nunez A M，Trimble P J，2002. The Atlantic multidecadal oscillation and its relationship to rainfall and river flows in the continental US，Geophys ［J］. Res Lett，28：2077 - 2080.

Engelhard G H，Righton D A，Pinnegar J K，2014. Climate change and fishing：a century of shifting distribution in North Sea cod ［J］. Global Change Biol，20：2473 - 2483.

FAO，2014. The state of world fisheries and aquaculture ［M］. Rome：FAO.

FAO，2016. Yearbook of Fishery and Aquaculture Statistics 2014 ［M］. Rome：FAO.

FAO，2018. Yearbook of Fishery and Aquaculture Statistics 2016 ［M］. Rome：FAO.

FAO，2020. Yearbook of Fishery and Aquaculture Statistics 2018 ［M］. Rome：FAO.

FAO，2022. Yearbook of Fishery and Aquaculture Statistics 2020 ［M］. Rome：FAO.

Fisher J A D，Frank K T，2004. Abundance - distribution relationships and conservation of exploited marine fishes ［J］. Mar Ecol Prog，279：201 - 213.

Fox W W，1970. An exponential yield model for optimizing exploited fish populations ［J］. T Am Fish Soc，99：80 - 88.

Frank K T，Petrie B，Leggett W C，et al.，2016. Large scale，synchronous variability of marine fish populations driven by commercial exploitation ［J］. Proceedings of the National Academy of Sciences，113，8248 - 8253.

Free C M，Jensen O P，Wiedenmann J，et al.，2017. The refined orcs approach：a catch - based method for estimating stock status and catch limits for data - poor fish stocks ［J］. Fish Res，193：60 - 70.

Friedman J H T，Tibshirani R，2000. Additive logistic regression：a statistical view of boosting ［J］. Ann Stat，28：337 - 407.

Froese R，Demirel N，Coro G，et al.，2016. Estimating fisheries reference points from catch and resilience ［J］. Fish and Fisheries，18：506 - 526.

Froese R，Winker H，Coro G，et al.，2020. Estimating stock status from relative abundance and resilience ［J］. ICES J Mar Sci，77 (2)：527 - 538.

Froese R，2019. Preliminary user guide for AMSY：estimating MSY - related fisheries reference points from abundance and resilience ［Z/OL］. http：//oceanrep. geomar. de/47135/.

Fu X M，Zhang M Q，Liu Y，et al.，2018. Protective exploitation of marine bioresources in China ［J］. Ocean Coast Manag，163：192 - 204.

Garcia S M，Zerbi A C A，Do Chi T，et al.，2003. The ecosystem approach to fsheries ［J］. FAO Fish Tech Paper，443：71.

Gelman A，Rubin D B，1992. Inference from iterative simulation using multiple sequences ［J］. Stat Sci，7：457 - 472.

Geweke J，1992. Evaluating the accuracy of sampling - based approaches to the calculation of posterior moments ［C］//Bernardo J M. Bayesian Statistics 4：Proceedings of the Fourth Valencia International Meeting. Oxford：Clarendon Press，169193.

Godefroid M，Boldt J L，Thorson J T，et al.，2019. Spatio - temporal models provide new insights on the biotic and abiotic drivers shaping Pacific Herring (*Clupea pallasi*) distribution [J]. Prog Oceanogr, 178 (2): 102198.

Goodyear C P, 1993. Spawning stock biomass per recruit in fisheries management: foundation and current use [J]. Can Spec Publ Fish Aquat Sci, 120: 67 – 81.

Grimmer M, 1963. The space – filtering of monthly surface temperature anomaly data in terms of pattern, using empirical orthogonal functions [J]. Q J Roy Meteorol Soc, 89: 395 – 408.

Grosslein M D, 1969. Groundfish survey program of BCF Woods Hole [J]. Commer Fish Rev, 31: 22 – 30.

Grüss A, Biggs C R, Heyman W D, et al., 2019a. Protecting juveniles, spawners or both: a practical statistical modelling approach for the design of marine protected areas [J]. J Appl Ecol, 56: 2328 – 2339.

Grüss A, Biggs C, Heyman W D, et al., 2018. Prioritizing monitoring and conservation efforts for fish spawning aggregations in the U. S. Gulf of Mexico [J]. Sci Rep, 8: 8473.

Grüss A, Gao J, Thorson J T, et al., 2020a. Estimating synchronous changes in condition and density in eastern Bering Sea fishes [J]. Mar Ecol Prog Ser, 635: 169 – 185.

Grüss A, Rose K A, Justié D, et al., 2020b. Making the most of available monitoring data: a grid – summarization method to allow for the combined use of monitoring data collected at random and fixed sampling stations [J]. Fish Res, 229: 105623.

Grüss A, Thorson J T, 2019. Developing spatio – temporal models using multiple data types for evaluating population trends and habitat usage [J]. ICES J MarSci, 76: 1748 – 1761.

Grüss A, Thorson J T, Carroll G, et al., 2020c. Spatio – temporal analyses of marine predator diets from data – rich and data – limited systems [J]. Fish and Fisheries, 21: 718 – 739.

Grüss A, Thorson J T, Sagarese S R, et al., 2017. Ontogenetic spatial distributions of red grouper (*Epinephelus morio*) and gag grouper (*Mycteroperca microlepis*) in the US Gulf of Mexico [J]. Fish Res, 193: 129 – 142.

Grüss A, Walter III J F, Babcock E A, et al., 2019b. Evaluation of the impacts of different treatments of spatio – temporal variation in catch – per – unit – effort standardization models [J]. Fish Res, 213: 75 – 93.

Guan L, Jin X, Wu Q, et al., 2019. Statistical modelling for exploring diel vertical movements and spatial correlations of marine fish species: a supplementary tool to assess species interactions [J]. ICES J Mar Sci, 76: 1776 – 1783.

Guisande C, Vergara A, Riveiro I, et al., 2004. Climate change and abundance of the Atlantic – Iberian sardine (*Sardina pilchardus*) [J]. Fish Oceanogr, 13: 91 – 101.

Halim A, Loneragan N R, WiryawanB, et al., 2020. Evaluating data – limited fisheries for grouper (Serranidae) and snapper (Lutjanidae) in the Coral Triangle, eastern Indonesia [J]. Reg Stud Mar Sci, 38: 101388.

Hamill T M, Brennan M J, Brown B, et al., 2012. NOAA's future ensemble – based hurricane forecast products [J]. Bull Am Meteorol Soc, 93: 209 – 220.

Hamre J, Zhao X, Li X, 2005. Report on assessment and management advice for 2005 of the anchovy fishery in the Yellow Sea [J]. Environmental Science.

Han Q P, Grüss A, Shan X J, et al., 2021. Understanding patterns of distribution shifts and range expansion/contraction for small yellow croaker (*Larimichthys polyactis*) in the Yellow Sea [J]. Fish Oceanogr,

30： 69 - 84.

Han Q P，Shan X J，Jin X S，et al.，2022. Changes in distribution patterns for *Larimichthys polyactis* in response to multiple pressures in the Bohai Sea over the past four decades ［J］. Front Mar Sci，9： 941045.

Han Q P，Shan X J，Jin X S，et al.，2023. Overcoming gaps in a seasonal time series of Japanese anchovy abundance to analyse interannual trends ［J］. Ecological Indicators，149，110189.

Han Q Y，Huang X P，Shi P，2007. Ecological compensation and its application in marine ecological resources management ［J］. Chin J Ecol，26： 126 - 130.

Harley C，Rogers - Bennett L，2004. The potential synergistic effects of climate change and fishing pressure on exploited invertebrates on rocky intertidal shores ［J］. Cal Coop Ocean Fish Invest Rep，45： 98 - 110.

Harley S J，Myers R A，Dunn A，2001. Is catch - per - unit - effort proportional to abundance? ［J］. Can J Fish Aquat Sci，58： 1760 - 1772.

Hastie T，Tibshirani R，Friedman J，2019. The Elements of Statistical Learning： Data Mining，Inference，and Prediction ［M］. 2nd Edn. New York： Springer.

Heidelberger P，Welch P D，1992. Simulation run length control in the presence of an initial transient ［J］. Oper Res，31： 11091144.

Hilborn R，2007. Reinterpreting the state of fisheries and their management ［J］. Ecosystems，10： 1362 - 1369.

Hilborn R，2011. Future directions in ecosystem based fisheries management： a personal perspective ［J］. Fish Res，108： 235 - 239.

Hilborn R，Agostini V N，Chaloupka M，et al.，2022. Area - based management of blue water fisheries： current knowledge and research needs ［J］. Fish and Fisheries，23 (2)： 492 - 518.

Hilborn R，Amoroso R O，Anderson C M，et al.，2020. Effective fisheries management instrumental in improving fish stock status ［J］. P Natl A Sci，117 (4)： 2218 - 2224.

Hilborn R，Amoroso R O，Bogazzi E，et al.，2017. When does fishing forage species affect their predators? ［J］. Fish Res，191： 211 - 221.

Hilborn R，Ovando D，2014. Reflections on the success of traditional fisheries management ［J］. ICES JMar Sci，71： 10401046.

Hilborn R，Stokes K，2010. Defining overfished stocks： have we lost the plot? ［J］. Fisheries，35： 113 - 120.

Hilborn R，Walters C J，1992. Quantitative Fisheries Stock Assessment： Choice，Dynamics，and Uncertainty ［M］. Berlin： Springer.

Hixon M A，Johnson D W，Sogard S M，2014. BOFFFFs： on the importance of conserving old - growth age structure in fishery populations ［J］. ICES J Mar Sci，71： 2171 - 2185.

Hollowed A B，Aydin K Y，Essington T E，et al.，2011. Experience with quantitative ecosystem assessment tools in the northeast Pacific ［J］. Fish and Fisheries，12： 189 - 208.

Hordyk A R，2019. LBSPR： Length - Based Spawning Potential Ratio. R Package Version 0. 1. 5 ［CP］. https：//github. com/AdrianHordyk/LBSPR （accessed November 25，2019）.

Hordyk A，Ono K，Valencia S，et al.，2015. A novel length - based empirical estimation method of spawning potential ratio (SPR) and tests of its performance，for small - scale，data - poor fisheries ［J］. ICES J Mar Sci，72： 217 - 231.

Hsieh C H，Reiss S C，Hewitt R P，et al.，2008. Spatial analysis shows fishing enhances the climatic sensitivity of marine fishes [J]. Can J Fish Aquat Sci, 65 (5): 947 – 961.

Hsieh C H, Yamauchi A, Nakazawa T, et al., 2010. Fishing effects on age and spatial structures undermine population stability of fishes [J]. Aquat Sci, 72: 165 – 178.

Hurrell J W, 1995. Decadal trends in the north Atlantic oscillation: regional temperatures and precipitation [J]. Science, 269: 676 – 679.

Hurrell J W, Deser C, 2010. North Atlantic climate variability: the role of the north Atlantic oscillation [J]. J Mar Syst, 78: 28 – 41.

Hurrell J W, Kushnir Y, Ottersen G, et al., 2003. The North Atlantic Oscillation: Climate Significance and Environmental Impact [M]. D C Washington: American Geophysical Union.

Hurtado – Ferro F, Szuwalski C S, Valero J L, et al., 2014. Looking in the rear – view mirror: bias and retrospective patterns in integrated, age – structured stock assessment models [J]. ICES J Mar Sci, 99 – 110.

Huse G, Loeng H, Bjordal Å, et al., 2019. Assessment of commitments on sustainable fisheries to the Our Ocean conferences [J]. Rapport fra havforskningen, 38.

Hutchings J A, Minto C, Ricard D, et al., 2010. Trends in the abundance of marine fishes [J]. Can J Fish Aquat Sci, 67: 1205 – 1210.

Hutchings J A, Myers R A, 1993. Effect of age on the seasonality of maturation and spawning of Atlantic cod, Gadus morhua, in the Northwest Atlantic [J]. Can J Fish Aquat Sci, 50: 2468 – 2474.

ICCAT, 2017. Report of the 2017 small tunas species group intersessional [J]. Collective Volume of Scientific Papers of ICCAT, 74 (1): 1 – 75.

ICES, 2012b. ICES Implementation of Advice for Data – limited Stocks in 2012 in its 2012Advice. 2012b, 42.

ICES, 2012a. Report of the Workshop on Implementing the ICES Fmsy Framework. 2012a, 33.

Ihde T F, Townsend H M, 2017. Accounting for multiple stressors influencing living marine resources in a complex estuarine ecosystem using an atlantis model [J]. Ecological Modelling, 365: 1 – 9.

Issifu I, Alava J J, Lam V W, et al., 2022. Impact of ocean warming, overfishing and mercury on European fisheries: A risk assessment and policy solution framework [J]. Front Mar Sci, 8: 770805.

Itoh S, Yasuda I, Nishikawa H, et al., 2009. Transport and environmental temperature variability of eggs and larvae of the Japanese anchovy (*Engraulis japonicus*) and Japanese sardine (*Sardinops melanostictus*) in the western North Pacific estimated via numerical particle - tracking experiments [J]. Fishe Oceanogr, 18 (2): 118 – 133.

Iveren S A, Johannessen A, Jin X S, et al., 2001. Development of stock size, fishery and biological aspects of anchovy based on R/V "Bei Dou" 1984—1999 surveys [J]. Mar Fish Res, 22 (4): 33 – 39.

Iversen S A, Zhu D, Johannessen A, et al., 1993. Stock size distribution and biology of anchovy in the Yellow Sea and East China Sea [J]. Fish Res, 16: 147 – 163.

Jacobsen N S, Burgess M G, Andersen K H, 2017. Efficiency of fisheries is increasing at the ecosystem level [J]. Fish and Fisheries, 18: 199 – 211.

Jin X, 1996. Variations in fish community structure and ecology of major species in the Yellow / Bohai Sea [D]. Bergen: University of Bergen.

Jin X, Shan X, Li X, et al., 2013. Long – term changes in the fishery ecosystem structure of Laizhou Bay, China [J]. Sci China. Earth Sci, 56 (3): 366 – 374.

Jin X, Tang Q, 1996. Changes in fish species diversity and dominant species composition in the Yellow Sea [J]. Fish Res, 26 (3/4): 337 – 352.

Jones R, 1981. The use of length composition data in fish stock assessmentst (with notes on VPA and cohort analysis) [M]//FAO (Ed.). Fisheries Technical Paper. Rome: FAO: 118.

Jørgensen C, Dunlop E S, Opdal A F, et al., 2008. The evolution of spawning migrations: state dependence and fishing – induced changes [J]. Ecology, 89: 3436 – 3448.

Kaplan I C, Levin P S, Burden M, et al., 2010. Fishing catch shares in the face of global change: a framework for integrating cumulative impacts and single species management [J]. Can J Fish Aquat Sci, 67: 1968 – 1982.

Karp M A, Peterson J O, Lynch P D, et al., 2019. Accounting for shifting distributions and changing productivity in the development of scientific advice for fishery management [J]. ICES J Mar Sci, 76: 1305 – 1315.

Kass R E, Steffey D, 1989. Approximate Bayesian inference in conditionally independent hierarchical models (parametric empirical Bayes models) [J]. J Am Stat Assoc, 84: 717 – 726.

Kidson J W, 1975. Tropical eigenvector analysis and the southern oscillation [J]. Mon Weather Rev, 103: 187 – 196.

Kirby R R, Beaugrand G, Lindley J A, 2009. Synergistic effects of climate and fishing in a marine ecosystem [J]. Ecosystems, 12: 548 – 561.

Kleisner K M, Fogarty M J, McGee S, et al., 2017. Marine species distribution shifts on the US Northeast Continental Shelf under continued ocean warming [J]. Prog Oceanogr, 153: 24 – 36.

Knutti R, Furrer R, Tebaldi C, et al., 2009. Challenges in combining projections from multiple climate models [J]. J Clim, 23: 2739 – 2758.

Kolding J, Bundy A, van Zwieten P A, et al., 2016. Fisheries, the inverted food pyramid [J]. ICES J Mar Sci, 73: 697 – 1713.

Krigsman L M, Yoklavich M M, Dick E J, et al., 2012. Models and maps: predicting the distribution of corals and other benthic macro – invertebrates in shelf habitats [J]. Ecosphere, 3: 1 – 16.

Krishnamurti T N, Kishtawal C M, LaRow T E, 1999. Improved weather and seasonal climate forecasts from multimodel superensemble [J]. Science, 285: 1548 – 1550.

Kristensen K, Nielsen A, Berg C W, et al., 2016. TMB: automatic differentiation and Laplace approximation [J]. J Stat Softw, 70: 1 – 21.

Lan K W, Evans K, Lee M A, 2013. Effects of climate variability on the distribution and fishing conditions of yellowfin tuna (*Thunnus albacares*) in the western Indian Ocean [J]. Clim Change, 119 (1): 63 – 77.

Laurel B J, Stoner A W, Hurst T P, 2007. Density dependent habitat selection in marine flatfish: the dynamic role of ontogeny and temperature [J]. Mar Ecol Prog Ser, 338: 183 – 192.

Leach L, Simpson M, Stevens J R, et al., 2022. Examining the impacts of pinnipeds on Atlantic salmon: the effects of river restoration on predator – prey interactions [J]. Aquat Conserv, 32 (4): 645 – 657.

Li Z Y, Zhang W J, Jin F F, 2020. A robust relationship between multidecadal global warming rate variations and the Atlantic multidecadal variability [J]. Clim Dynam, 55: 1945 – 1959.

Liaw A, Wiener M, 2002. Classification and regression by random forest [J]. R News, 2: 18 – 22.

Lichter J, Caron H, Pasakarnis T S, et al., 2006. The ecological collapse and partial recovery of a freshwater tidal ecosystem [J]. Northeast Nat, 13 (2): 153 – 178.

Lin X, Yang J, Guo J, et al., 2011. An asymmetric upwind flow, Yellow Sea Warm Current: 1. New observations in the western Yellow Sea [J]. J Geophys Res Atmos, 116: 0148 – 0227C04026.

Lindgren F, Rue H, Lindström J, 2011. An explicit link between Gaussian fields and Gaussian Markov random fields: the stochastic partial differential equation approach [J]. J R Stat Soc Ser B Stat Methodol, 73 (4): 423 – 498.

Liu J, Li C, Ning P, 2013. A redescription of grey pomfret *Pampus cinereus* (Bloch, 1795) with the designation of a neotype (Teleostei: Stromateidae) [J]. Chin J Oceanol Limnol, 31: 140 – 145.

Liu Y, Tian Y J, Yu J, et al., 2021. Research cooperation and prospects in the field of marine environment between China and Japan [J]. Acta Oceanol Sin, 43: 160 – 162.

Lo N C, Jacobson L D, Squire J L, 1992. Indices of relative abundance from fish spotter data based on delta – lognornial models [J]. Can J Fish Aquat Sci, 49: 2515 – 2526.

Lotze H K, Lenihan H S, Bourque B J, et al., 2006. Depletion, degradation, and recovery potential of estuaries and coastal seas [J]. Science, 312: 1806 – 1809.

MacCall A D, 1990. Dynamic geography of marine fish populations [M]. D C Washington: University of Washington Press: 1 – 153.

MacCall A D, 2009. Depletion – corrected average catch: a simple formula for estimating sustainable yields in data – poor situations [J]. ICES J Mar Sci, 66: 2267 – 2271.

Mackinson S, Sumaila U R, Pitcher T J, 1997. Bioeconomics and catchability: fish and fishers behaviour during stock collapse [J]. Fish Res, 31 (1 – 2): 11 – 17.

Mantua N J, Hare S R, 2002. The Pacific Decadal Oscillation [J]. J Oceanogr, 58: 35 – 44.

Mantua N J, Hare S R, Zhang Y, et al., 1997. A pacific interdecadal climate oscillation with impacts on salmon production [J]. Bull Am Meteorol Soc, 78: 1069 – 1079.

Marchal P, Nielsen J R, Hovgård H, et al., 2001. Time changes in fishing power in the Danish cod fisheries of the Baltic Sea [J]. ICES J Mar Sci, 58: 298 – 310.

Marris E, 2010. Researchers on a mission [J]. Nature, 466: 784 – 786.

Martell S, Froese R, 2013. A simple method for estimating MSY from catch and resilience [J]. Fish and Fisheries, 14: 504 – 514.

Maunder M N, Sibert J R, Fonteneau A, et al., 2006. Interpreting catch per unit effort data to assess the status of individual stocksand communities [J]. ICES J Mar Sci: J Conseil, 63: 1373 – 1385.

McClatchie S, Gao J, Drenkard E J, et al., 2018. Interannual and secular variability of larvae of mesopelagic and forage fishes in the southern California Current System [J]. J Geophys Res: Oceans, 123: 6277 – 6295.

McFarlane G A, Ware D M, Thomson R E, et al., 1997. Physical, biological and fisheries oceanography of a large ecosystem (west coast of Vancouver Island) and implications for management [J]. Oceanol Acta, 20: 191 – 200.

Mesa M L, Mesa G L, Catalano B, et al., 2016. Spatial distribution pattern and physical – biological interactions in the larval nototothenioid fish assemblages from the bransfield strait and adjacent waters [J]. Fish Oceanogr, 25 (6): 624 – 636.

Meyer D, Dimitriadou E, Hornik K, et al., 2019. e1071: Misc Functions of the Department of Statistics,

Probability Theory Group（Formerly：E1071）［EB/OL］.（2019－11－28）［2021－10－20］.https：//
　　CRAN. R－project. org/package＝e1071（accessed November 28, 2019）.2021.

Meyer R，Millar R B，1999. BUGS in Bayesian stock assessments［J］.Can J Fish Aquat Sci，56：1078－1086.

Millar C P，Jardim E，Scott F，et al.，2015. Model averaging to streamline the stock assessment process［J］.
　　ICES J Mar Sci，72：93－98.

Millar R B，Meyer R，2000. Non－linear state space modelling of fisheries biomass dynamics by using Metropo-
　　lis－Hastings within－Gibbs sampling［J］.J R Stat Soc C Appl，49：327－342.

Mohn R，1999. The retrospective problem in sequential population analysis：an investigation using cod fishery
　　and simulated data［J］.ICES J Mar Sci，56：473－488.

Mourato B L，Winker H，Carvalho F C，et al.，2018. Stock assessment of Atlantic blue marlin（*Makaira
　　nigricans*）using a Bayesian state－space surplus production model JABBA［J］.Collect Vol Sci Pap ICCAT，
　　75（5）：1003－1025.

Myers R A，1998. When do environment－recruitment correlations work？［J］.Rev Fish Biol Fish，8（3）：
　　285－305.

Myers R A，Drinkwater K，1989. The influence of Gulf Stream warm core rings on recruitment of fish in the
　　northwest Atlantic［J］.J Mar Res，47：635－656.

Myers R，Worm B，2003. Rapid worldwide depletion of predatory fish communities［J］.Nature，423：
　　280－283.

Möllmann C，Folke C，Edwards M，et al.，2015. Marine regime shifts around the globe：theory，drivers and
　　impacts［J］.Philos T R Soc B，370：20130260.

Nadon M O，Ault J S，Williams I D，et al.，2015. Length－based assessment of coral reef fish populations in
　　the main and northwestern Hawaiian Islands［J］.PLoS One，10：e0133960.

Nakata K，Hidaka K，2003. Decadal－scale variability in the kuroshio marine ecosystem in winter［J］.Fish
　　Oceanogr，12：234－244.

Nye J A，Gamble R J，Link J S，2013. The relative impact of warming and removing top predators on the
　　Northeast US large marine biotic community［J］.Ecol Model，264：157168.

OECD，2020. OECD Review of Fisheries 2020［M］.Paris：OECD Publishing：138.

Omori K L，Thorson J T，2022. Identifying species complexes based on spatial and temporal clustering from
　　joint dynamic species distribution models［J］.ICES J Mar Sci，79（3）：677－688.

Ovando D，Hilborn R，Monnahan C，et al.，2021. Improving estimates of the state of global fisheries depends
　　on better data［J］.Fish and Fisheries，1－15.

Overholtz W J，Hare J A，Keith C M，2011. Impacts of interannual environmental forcing and climate change
　　on the distribution of Atlantic Mackerel on the U. S. Northeast Continental Shelf［J］.Mar Coast Fish，3：
　　219－232.

O'Leary C A，Miller T J，Thorson J T，et al.，2018. Understanding historical summer flounder（*Paralich-
　　thys dentatus*）abundance patterns through the incorporation of oceanography－dependent vital rates in Bayes-
　　ian hierarchical models［J］.Can J Fish Aquat Sci，2018，76：1275－1294.

Palomares M L D，Froese R，Derrick B，et al.，2018. A preliminary global assessment of the status of exploi-
　　ted marine fish and invertebrate populations. A Report Prepared by the *Sea Around Us* for *Oceana*［M］.

Vancouver: Sea Around US.

Palomares M L D, Pauly D, 2019. On the creeping increase of vessels' fishing power [J]. Ecol Soc, 24: 31.

Parker D, Winker H, da Silva C, et al., 2018. Bayesian state – space surplus production model JABBA assessment of Indian Ocean black marlin (*Makaira indica*) stock [J]. IOTC – WPB16 – 15.

Parmesan C, 2006. Ecological and evolutionary responses to recent climate change [J]. Annu Rev Ecol Evol Syst, 37: 637 – 669.

Pauly D, Christensen V, Guénette S, et al., 2002. Towards sustainability in world fisheries [J]. Nature, 418 (6898): 689 – 695.

Pella J J, Tomlinson P K, 1969. A generalized stock production model [J]. Bull Inter – Am Trop Tuna Comm, 13: 419 – 496.

Perlala T A, Swain D P, Kuparinen A, 2017. Examining nonstationarity in the recruitment dynamics of fishes using Bayesian change point analysis [J]. Can J Fish Aquat Sci, 74: 751 – 765.

PerryA L, Low P J, Ellis J R, et al., 2005. Climate change and distribution shifts in marine fishes [J]. Science, 308: 1912 – 1915.

Pershing A J, Alexander M A, Hernandez C M, et al., 2015. Slow adaptation in the face of rapid warming leads to collapse of the Gulf of Maine cod fishery [J]. Science, 350: 809 – 812.

Petitgas P, 1998. Biomass – dependent dynamics of fish spatial distributions characterized by geostatistical aggregation curves [J]. ICES J Mar Sci, 55: 443 – 453.

Pikitch E K, Rountos K J, Essington T E, et al., 2014. The global contribution of forage fish to marine fisheries and ecosystems [J]. Fish and Fisheries, 15 (1): 43 – 64.

Pikitch E K, Santora C, Babcock E A, et al., 2004. Ecosystem – Based Fishery Management [J]. Science, 305: 346 – 347.

Pinsky M, Worm B, Fogarty M, et al., 2013. Marine taxa track local climate velocities [J]. Science, 341: 1239 – 1242.

Plank M J, Kolding J, Law R, et al., 2017. Balanced harvesting can emerge from fishing decisions by individual fishers in a small - scale fishery [J]. Fish and Fisheries, 18: 212 – 225.

Planque B, Buffaz L, 2008. Quantile regression models for fish recruitment – environment relationships: four case studies [J]. Mar Ecol Prog Ser, 357: 213 – 223.

Polacheck T, Hilborn R, Punt A E, 1993. Fitting surplus production models: comparing methods and measuring uncertainty [J]. Can J Fish Aquat Sci, 50: 2597 – 2607.

Pons M, Cope J M, Kell L T, 2020. Comparing performance of catch – based and length – based stock assessment methods in data – limited fisheries [J]. Can J Fish Aquat Sci, 77: 1026 – 1037.

Pons M, Kell L, Rudd M B, et al., 2019. Performance of length – based data – limited methods in a multifleet context: application to small tunas, mackerels, and bonitos in the Atlantic Ocean [J]. ICES J Mar Sci, 4: 960 – 973.

Prince J, Victor S, Kloulchad V, et al., 2015. Length based SPR assessment of eleven Indo – Pacific coral reef fish populations in Palau [J]. Fish Res, 171: 42 – 58.

Punt A E, 2003. Extending production models to include process error in the population dynamics [J]. Can J Fish Aquat Sci, 60: 1217 – 1228.

Punt A E, Smith A D M, 2001. The gospel of maximum sustainable yield in fisheries management: birth, crucifixion and reincarnation [M]// J D Reynolds, G M Mace, K H Redford. Conservation of exploited species. Cambridge: Cambridge University Press: 41 - 66.

Punt A E, Szuwalski C, 2012. How well can FMSY and BMSY be estimated using empirical measures of surplus production? [J]. Fish Res, 134 - 136: 113 - 124.

Pérez F F, Padín X A, Pazos Y, et al., 2010. Plankton response to weakening of the Iberian coastal upwelling [J]. Glob Change Biol, 16: 1258 - 1267.

R Core Team, 2021. R: A Language and Environment for Statistical Computing [CP]. Vienna: R Foundation for Statistical Computing. https://www.R - project.org/.

R Development Core Team, 2019. R: A Language and Environment for Statistical Computing [CP]. Vienna: R Foundation for Statistical Computing.

Radlinski M K, Sundermeyer M A, Bisagni J J, et al., 2013. Spatial and temporal distribution of Atlantic mackerel (*Scomber scombrus*) along the northeast coast of the United States, 1985 - 1999 [J]. ICES J Mar Sci, 70: 1151 - 1161.

RAM Legacy Stock Assessment Database. Version 4.44 - Assessment - Only [EB/OL]. (2018 - 12 - 22) [2021 - 10 - 20].

Reports I S, Ciem S D U, 2019. Working group on mixed fisheries advice (wgrfs - advice: outputs from 2019 meeting), 2.

Reuchlin - Hugenholtz E, Shackell N L, Hutchings J A, et al., 2015. The potential for spatial distribution indices to signal thresholds in marine fish biomass [J]. PLoS One, 10: e0120500.

Reum J C, Mc Donald P S, Long W C, et al., 2020. Rapid assessment of management options for promoting stock rebuilding in data - poor species under climate change [J]. Conserv Biol, 34 (3): 611 - 621.

Ricard D, Minto C, Jensen O P, et al., 2012. Evaluating the knowledge base and status of commercially exploited marine species with the RAM Legacy Stock Assessment Database [J]. Fish and Fisheries, 13: 380 - 398.

Richardson D E, Palmer M C, Smith B E, 2014. The influence of forage fish abundance on the aggregation of Gulf of Maine Atlantic cod (*Gadus morhua*) and their catchability in the fishery [J]. Can J Fish Aquat Sci, 71 (9): 1349 - 1362.

Ridgeway G, 2007. Generalized Boosted Models: A Guide to the gbm Package [EB/OL]. (2007 - 08 - 03) [2019 - 11 - 28]. http://www.saedsayad.com/docs/gbm2.pdf.

Rijnsdorp A D, Peck M A, Engelhard G H, et al., 2009. Resolving the effect of climate change on fish populations [J]. ICES J Mar Sci, 66: 1570 - 1583.

Rosenberg A A, Kleisner K M, Afflerbach J, et al., 2017. Applying a new ensemble approach to estimating stock status of marine fisheries around the world [J]. Conserv Lett, 11 (1): e12363.

Rousseau Y, Watson R A, Blanchard J L, et al., 2019. Evolution of global marine fishing fleets and the response of fished resources [J]. Proc Natl Acad Sci USA, 116 (25): 12238 - 12243.

Ruckelshaus M, Doney S C, Galindo H M, et al., 2013. Securing ocean benefits for society in the face of climate change [J]. Mar Policy, 40: 154 - 159.

Rudd M B, 2017. Accounting for variability and biases in data - limited fisheries stock assessment [D]. Seattle

University of Washington: 4 – 121.

Rudd M B, Thorson J T, 2018. Accounting for variable recruitment and fishing mortality in length – based stock assessments for data – limited fisheries [J]. Can J Fish Aquat Sci, 75: 1019 – 1035.

Régnier T, Gibb F M, Wright P J, 2019. Understanding temperature effects on recruitment in the context of trophic mismatch [J]. Sci Rep, 9: 15179.

Schaefer M, 1954. Some aspects of the dynamics of populations important to the management of the commercial marine fisheries [J]. Bull Inter – Am Trop Tuna Comm, 1: 27 – 56.

Scherelis C, Zydlewski G B, Brady D C, 2020. Using hydroacoustics to relate fluctuations in fish abundance to river restoration efforts and environmental conditions in the Penobscot River, Maine [J]. River Res Appl, 36 (2): 234 – 246.

Schnute J T, Hilborn R, 1993. Analysis of contradictory data sources in fish stock assessment [J]. Can J Fish Aquat Sci, 50: 1916 – 1923.

Schueller A M, Williams E H, 2017. Density – dependent growth in Atlantic menhaden: impacts on current management [J]. North Am J Fish Manage, 37 (2): 294 – 301.

Schweigert J F, Boldt J L, Flostrand L, et al., 2010. A review of factors limiting recovery of Pacific herring stocks in Canada [J]. ICES J Mar Sci, 67: 1903 – 1913.

Schwing F B, Murphree T, Green P M, 2002. The northern oscillation index (NOI): a new climate index for the northeast Pacific [J]. Prog Oceanogr, 53: 115 – 139.

Seo K K, 2007. An application of one – class support vector machines in content – based image retrieval [J]. Expert Syst Appl, 33: 491 – 498.

Serpetti N, Baudron A R, Burrows M T, et al., 2017. Impact of ocean warming on sustainable fisheries management informs the Ecosystem Approach to Fisheries [J]. Sci Rep, 7: 13438.

Sguotti C, Otto S A, Cormon X, et al., 2020. Non – linearity in stock – recruitment relationships of Atlantic cod: insights from a multi – model approach [J]. ICES J Mar Sci, 77 (4): 1492 – 1502.

Shelton A O, Thorson J T, Ward E J, et al., 2014. Spatial semiparametric models improve estimates of species abundance and distribution [J]. Can J Fish Aquat Sci, 71: 1655 – 1666.

Shen G, Heino M, Brown E, 2014. An overview of marine fisheries management in China [J]. Mar Policy, 44: 265 – 272.

Shepherd T D, Litvak M K, 2004. Density – dependent habitat selection and the ideal free distribution in marine fish spatial dynamics: considerations and cautions [J]. Fish and Fisheries, 5: 141 – 152.

Smith A D, Brown C J, Bulman C M, et al., 2011. Impacts of fishing low – trophic level species on marine ecosystems [J]. Science, 333: 1147 – 1150.

Sogard S M, Berkeley S A, Fisher R, 2008. Maternal effects in rockfishes *Sebastes* spp.: a comparison among species [J]. Mar Ecol Prog Ser, 360: 227 – 236.

Srinivasan U T, Watson R, Sumaila U R, 2012. Global fisheries losses at the exclusive economic zone level, 1950 to present [J]. Mar Policy, 36: 544 – 549.

Stevens J R, 2019. Response of estuarine fish biomass to restoration in the Penobscot River, Maine [D]. Orono: Llniversity of Maine.

Stewart I J, Martell S J D, 2015. Reconciling stock assessment paradigms to better inform fisheries management [J]. ICES J Mar Sci，72：2187 – 2196.

Stige L C，Ottersen G，Brander K，et al.，2006. Cod and climate：effect of the north Atlantic oscillation on recruitment in the north Atlantic [J]. Mar Ecol Prog Ser，325：227 – 241.

Su S，Tang Y，Chang B，et al.，2020. Evolution of marine fisheries management in China from 1949 to 2019：how did China get here and where does china go next? [J]. Fish and Fisheries，21：435 – 452.

Sugihara G，1994. Nonlinear forecasting for the classification of natural time series [J]. Philosophical transactions of the Royal Society of London [J]. Ser A Biol Sci，348：477 – 495.

Sugihara G，May R M，1990. Nonlinear forecasting as a way of distinguishing chaos from measurement error in time – series [J]. Nature，344 (6268)：734 – 741.

Sugihara G，May R，Ye H，et al.，2012. Detecting causality in complex ecosystems [J]. Science，338：496 – 500.

Sun P，ShangY，Sun R，et al.，2022. The effects of selective harvest on Japanese Spanish mackerel (*Scomberomorus niphonius*) phenotypic evolution [J]. Front Ecol Evol，10.

Swain D P，Wade E J，1993. Density – dependent geographic distribution of Atlantic cod (*Gadus morhua*) in the southern gulf of St. Lawrence [J]. Can J Fish Aquat Sci，50：725 – 733.

Tang Q S，Guo X W，Sun Y，et al.，2007. Ecological conversion efficiency and its influencers in twelve species of fish in the Yellow Sea ecosystem [J]. J Mar Syst，67 (3 – 4)：282 – 291.

Tang Q，1993. Effects of long – term physical and biological perturbations on the contemporary biomass yields of the Yellow Sea ecosystem [M]//Sherman K，Alexander L M，Gold B D. Large Marine Ecosystem：Stress，Mitigation，and Sustainability. Washington DC：AAAS Press：79 – 93.

Tebaldi C，Knutti R，2007. The use of the multi – model ensemble in probabilistic climate projections [J]. Philos. Trans R Soc Lond A Math Phys Eng Sci，365：2053 – 2075.

Then A Y，Hoenig J M，Gedamke T，et al.，2015. Comparison of two length – based estimators of total mortality：a simulation approach [J]. Trans Am Fish Soc，144：1206 – 1219.

Thompson D W J，Wallace J M，1998. The arctic oscillation signature in wintertime geopotential height and temperature fields [J]. Geophys Res Let，25：1297 – 1300.

Thompson D W J，Wallace J M，2001. Regional climate impacts of the northern hemisphere annular mode [J]. Science，293：85 – 89.

Thorson J T，2015. Spatio – temporal variation in fish condition is not consistently explained by density，temperature，or season for California Current groundfishes [J]. Mar Ecol Prog Ser，526：101 – 112.

Thorson J T，2019a. Guidance for decisions using the Vector Autoregressive Spatio – Temporal (VAST) package in stock，ecosystem，habitat and climate assessments [J]. Fish Res，210：143 – 161.

Thorson J T，2019b. Measuring the impact of oceanographic indices on species distribution shifts：the spatially varying effect of cold – pool extent in the eastern Bering Sea [J]. Limnol Oceanogr，64 (6)：2632 – 2645.

Thorson J T，Adams C F，Brooks E N，et al.，2020. Seasonal and interannual variation in spatio – temporal models for index standardization and phenology studies [J]. ICES J Mar Sci，77：1879 – 1892.

Thorson J T，Cope J M，2014. Catch curve stock – reduction analysis：an alternative solution to the catch equations [J]. Fish Res，171：33 – 41.

Thorson J T，Ianelli J N，Kotwicki S，2017b. The relative influence of temperature and size – structure on fish distribution shifts： a case – study on Walleye pollock in the Bering Sea ［J］. Fish and Fisheries，18：1073 – 1084.

Thorson J T，Ianelli J N，Larsen E A，et al.，2016a. Joint dynamic species distribution models： a tool for community ordination and spatio – temporal monitoring ［J］. Glob Ecol Biogeogr，25：1144 – 1158.

Thorson J T，Jensen O P，Zipkin E F，2014b. How variable is recruitment for exploited marine fishes? A hierarchical model for testing life history theory ［J］. Can J Fish Aquat Sci，71：973 – 983.

Thorson J T，Kristensen K，2016. Implementing a generic method for bias correction in statistical models using random effects，with spatial and population dynamics examples ［J］. Fish Res，175：66 – 74.

Thorson J T，Minto C C，2015. Mixed effects： a unifying framework for statistical modelling in fisheries biology ［J］. ICES J Mar Sci，72.

Thorson J T，Munch S B，Cope J M，et al.，2017a. Predicting life history parameters for all fishes worldwide ［J］. Ecol Appl，27：2262 – 2276.

Thorson J T，Ono K，Munch S B，2014a. A Bayesian approach to identifying and compensating for model misspecification in population models ［J］. Ecology，95，329 – 341.

Thorson J T，Pinsky M L，Ward E J，2016b. Model – based inference for estimating shifts in species distribution，area occupied and centre of gravity ［J］. Methods in Ecol Evol，7 （8）：990 – 1002.

Thorson J T，Rindorf A，Gao J，et al.，2016c. Density – dependent changes in effective area occupied for sea – bottom – associated marine fishes ［J］. P Roy Soc B – Biol Sci，283 （1840）：20161853.

Thorson J T，Scheuerell M D，Shelton A O，et al.，2015b. Spatial factor analysis： a new tool for estimating joint species distributions and correlations in species range ［J］. Meth Ecol Evol，6：627 – 637.

Thorson J T，Shelton A O，Ward E J，et al.，2015a. Geostatistical delta – generalized linear mixed models improve precision for estimated abundance indices for west coast groundfishes ［J］. ICES J Mar Sci，72：1297 – 1310.

Thorson J T，Skaug H J，Kristensen K，et al.，2015c. The importance of spatial models for estimating the strength of density dependence ［J］. Ecology，96：1202 – 1212.

Tian Y，Kidokoro H，Watanabe T，et al.，2008. The late 1980s regime shift in the ecosystem of tsushima warm current in the Japan/East Sea： evidence from historical data and possible mechanisms ［J］. Prog Oceanogr，77：127 – 145.

Tian Y，Uchikawa K，Ueda Y，et al.，2014. Comparison of fluctuations in fish communities and trophic structures of ecosystems from three currents around Japan： synchronies and differences ［J］. ICES J Mar Sci，71：19 – 34.

Trenberth K E，1984. Signal versus noise in the southern oscillation ［J］. Month Weather Rev，112：326 – 332.

Trenberth K E，1997. The definition of El Niño ［J］. Bull Am Meteorol Soc，78：2771 – 2777.

Trenberth K E，Hurrell J W，1994. Decadal atmosphere – ocean variations in the Pacific ［J］. Clim Dynam，9：303 – 319.

UNCLOS，1982. United Nations Convention on the Law of the Sea. 1833 UNTS 3 ［EB/OL］. （1982 – 12 – 10）［2022 – 05 – 02］. https：//www. un. org/depts/los/convention _ agreements/texts/unclos/unclos _ e. pdf.

VanderKooy S J，Smith J W，2015. The gulf menhaden fishery of the gulf of Mexico： a regional management plan ［M］. Ocean Springs： Gulf States Marine Fisheries Commission.

Vinther M, Reeves S A, Patterson K R, 2004. From single – species advice to mixed – species management: taking the next step [J]. ICES J Mar Sci, 61: 1398 – 1409.

Walters C, Maguire J J, 1996. Lessons for stock assessment from the northern cod collapse [J]. Rev Fish Biol Fisheries, 6: 125 – 137.

Wan R J, Bian X D, 2012. Size variability and natural mortality dynamics of anchovy *Engraulis japonicus* eggs under high fishing pressure [J]. Mar Ecol Progr Ser (465): 243 – 251.

Wang S P, Maunder M N, Aires – da – Silva A, 2014. Selectivity's distortion of the production function and its influence on management advice from surplus production models [J]. Fish Res, 158: 181 – 193.

Wang Y, Liu Q, Ye Z, 2006. A Bayesian analysis on the anchovy stock (*Engraulis japonicus*) in the Yellow Sea [J]. Fish Res, 82: 87 – 94.

Weigel A P, Knutti R, Liniger M A, et al. , 2010. Risks of model weighting in multimodel climate projections [J]. J Clim, 23: 4175 – 4191.

Wilberg M J, Thorson J T, Linton B C, et al. , 2009. Incorporating time – varying catchability into population dynamic stock assessment models [J]. Rev FishSci, 18: 7 – 24.

Winker H, Carvalho F, Kapur M, 2018. JABBA: just another Bayesian biomass assessment [J]. Fish Res, 204: 275 – 288.

Worm B, Barbier E B, Beaumont N, et al. , 2006. Impacts of biodiversity loss on ocean ecosystem services [J]. Science, 314: 787 – 790.

Worm B, Hilborn R, Baum J K, et al. , 2009. Rebuilding global fisheries [J]. Science, 325: 578 – 585.

Wu B L, Lin X P, Yu L S, 2020. North Pacific subtropical mode water is controlled by the Atlantic Multidecadal Variability [J]. Nat Clim Change, 10 (3): 238 – 243.

Xu Q C, Li X S, Sun S, et al. , 2019. On catch composition and selectivity of pair – trawling in the Yellow Sea [J]. Mar Fish, 41: 676 – 683.

Yang Q, Ma Z, Fan X, et al. , 2017. Decadal modulation of precipitation patterns over Eastern China by sea surface temperature anomalies [J]. J Clim, 30 (17): 7017 – 7033.

Ye H, Beamish R J, Glaser S M, et al. , 2015a. Equation – free mechanistic ecosystem forecasting using empirical dynamic modeling [J]. P Natl A Sci, 112 (13): e1569 – e1576.

Ye H, Clark A, Deyle E R, et al. , 2016. rEDM: an R package for empirical dynamic modelling and convergent cross – mapping [CP].

Ye H, Deyle E R, Gilarranz L J, et al. , 2015b. Distinguishing time – delayed causal interactions using convergent cross mapping [J]. Sci Rep, 5: 14750.

Ye H, Sugihara G, 2016. Information leverage in interconnected ecosystems: overcoming the curse of dimensionality [J]. Science, 353: 922 – 925.

Yuan X W, Liu Z L, Cheng J H, et al. , 2017. Impact of climate change on nekton community structure and some commercial species in the offshore area of the northern East China Sea in winter [J]. Acta Ecol Sin, 2017, 37: 2796 – 2808.

Zhai L, Liang C, Pauly D, 2020. Assessments of 16 exploited fish stocks in Chinese waters using the CMSY and BSM methods [J]. Front Mar Sci, 7: 483993.

Zhang B, Tang Q S, Jin X S, 2007. Decadal – scale variations of trophic levels at high trophic levels in the

Yellow Sea and Bohai Sea ecosystem [J]. J Mar Syst, 67 (3-4): 304-311.

Zhao X, Hamer J, Li F, et al., 2003. Recruitment, sustainable yield and possible ecological consequences of the sharp decline of the anchovy (*Engraulis japonicus*) stock in the Yellow Sea in the 1990s [J]. Fish Oceanogr, 12 (4): 495-501.

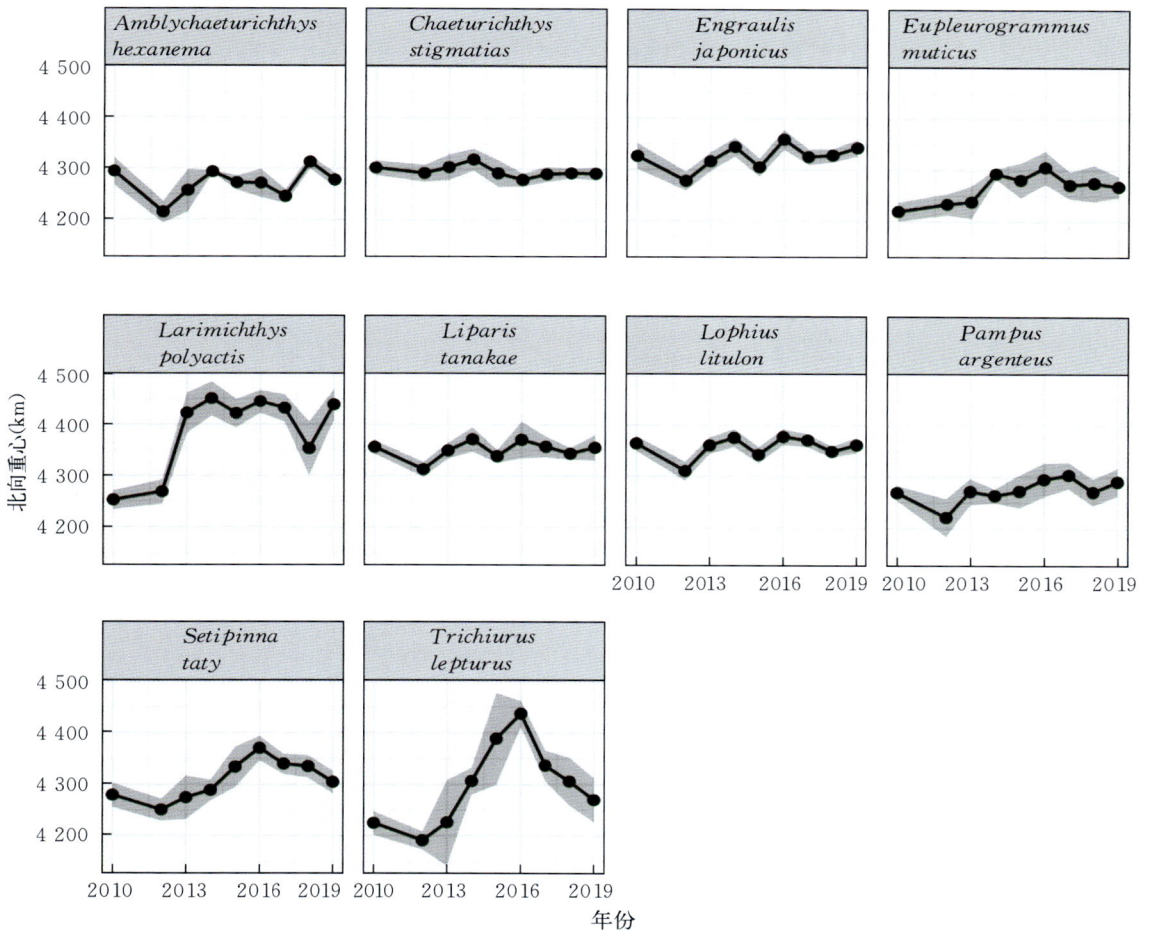

附图 1　夏季渤海生态系统 10 种鱼类各自北向重心

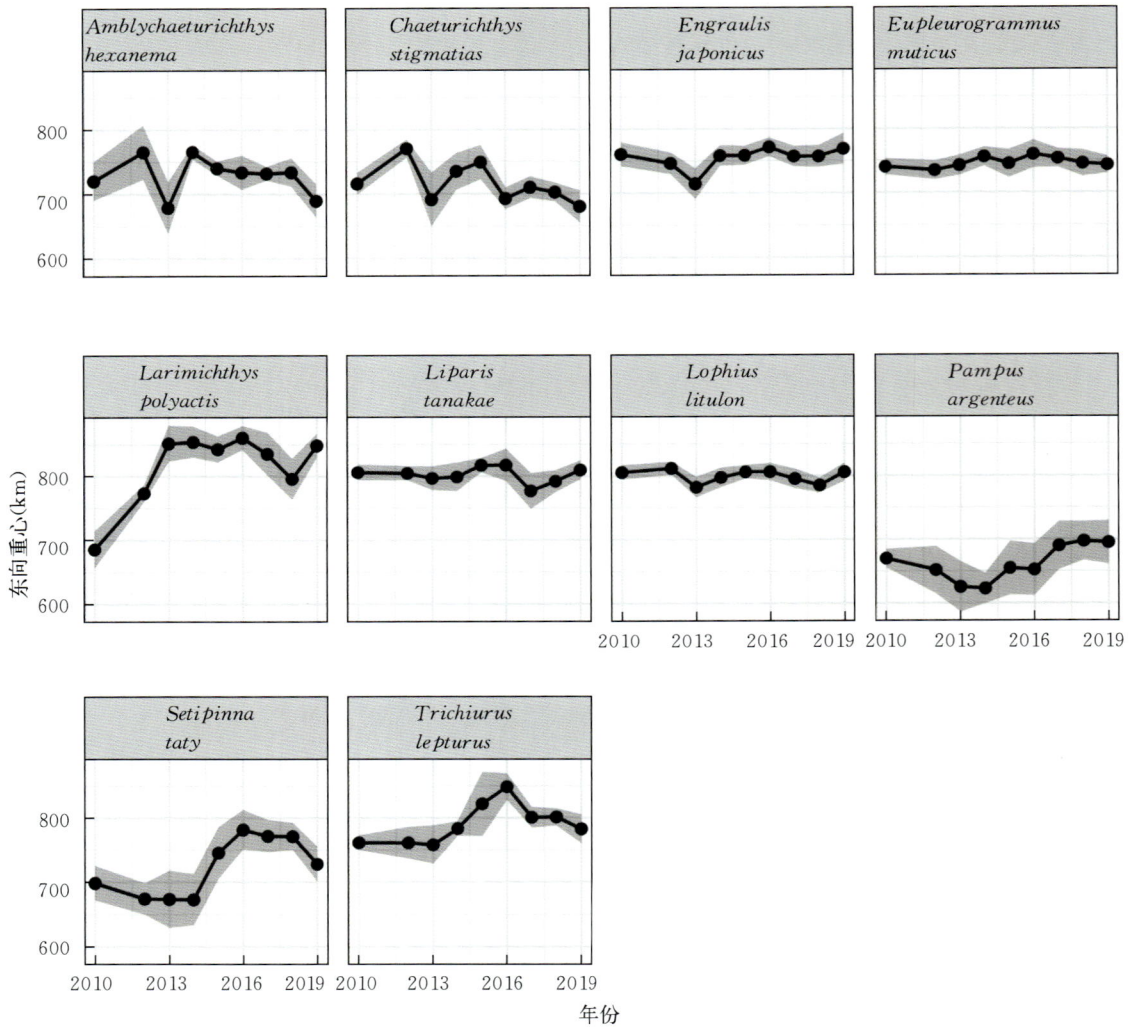

附图 2　夏季渤海生态系统 10 种鱼类各自东向重心

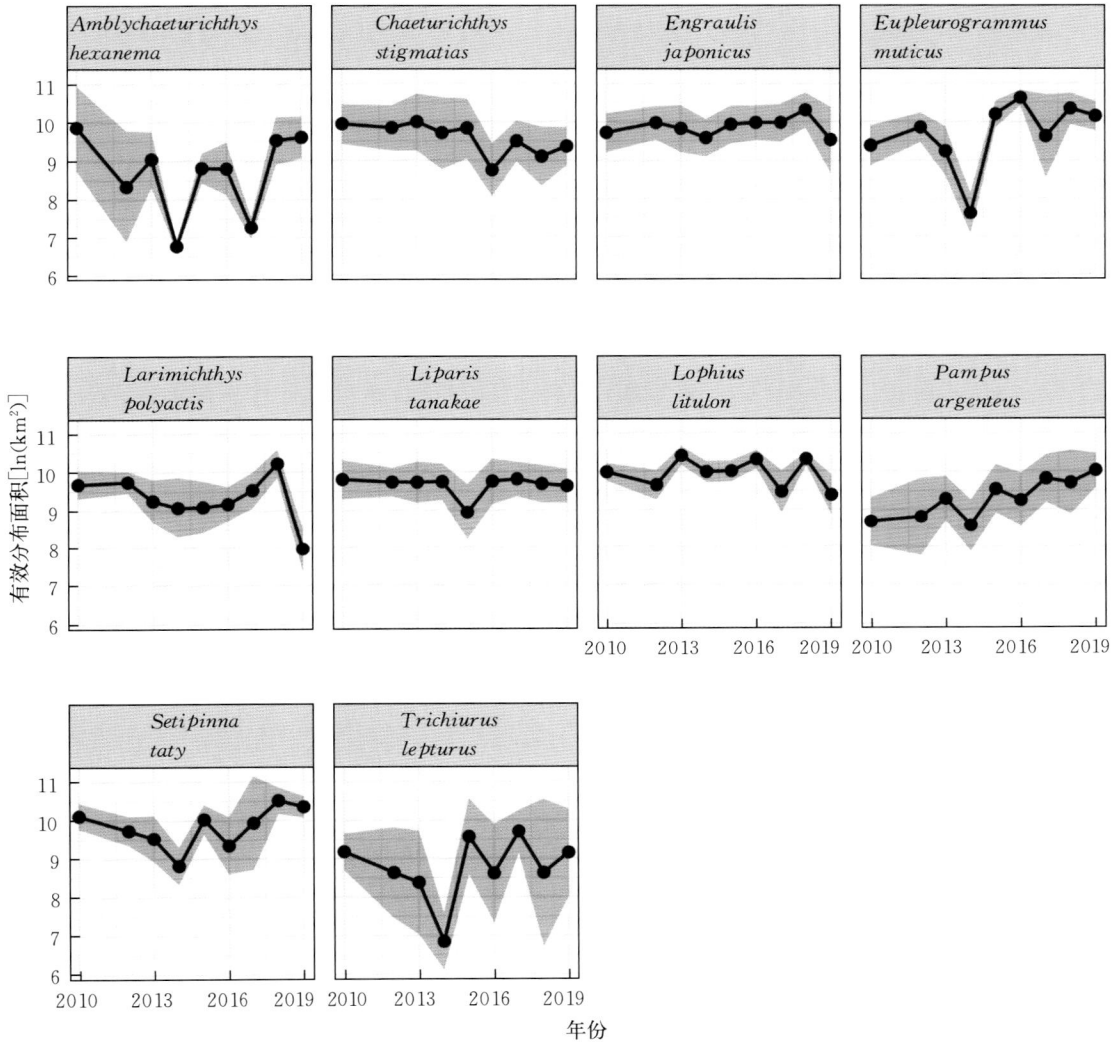

附图 3 夏季渤海生态系统 10 种鱼类各自有效分布面积

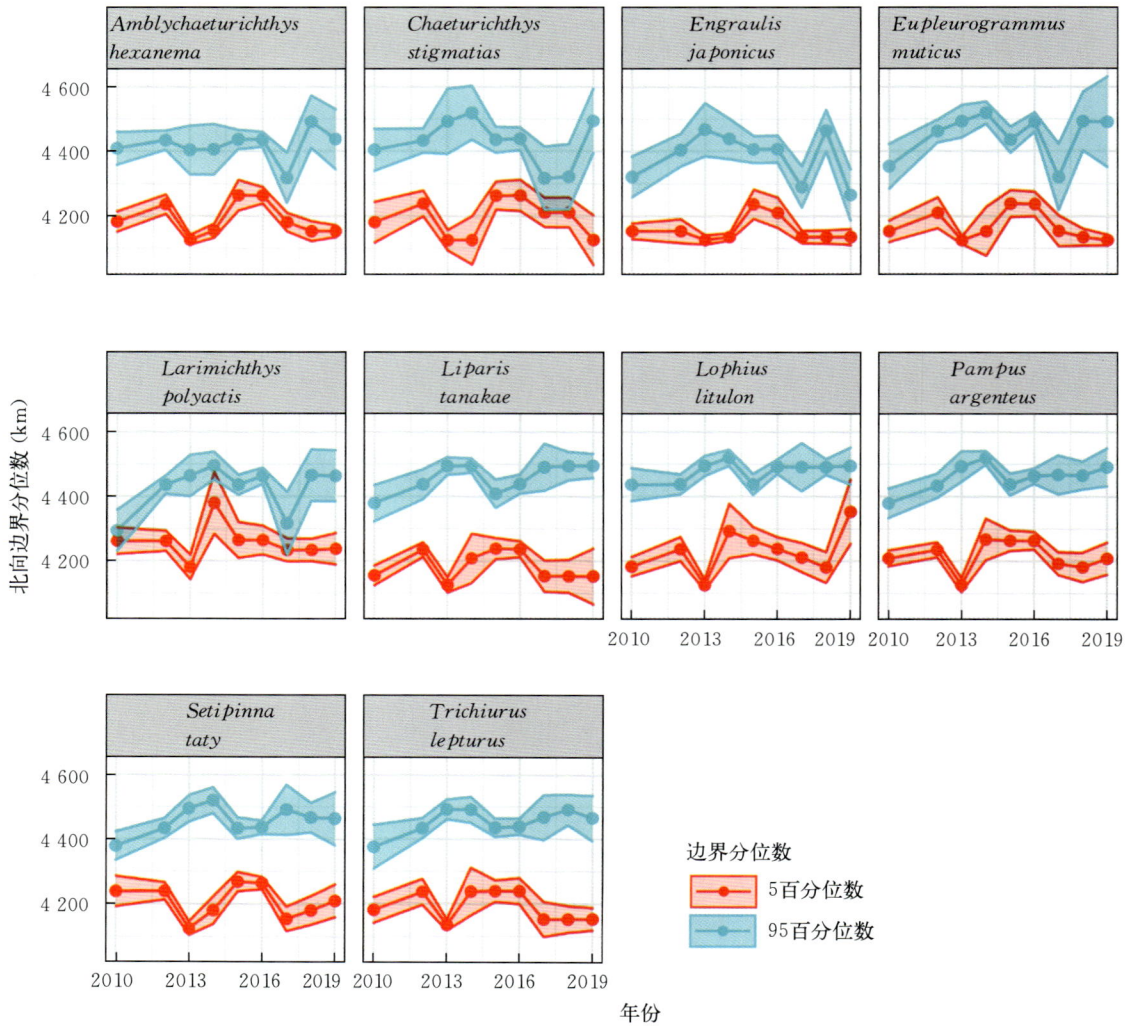

附图 4　夏季渤海生态系统 10 种鱼类各自北向累积分布的第 5、95 百分位数（南、北边界/范围边缘）

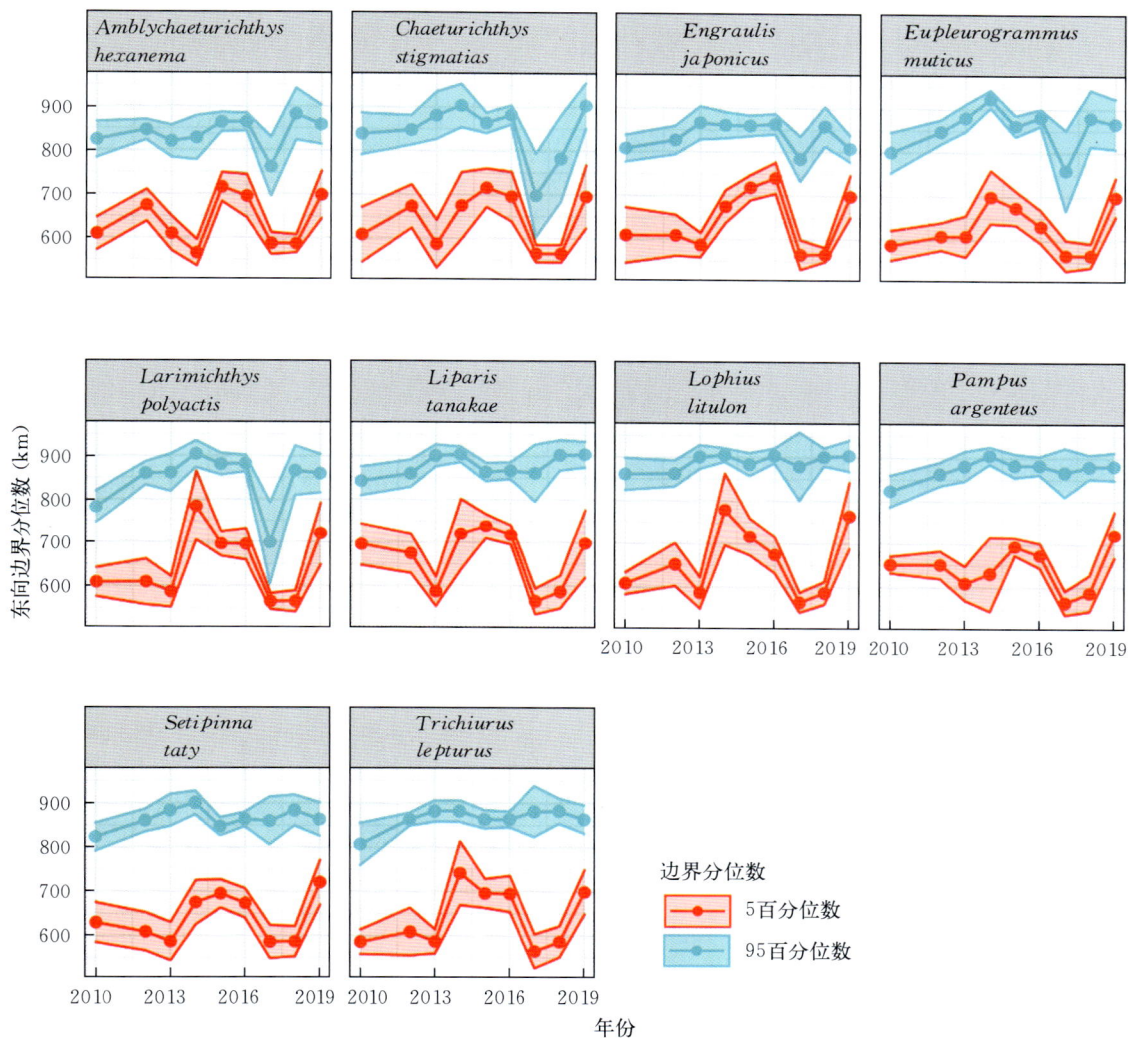

附图 5 夏季渤海生态系统 10 种鱼类各自东向累积分布的第 5、95 百分位数（东、西边界/范围边缘）

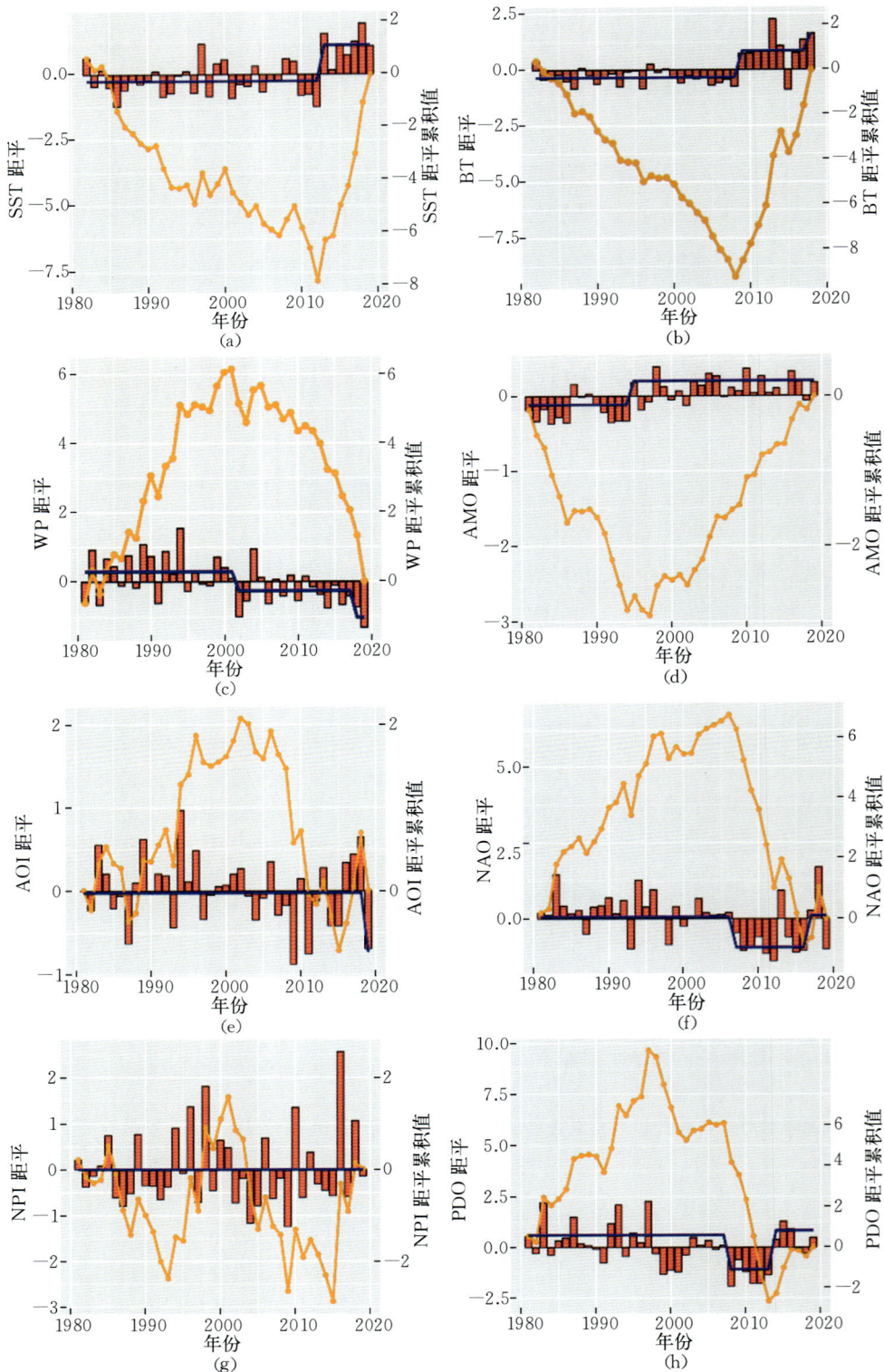

附图 6　夏季渤海海洋学条件和区域气候指数变化